"十二五"职业教育国家规划教材
经全国职业教育教材审定委员会审定

装饰工程计量与计价

第四版

新世纪高职高专教材编审委员会 组编
主 编 赵勤贤
副主编 楼晓雯 张传秀 王丹净
主 审 吕 晶 郑惠虹

大连理工大学出版社

图书在版编目(CIP)数据

装饰工程计量与计价 / 赵勤贤主编. — 4版. — 大连：大连理工大学出版社，2016.8(2018.1重印)
新世纪高职高专建筑工程技术类课程规划教材
ISBN 978-7-5685-0326-6

Ⅰ. ①装… Ⅱ. ①赵… Ⅲ. ①建筑装饰－计量－高等职业教育－教材②建筑装饰－工程造价－高等职业教育－教材 Ⅳ. ①TU723.3

中国版本图书馆CIP数据核字(2016)第038068号

大连理工大学出版社出版

地址:大连市软件园路80号　邮政编码:116023

发行:0411-84708842　邮购:0411-84708943　传真:0411-84701466

E-mail:dutp@dutp.cn　URL:http://dutp.dlut.edu.cn

大连理工印刷有限公司印刷　大连理工大学出版社发行

幅面尺寸:185mm×260mm　印张:16.25　字数:373千字

2009年8月第1版　2016年8月第4版

2018年1月第3次印刷

责任编辑:康云霞　责任校对:吴楠楠

封面设计:赵伟越

ISBN 978-7-5685-0326-6　定　价:38.80元

总序

我们已经进入了一个新的充满机遇与挑战的时代，我们已经跨入了21世纪的门槛。

20世纪与21世纪之交的中国，高等教育体制正经历着一场缓慢而深刻的革命，我们正在对传统的普通高等教育的培养目标与社会发展的现实需要不相适应的现状作历史性的反思与变革的尝试。

20世纪最后的几年里，高等职业教育的迅速崛起，是影响高等教育体制变革的一件大事。在短短的几年时间里，普通中专教育、普通高专教育全面转轨，以高等职业教育为主导的各种形式的培养应用型人才的教育发展到与普通高等教育等量齐观的地步，其来势之迅猛，发人深思。

无论是正在缓慢变革着的普通高等教育，还是迅速推进着的培养应用型人才的高职教育，都向我们提出了一个同样的严肃问题：中国的高等教育为谁服务，是为教育发展自身，还是为包括教育在内的大千社会？答案肯定而且唯一，那就是教育也置身其中的现实社会。

由此又引发出高等教育的目的问题。既然教育必须服务于社会，它就必须按照不同领域的社会需要来完成自己的教育过程。换言之，教育资源必须按照社会划分的各个专业（行业）领域（岗位群）的需要实施配置，这就是我们长期以来明乎其理而疏于力行的学以致用问题，这就是我们长期以来未能给予足够关注的教育目的问题。

众所周知，整个社会由其发展所需要的不同部门构成，包括公共管理部门如国家机构、基础建设部门如教育研究机构和各种实业部门如工业部门、商业部门，等等。每一个部门又可作更为具体的划分，直至同它所需要的各种专门人才相对应。教育如果不能按照实际需要完成各种专门人才培养的目标，就不能很好地完成社会分工所赋予它的使命，而教育作为社会分工的一种独立存在就应受到质疑（在市场经济条件下尤其如此）。可以断言，按照社会的各种不同需要培养各种直接有用人才，是教育体制变革的终极目的。

随着教育体制变革的进一步深入，高等院校的设置是否会同社会对人才类型的不同需要一一对应，我们姑且不论，但高等教育走应用型人才培养的道路和走研究型（也是一种特殊应用）人才培养的道路，学生们根据自己的偏好各取所需，始终是一个理性运行的社会状态下高等教育正常发展的途径。

高等职业教育的崛起，既是高等教育体制变革的结果，也是高等教育体制变革的一个阶段性表示。它的进一步发展，必将极大地推进中国教育体制变革的进程。作为一种应用型人才培养的教育，它从专科层次起步，进而应用本科教育、应用硕士教育、应用博士教育……当应用型人才培养的渠道贯通之时，也许就是我们迎接中国教育体制变革的成功之日。从这一意义上说，高等职业教育的崛起，正是在为必然会取得最后成功的教育体制变革奠基。

高等职业教育还刚刚开始自己发展道路的探索过程，它要全面达到应用型人才培养的正常理性发展状态，直至可以和现存的（同时也正处在变革分化过程中的）研究型人才培养的教育并驾齐驱，还需要假以时日；还需要政府教育主管部门的大力推进，需要人才需求市场的进一步完善发育，尤其需要高职教学单位及其直接相关部门肯于做长期的坚忍不拔的努力。新世纪高职高专教材编审委员会就是由全国100余所高职高专院校和出版单位组成的、旨在以推动高职高专教材建设来推进高等职业教育这一变革过程的联盟共同体。

在宏观层面上，这个联盟始终会以推动高职高专教材的特色建设为己任，始终会从高职高专教学单位实际教学需要出发，以其对高职教育发展的前瞻性的总体把握，以其纵览全国高职高专教材市场需求的广阔视野，以其创新的理念与创新的运作模式，通过不断深化的教材建设过程，总结高职高专教学成果，探索高职高专教材建设规律。

在微观层面上，我们将充分依托众多高职高专院校联盟的互补优势和丰裕的人才资源优势，从每一个专业领域、每一种教材入手，突破传统的片面追求理论体系严整性的意识限制，努力凸现高职教育职业能力培养的本质特征，在不断构建特色教材建设体系的过程中，逐步形成自己的品牌优势。

新世纪高职高专教材编审委员会在推进高职高专教材建设事业的过程中，始终得到了各级教育主管部门以及各相关院校相关部门的热忱支持和积极参与，对此我们谨致深深谢意，也希望一切关注、参与高职教育发展的同道朋友，在共同推动高职教育发展、进而推动高等教育体制变革的进程中，和我们携手并肩，共同担负起这一具有开拓性挑战意义的历史重任。

新世纪高职高专教材编审委员会

2001年8月18日

前　言

《装饰工程计量与计价》(第四版)是"十二五"职业教育国家规划教材,也是新世纪高职高专建筑工程技术类课程规划教材之一。

"装饰工程计量与计价"是工程造价专业的一门专业核心课程,也是建筑装饰技术专业的一门重要专业课,对培养学生的职业技能具有关键作用。要学习并掌握这门课程,学生必须具备并能综合应用"建筑装饰材料""建筑装饰构造""建筑装饰施工""建筑装饰识图"等相关课程的基础知识和技能,这些知识面广且具有一定深度,因此"装饰工程计量与计价"一直是学生学习难度较大的一门课程。

本教材的特色是:坚持理论"必需、够用",着重加强实践训练部分的比重。全书分为三个部分,可以根据实际情况进行组合。其中第二部分是本教材的核心,以项目为教学组织单元进行单元能力训练。在项目设置上安排了三种类型的项目:引领项目——"典型案例分析";主导项目——"项目分析";拓展项目——"项目训练与提高"。这种三层次项目设置,可以帮助学生循序渐进地掌握本课程的知识和技能。教材内容以《建设工程工程量清单计价规范》(GB 50500—2013)、《房屋建筑与装饰工程工程量计算规范》(GB 50854—2013)、《江苏省建筑与装饰工程计价定额》(2014)、《江苏省建设工程费用定额》(2014)、《江苏省住房和城乡建设厅关于〈建设工程工程量清单计价规范〉及其9本工程量计算规范的贯彻意见》(苏建价〔2014〕448号)为依据,力求体现行业的新情况、新问题、新思路、新知识、新方法,并满足本教材所服务课程的"学中做""做中学""学、做一体化"的课程理念。

本教材由常州工程职业技术学院赵勤贤任主编；常州工程职业技术学院楼晓雯、张传秀及无锡商业职业技术学院王丹净任副主编；常州工程职业技术学院徐秀维、陈宗丽及常州市星火装饰有限公司钱赛亮、常州市恒润建筑安装工程有限公司吴政方、山东协和学院李宁宁任参编。全书由赵勤贤统稿。常州市工程造价管理处吕晶高级工程师和常州工程职业技术学院郑惠虹副教授主审。

在编写本教材的过程中，我们参考了江苏省造价员培训资料及省、市有关造价文件，并得到了许多企业专家及同行的支持与帮助，在此一并致谢！

由于时间仓促，书中仍可能存在不足，恳请各位同仁和读者批评指正。

编　者

2016 年 8 月

所有意见和建议请发往：dutpgz@163.com
欢迎访问教材服务网站：http://www.dutpbook.com
联系电话：0411-84707424　84706676

目录

学习情境一　装饰工程计价基础

一、装饰工程的分类与内容 …… 3
二、装饰工程项目的划分 …… 4
三、装饰施工图的特点、组成与常用图例 …… 6
四、装饰施工图识读 …… 9
五、建筑与装饰工程费计算规则 …… 17
六、装饰工程计价定额的应用与换算 …… 23

学习情境二　应用计价定额法编制装饰工程施工图预算

项目1　计算楼地面装饰工程费 …… 44
一、楼地面装饰工程构造及施工工艺 …… 45
二、工程量计算规则及相关规定 …… 51
典型案例分析 …… 55
项目分析 …… 63
项目2　计算墙柱面装饰工程费 …… 66
一、墙柱面装饰工程构造及施工工艺 …… 67
二、工程量计算规则及相关规定 …… 72
典型案例分析 …… 75
项目分析 …… 83
项目3　计算天棚装饰工程费 …… 86
一、天棚装饰工程构造及施工工艺 …… 87
二、工程量计算规则及相关规定 …… 89
典型案例分析 …… 92
项目分析 …… 96

项目4 计算门窗工程费 …… 99
一、门窗工程构造及施工工艺 …… 100
二、工程量计算规则及相关规定 …… 104
典型案例分析 …… 107
项目分析 …… 110
项目5 计算油漆、涂料、裱糊工程费 …… 111
一、油漆、涂料、裱糊工程施工工艺 …… 112
二、工程量计算规则及相关规定 …… 113
典型案例分析 …… 116
项目分析 …… 118
项目6 计算其他零星工程费 …… 119
一、其他零星工程构造及施工工艺 …… 120
二、工程量计算规则及相关规定 …… 120
典型案例分析 …… 123
项目分析 …… 127
项目7 计算高层施工人工降效费 …… 128
工程量计算规则及相关规定 …… 129
典型案例分析 …… 130
项目分析 …… 130
项目8 计算脚手架工程费 …… 132
工程量计算规则及相关规定 …… 133
典型案例分析 …… 134
项目分析 …… 135
项目9 计算单独装饰工程垂直运输费 …… 137
工程量计算规则及相关规定 …… 138
典型案例分析 …… 138
项目分析 …… 139
项目10 计算其他措施项目费 …… 141
其他措施项目费计算规则及相关规定 …… 142
典型案例分析 …… 142
项目分析 …… 145

学习情境三 应用工程量清单计价法编制装饰工程施工图预算

项目1 工程量清单编制 …… 149
一、《建设工程工程量清单计价规范》(GB 50500—2013)概况 …… 150
二、工程量清单编制要点 …… 153
三、装饰工程工程量清单项目设置及计算规则 …… 160
典型案例分析 …… 177
项目分析 …… 183
项目2 工程量清单计价 …… 186
一、计价方式的一般规定 …… 187
二、招标控制价 …… 187
三、投标报价 …… 188
四、合同价款约定 …… 189
五、工程计量 …… 190
六、合同价款调整 …… 191
七、合同价款期中支付 …… 197
八、竣工结算与支付 …… 198
典型案例分析 …… 202
项目分析 …… 209
附 录 …… 212
附录1 某剧团观众厅室内装饰图纸 …… 212
附录2 某剧团观众厅室内装饰招标控制价 …… 226
参考文献 …… 250

学习情境一

装饰工程计价基础

一、装饰工程的分类与内容

二、装饰工程项目的划分

三、装饰施工图的特点、组成与常用图例

四、装饰施工图识读

五、建筑与装饰工程费计算规则

六、装饰工程计价定额的应用与换算

装饰施工图一般包括室内平面布置图，地面装饰平面图，天棚平面图，室内装饰立面图，吊顶、墙体等部位的装饰剖面图，以及表达装饰构件某个部位详细构造做法的装饰详图。本学习情境主要介绍上述图样的图示方法、内容及读图要点。

装饰施工图是在建筑施工图的基础上绘制出来的，是用来表达装饰设计意图的主要图纸，是装饰工程施工和管理的依据。在过去，建筑装修的做法较为简单，多限于保护结构和满足使用者最起码的功能要求，在建筑施工图中也只以文字说明或简单的节点详图表示。随着新材料、新技术、新工艺的不断发展和人民生活水平的不断提高，人们对室内外环境质量的要求越来越高。建筑装饰设计顺应社会发展的需要，内容也日趋丰富多彩、复杂细腻，仅用建筑施工图已难以清楚地表达复杂的装饰要求，于是出现了装饰施工图，以便表达丰富的造型构思、材料及工艺要求，并指导装饰工程的施工及管理。

装饰施工图的图示原理与建筑施工图完全一样，是用正投影的方法。由于目前国内还没有制定统一的装饰制图标准，它主要是套用建筑制图标准来绘制。装饰施工图可以看成是建筑施工图中的某些内容省略后加入有关装饰施工内容绘制而成的一种施工图。它们在表达内容上各有侧重，装饰施工图侧重反映装饰件（面）的材料及其规格、构造做法、饰面颜色、尺寸标高、施工工艺以及装饰件（面）与建筑构件的位置关系和连接方法等；建筑施工图则着重表达建筑结构形式，建筑构造、材料与做法。

一、装饰工程的分类与内容

（一）室外装饰

外墙是室内外空间的界面，一般常用面砖、琉璃、涂料、石渣等材料饰面，有的还用玻璃、铝合金或石材幕墙板做成幕墙，使建筑物明快、挺拔，具有现代感。

幕墙是指悬挂在建筑结构框架表面的非承重墙，它的自重及受到的风荷载是通过连接件传给建筑结构的。玻璃幕墙和铝合金幕墙主要是由玻璃或铝合金幕墙板与固定它们的金属型材骨架系统两大部分组成。

门头是建筑物的主要出入口部分，它包括雨篷、外门、门廊、台阶、花台或花池等。

门面单指商业用房，它除了包括主出入口的有关内容以外，还包括招牌和橱窗。

室外装饰一般还有阳台、窗楣（窗洞口的外面装饰）、遮阳板、栏杆、围墙、大门和其他建筑装饰小品等项目。

（二）室内装饰

天棚也称天花板，是室内空间的顶界面。天棚装饰是室内装饰的重要组成部分，它的设计常常要从审美要求、物理功能、建筑照明、设备安装、管线敷设、检修维护、防火安全等多方面综合考虑。

楼地面是室内空间的底界面，通常是指在普通水泥或混凝土地面和其他基层表面上所做的饰面层。由于家具等直接放在楼地面上,因此要求楼地面应能承受重力和冲击力;由于人经常走动,因此要求楼地面具有一定的弹性、防滑、隔声等能力,并便于清洁。

内墙(柱)面是室内空间的侧界面,经常处于人们的视觉范围内,是人们在室内接触最多的部位,因此其装饰常常也要从艺术性、使用功能、接触感、防火及管线敷设等方面综合考虑。

对于建筑内部在隔声或遮挡视线上有一定要求的封闭型非承重墙,到顶的称为隔墙,不到顶的称为隔断。隔断的制作一般都较精致,多做成镂空花格或折叠式,有固定的也有活动的,它主要起界定室内小空间的作用。

内墙装饰形式非常丰富。一般习惯将高 1.5 m 以上的,用饰面板(砖)饰面的墙面装饰形式称为护壁;将高 1.5 m 以下的称为墙裙,在墙体上凹进去一块的装修形式称为壁龛,在墙面下部起保护墙脚面层作用的装饰形式称为踢脚线。

室内门窗的形式很多,按材料分为铝合金门窗、木门窗、塑钢门窗、钢门窗等。按开启方式分,门有平开、推拉、弹簧、转门、折叠等,窗有固定、平开、推拉、转窗等;另外还有厚玻璃装饰门等。门窗的装饰构件有:贴脸板(用来遮挡靠里皮安装的门、窗产生的缝隙)、窗台板(在窗下槛内侧安装,起保护窗台和装饰窗台面的作用)、筒子板(在门窗洞口两侧墙面和过梁底面用木板、金属、石材等材料包钉镶贴)等,筒子板通常又称门、窗套。此外窗还包括窗帘盒或窗帘幔杆,用来安装窗帘轨道,遮挡窗帘上部,增加装饰效果。

室内装饰还有楼梯踏步、楼梯栏杆(板)、壁橱和服务台(吧台)等。以上这些装饰构造的共同作用是:一方面保护主体结构,使主体结构在室内外各种环境因素作用下具有一定的耐久性;另一方面是为了满足人们的使用要求和精神要求,进一步实现建筑的使用和审美功能。

二、装饰工程项目的划分

(一)建设项目

建设项目是指按一个总体设计组织施工,建成后具有完整的系统,可以独立形成生产能力或者使用价值的建设工程。一般以一个企业(或联合企业)、事业单位或独立工程作为一个建设项目。

凡属于一个总体设计中的主体工程和相应的附属配套工程、综合利用工程、环境保护工程、供水供电工程以及水库的干渠配套工程等,都统作为一个建设项目;凡是不属于一个总体设计,经济上分别核算,工艺流程上没有直接联系的几个独立工程,应分别列为几个建设项目。

建设项目一般来说由几个或若干个单项工程构成,也可以是一个独立工程。在民用建设中,一所学校、一所医院、一家宾馆、一个机关单位等为一个建设项目;在工业建设中,一个企业(工厂)、矿山(井)为一个建设项目;在交通运输建设中,一条公路、一条铁路为一个建设项目。

(二)单项工程

单项工程又称工程项目、单体项目,是建设项目的组成部分。单项工程具有独立的设计文件,单独编制综合预算,能够单独施工,建成后可以独立发挥生产能力或使用效益,如一个学校建设中的各幢教学楼、学生宿舍、图书馆等。

(三)单位工程

单位工程是单项工程的组成部分,具有单独设计的施工图纸和单独编制的施工图预算,可以独立组织施工,但建成后不能单独进行生产或发挥效益。通常,单项工程要根据其中各个组成部分的性质不同分为若干个单位工程。例如,工厂(企业)的一个车间是单项工程,则车间厂房的土建工程、设备安装工程是单位工程;一幢办公楼的土建工程、建筑装饰工程、给水排水工程、采暖通风工程、煤气管道工程、电气照明工程均为一个单位工程。

需要说明的是,按传统的划分方法,装饰装修工程是建筑工程中土建工程的一个分部工程。随着经济发展和人们生活水平的普遍提高,工作、居住条件和环境正日益改善,建筑装饰业已经发展成为一个新兴的、比较独立的行业,传统的分部工程便随之独立出来,成为单位工程,单独设计施工图纸,单独编制施工图预算。目前,已将原来意义上的装饰分部工程统称为建筑装饰装修工程或简称为装饰工程(单位工程)。

(四)分部工程

分部工程是单位工程的组成部分,一般是按单位工程的各个部位、主要结构、使用材料或施工方法等的不同而划分的工程。例如,土建单位工程可以划分为:土石方工程,桩基础工程,砌筑工程,混凝土及钢筋混凝土工程,构件运输及安装工程,门窗及木结构工程,楼地面工程,屋面及防水工程,防腐、保温、隔热工程,装饰工程,金属结构制作工程,脚手架工程等分部工程。建筑装饰单位工程分为:楼地面工程、墙柱面工程、天棚工程、门窗工程、油漆涂料工程、脚手架工程及其他构配件装饰等分部工程。

(五)分项工程

分项工程是分部工程的组成部分,它是建筑安装工程的基本构成因素,通过较为简单的施工过程就能完成,是可以用适当的计量单位加以计算的建筑安装工程产品。例如,墙柱面工程中的内墙面贴瓷砖、内墙面贴花面砖、外墙面贴釉面砖等均为分项工程。

分项工程是单项工程(或工程项目)的最基本的构成要素,它只是便于计算工程量和确定其单位工程价值而人为设想出来的假想产品,但这种假想产品对编制工程预算、招标标底、投标报价,以及编制施工作业计划进行工料分析和经济核算等方面都具有实用价值。企业定额和消耗量定额都是按分项工程或更小的子目进行列项编制的,建设项目预算文件(包括装饰项目预算)的编制也是从分项工程(常称定额子目或子项)开始,由小到大,分门别类地逐项计算归并为分部工程,再将各个分部工程汇总为单位工程预算或单项工程总预算。

图 1-1-1 所示为建设项目划分示意图。

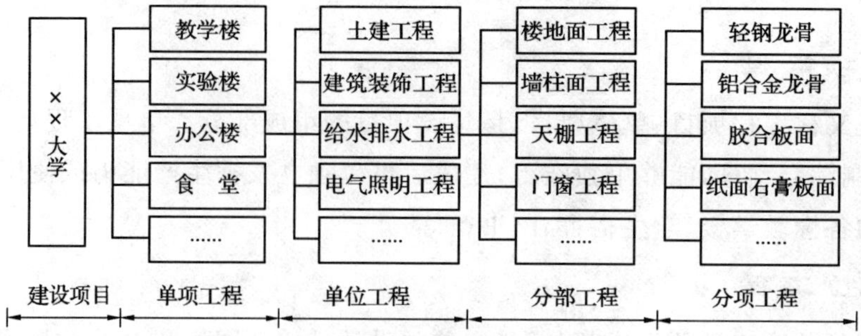

图 1-1-1　建设项目划分

三、装饰施工图的特点、组成与常用图例

(一)装饰施工图的特点

装饰施工图与建筑施工图一样,均是按国家现行建筑制图标准,采用相同的材料图例,按照正投影原理绘制而成的。装饰施工图与建筑施工图相比,具有以下特点:

(1)装饰施工图是设计者与客户的共同结晶。装饰设计直接面对的是最终用户或房间的直接使用者,他们的要求、理想都明白地表达给设计者,有些客户还直接参与设计的每一个阶段,装饰施工图必须得到他们的认可与同意。

(2)装饰施工图具有易识别性。装饰施工图交流的对象不仅仅是专业人员,还包括各种客户群,为了让他们一目了然,改善沟通效果,在设计中采用的图例大都具有形象性。例如,在家具装饰图中,人们很容易分辨出床、沙发、茶几、电视、空调、桌椅,人们大都能从直观感觉中分辨出地面材质,即木地面、地毯、地砖、大理石等。

(3)装饰施工图涉及的范围广,图示标准不统一。装饰施工图不仅涉及建筑,还包括家具、机械、电气设备;不仅包括材料,还包括成品和半成品。建筑、机械和设备的规范都要执行与遵守,这就给统一规程造成了一定的难度,另外,目前国内的室内设计师成长和来源渠道不同,更造成了规范标准的不统一。目前,学院教育遵循的建筑制图有关规范和标准,正在被大众接受和普及。

(4)装饰施工图涉及的做法多,选材广,必要时应提供材料样板。装饰的目的最终由界面的表观特征来表现,包括材料的色彩、纹理、图案、软硬、刚柔、质地等属性。例如,内墙抹灰根据装饰效果就有光滑、拉毛、扫毛、仿面砖、仿石材、刻痕、压印等多种效果,加上色彩和纹理的不同,最终的结果千变万化,必须提供材料样板方可操作。再例如,大理石产地不同、色泽不同,名称很难把握,再加上其表面根据装饰需要可进行凿毛、烧毛、压光、镜面等加工,无样板很难对比,对于常说的乳胶漆则更难把握。

(5)装饰施工图详图多。目前国家装饰标准图集较少,而装饰节点又较多,因此,设计者应将每一节点的形状、大小、连接和材料要求详细地表达出来。

（二）装饰施工图的组成

装饰施工图是在建筑各工种施工图的基础上修改、完善而成的。建筑装饰工程图由效果图、装饰施工图和室内设备施工图组成。

装饰施工图也要对图纸进行归纳与编排。将图纸中未能详细标明或图样不易标明的内容写成施工总说明，将门、窗和图纸目录归纳成表格，并将这些内容放在首页。建筑装饰工程图的编排顺序原则是：表现性图纸在前，技术性图纸在后；装饰施工图在前，配套设备施工图在后；基本图在前，详图在后；先施工的在前，后施工的在后。

一般一套装饰施工图包括的内容如下：

(1)效果图。

(2)设计说明、图纸目录。

(3)主材表。

(4)预算估价书。

(5)平面布置图。

(6)地面材料标识图。

(7)综合天棚图。

(8)天棚造型及尺寸定位图。

(9)天棚照明及电气设备定位图。

(10)所有房间立面图及各立面剖面图。

(11)节点详图。

(12)固定家具详图。

(13)移动家具选型图、陈设选择图。

（三）装饰施工图的常用图例

装饰施工图的图例主要按以下几个原则编制而成：

(1)国家制图标准中已有的图例，能直接引用的最好直接引用，如装饰施工图中与建筑施工图相同部分的绝大多数图例都是直接引用建筑制图标准图例。

(2)国家标准中有但不完善的图例，则变形补充，并加图例符号说明，如灯具图例。

(3)国家标准中没有的图例，能写实的尽可能写实绘制图例，不能写实的则写意绘制，以加强图例的易识别性。

装饰施工图的常用图例见表 1-1-1。

表 1-1-1　　装饰施工图的常用图例

图　例	说　明	图　例	说　明
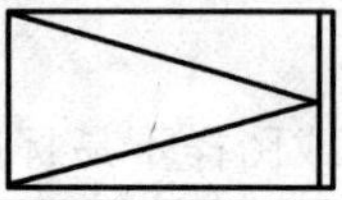	双人床		立式小便器
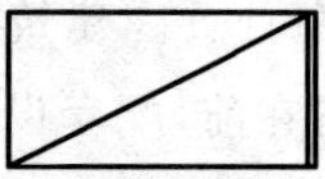	单人床	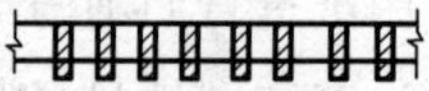	装饰隔断（应用文字说明）
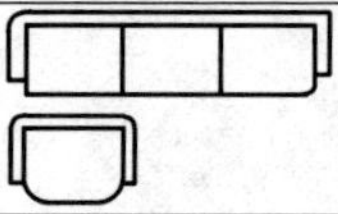	沙发（特殊家具根据实际情况绘制其外轮廓线）		玻璃护栏
	坐凳	 	空调器
	桌		电视
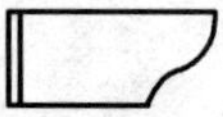	钢琴	 	洗衣机
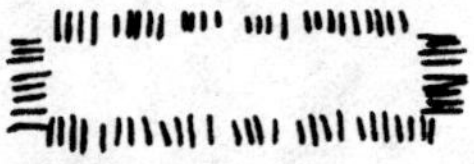	地毯	 	热水器
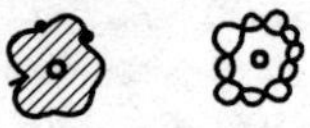	盆花	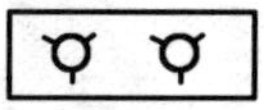	灶
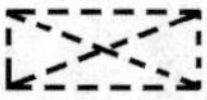	吊柜		地漏
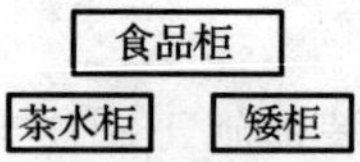 	其他家具可在柜形或实际轮廓中用文字注明		电话
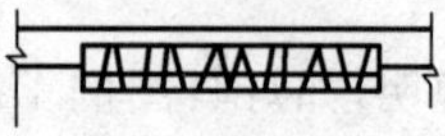	壁橱		开关（涂墨为暗装，不涂墨为明装）
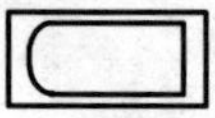	浴盆		插座（同上）
	坐便器		配电盘
	洗脸盆		电风扇
		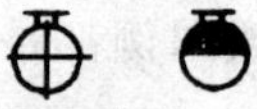	壁灯
			吊灯
		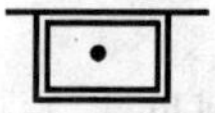	洗涤槽
			污水池
		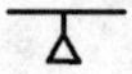	淋浴器
			蹲便器

四、装饰施工图识读

（一）装饰平面图

装饰平面图包括平面布置图、地面布置图、天棚平面图。

平面布置图和综合天棚图是识读装饰施工图的重点和基础（装饰项目较简单时，往往把平面布置图、地面材料标识图合并画为平面布置图，把天棚造型及尺寸定位图、天棚照明及电气设备定位图合并画在综合天棚图上）。

1. 平面布置图

（1）平面布置图的形成和图示方法

平面布置图是假想用一个水平的剖切平面，在略高于窗台的位置，将经过内外装修后的房屋整个剖开，移去上面部分向下所作的水平投影图。它的作用主要是用来表明建筑室内外各种装饰布置的平面形状、位置、大小和所用材料；表明这些布置与建造主体结构之间以及各种布置之间的相互关系等。

（2）装饰内视符号

为了表示室内立面图在平面布置图中的位置，应在平面布置图上用内视符号注明视点位置、方向及立面编号。内视符号中的圆圈用细实线绘制，根据图面比例圆圈直径可选 8～12 mm，如图 1-1-2 所示。

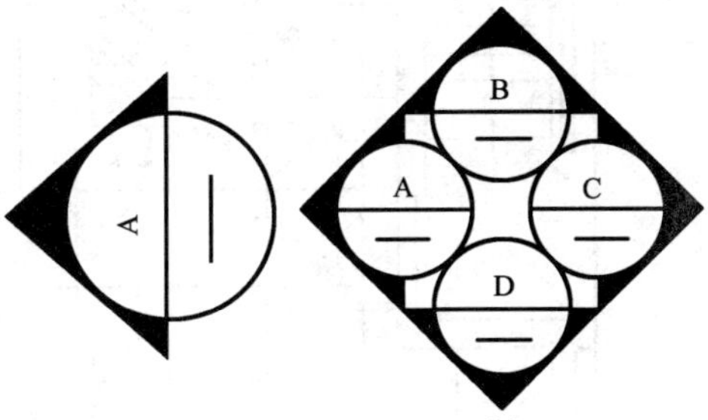

图 1-1-2　内视符号

（3）平面布置图的识读

①看平面布置图要先看图名、比例、标题栏，认定该图是什么平面图，再看建筑平面基本结构及其尺寸，把各房间名称、面积以及门窗、走廊、楼梯等的主要位置和尺寸了解清楚，最后看建筑平面结构内的装饰结构和装饰设置的平面布置等内容。

②通过对各房间和其他空间主要功能的了解，明确为满足功能要求所设置的设备与设施的种类、规格和数量，以便制订相关的购买计划。

③了解各装饰面对材料规格、品种、色彩和工艺制作的要求，明确各装饰面的结构材料与饰面材料的衔接关系与固定方式，并结合饰面形状与尺寸制订材料计划和施工安排计划。

④面对众多的尺寸，要注意区分建筑尺寸和装饰尺寸。在装饰尺寸中，又要能分清其中的定位尺寸、外形尺寸和结构尺寸。定位尺寸是确定装饰面或装饰物在平面布置图上位置的尺寸，外形尺寸是装饰面或装饰物的外轮廓尺寸，结构尺寸是组成装饰面和装饰物各构件及其相互关系的尺寸。

平面布置图上为了避免重复，同样的尺寸往往只代表性地标注一个，读图时要注意将相同的构件或部位归类。

⑤通过平面布置图上的内视符号，明确视点位置、立面编号和投影方向，并进一步查出各投影方向的立面图。

⑥通过平面布置图上的剖切符号，明确剖切位置及剖视方向，进一步查阅剖面图。

⑦通过平面布置图上的索引符号，明确被索引部位及详图所在的位置。

阅读平面布置图应抓住面积、功能、装饰面、设施以及与建筑结构的关系这五个要点。

图 1-1-3 所示为某住宅楼的室内设计平面图。它是根据室内设计原理中的使用功能、人体工程学以及用户的要求等，对室内空间进行布置的图样。由于空间的划分、

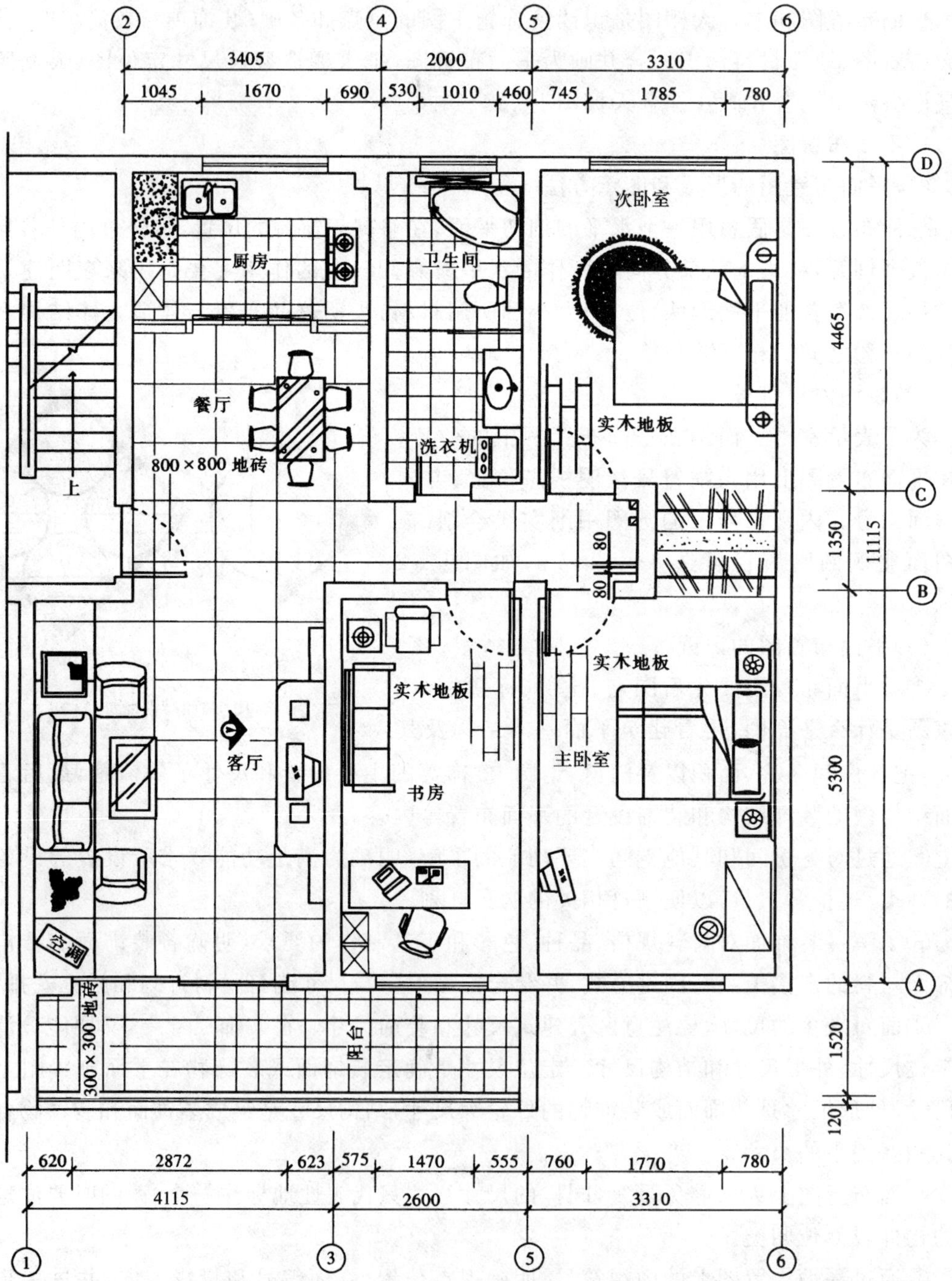

图 1-1-3 某住宅楼的室内设计平面图

功能的区分是否合理会直接影响到使用效果和精神感受，因此，在室内设计中平面图通常是首先设计的内容。

图 1-1-3 所示的客厅是家庭生活的活动中心，它将餐厅、阳台连接在一起，从而具有延伸、宽敞、通透的感觉。客厅平面布置的功能分区主要有：主座位区、视听电器区、空调、主墙面、人行通道等。根据客厅的平面形状、大小及家具、电器等的基本尺寸，将沙发、茶几、地柜、电视、人行通道等布置为图示中的客厅部分。其中，主墙面为③轴墙面（即 A 向立面），在此墙面上将做重点的装饰构造处理。客厅的地面铺 800 mm×800 mm 的地砖。当室内平面图不太复杂时，楼地面装饰图可直接与其合并，复杂时也可以单独设计楼地面装饰图。如果地面各处的装饰做法相同，为了使室内平面图更加清晰，可不必满堂画图，一般选择图像相对疏空部分画出，如卧室、书房的地面就是部分画出的。

主卧室与次卧室的主要家具有床、床头柜、梳妆台、嵌墙衣柜等。其中，床头靠墙，其余三面作为人行通道，方便使用。地面采用实木地板。

书房主要有阅读和休息两个功能区，配有沙发、茶几、书桌、书橱等。地面铺实木地板。

餐厅与厨房相连，为了节省空间，厨房门采用推拉式，加之餐厅与客厅相通，使本来不大的餐厅，显得视野相对宽阔。餐厅主要布置了餐桌和餐椅，其地面与客厅地面相同。厨房主要有操作台、橱柜、电冰箱等，均沿墙边布置，地面采用防滑瓷砖。卫生间按原建筑图布置，地面铺防滑瓷砖。

2. 地面布置图

(1)地面布置图的形成和图示方法

地面布置图也称为地面材料标识图，是在室内布置可移动的装饰要素（如家具、设备、盆栽等）的理想状况下，假想用一个水平的剖切平面，在略高于窗台的位置，将经过内外装修的房屋整个剖开，移去以上部分向下所作的水平投影图。它的作用主要是用来表明建筑室内外各种地面的造型、色彩、位置、大小、高度、图案和地面所用材料，表明房间内固定布置与建筑主体结构之间、各种布置与地面之间，以及不同的地面之间的相互关系等。

(2)地面布置图的识读

①看图名、比例。

②看外部尺寸，了解与平面布置图的房间是否相同，弄清图示中是否有错、漏以及不一致的地方。

③看房间内部地面装修。看大面材料，看工艺做法，看质地、图案、花纹、色彩、标高，看造型及起始位置，确定定位放线、实际操作的可能性，并提出施工方案和调整设计方案。

④通过地面布置图上的剖切符号，明确剖切位置及其剖视方向，进一步查阅相应的剖面图。

⑤通过地面布置图上的索引符号，明确被索引部位及详图所在的位置。

3. 天棚平面图

天棚平面图包括综合天棚图、天棚造型及尺寸定位图、天棚照明及电气设备定位图。

(1)天棚平面图的形成

天棚平面图有两种形成方法:一是假想房屋水平剖开后,移去下面部分向上作直接正投影而成;二是采用镜像投影法,将地面视为镜面,对镜中天棚的形象作正投影而成。天棚平面图一般都采用镜像投影法绘制。天棚平面图的作用主要是表明天棚装饰的平面形式、尺寸和材料,以及灯具和其他各种室内顶部设施的位置和大小等。

(2)天棚平面图的识读

①首先应弄清楚天棚平面图与平面布置图各部分的对应关系,核对天棚平面图与平面布置图在基本结构和尺寸上是否相符。

对于某些有跌级变化的天棚,要分清它的标高尺寸和线型尺寸,并结合造型平面分区,在平面上建立起三维空间的尺度概念。

②通过天棚平面图,了解顶部灯具和设备设施的规格、品种与数量。

③通过天棚平面图上的文字标注,了解天棚所用材料的规格、品种及其施工要求。

④通过天棚平面图上的索引符号,找出详图对照着阅读,弄清楚天棚的详细构造。

当天棚过于复杂时,应分成综合天棚图、天棚造型及尺寸定位图、天棚照明及电气设备定位图等多种图纸进行绘制。

综合天棚图:重点在于表现天棚造型、设备布置的区域或大小,表明它们与建筑结构的关系,以及天棚所用的材料,使人们对天棚的布置有整体的理解。室内尺度一般只注写相对标高。

天棚造型及尺寸定位图:重点表明天棚装饰造型的平面形式和尺寸,并通过附加文字说明其所用材料、色彩及工艺要求。天棚的跌级变化应结合造型平面分区用标高的形式来表示。

天棚照明及电气设备定位图:主要表明顶部灯具的种类、样式、规格、数量及布置形式和安装位置。天棚平面图上的小型灯具按比例用一个细实线圆表示,大型灯具可按比例画出它的正投影外形轮廓,力求简明概括。

用一个假想的水平剖切平面,沿装饰房间的门窗洞口处,作水平全剖切,移去下面部分,对剩余的上面部分所作的镜像投影,就是天棚平面图,如图 1-1-4 所示。

图 1-1-4 是图 1-1-3 的对应天棚平面图。由于室内的净空高度较低(2.65 m),为了避免影响采光或有压抑感,其卧室、客厅、餐厅、书房面层均做直接式,即在结构层上刮腻子、涂刷乳胶漆;为了增加立面造型,客厅影视墙顶用石膏线和造型灯处理,其他各天棚用石膏做双层顶角线处理,以增加温馨的气氛;厨房、卫生间由于油烟、潮气较大,为了便于清洁和防潮,选用 PVC 扣板作为悬挂式天棚材料。

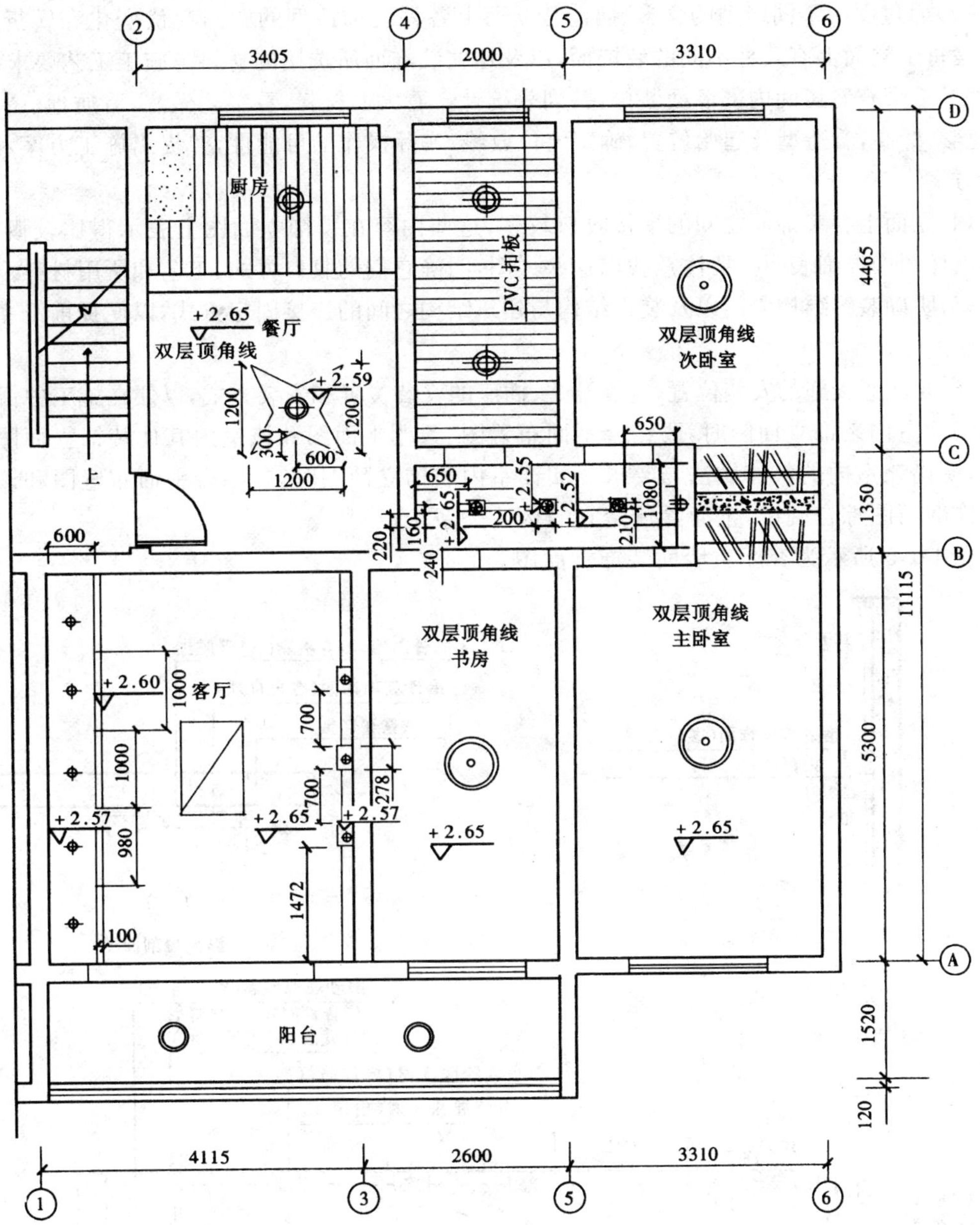

图 1-1-4　天棚平面图

(二)装饰立面图

装饰立面图包括室外装饰立面图和室内装饰立面图。

1. 装饰立面图的形成

室外装饰立面图是将建筑物经装饰后的外观形象，向铅直投影面所作的正投影图。它主要表明屋顶、檐头、外墙面、门头与门面等部位的装饰造型、装饰尺寸和饰面处理，以及室外水池、雕塑等建筑装饰小品布置等内容。

2. 装饰立面图的识读

(1)明确装饰立面图上与该工程有关的各部位尺寸和标高。

(2)通过图中不同线型的含义，搞清楚立面上各种装饰造型的凹凸起伏变化和转折关系。弄清楚每个立面上有几种不同的装饰面，以及这些装饰面所选用的材料与施工工艺要求。

(3)逐个查看房间内部墙面装修，并列表统计。看大面材料，看工艺做法，看质地、图案、花纹、色彩、标高，看造型及起始位置，确定定位放线、实际操作的可能性，并提出施工方案和调整设计方案。

(4)立面上各装饰面之间的衔接收口较多，这些内容在装饰立面图上表示得比较概括，多在节点详图中详细表明。要注意找出这些详图，明确它们的收口方式、工艺和所用材料。

(5)明确装饰结构之间以及装饰结构与建筑结构之间的连接固定方式，以便提前准备预埋件和紧固件。

(6)要注意设施的安装位置，电源开关、插座的安装位置和安装方式，以便在施工中留位。

阅读室内装饰立面图时，要结合平面布置图、天棚平面图和该室内其他装饰立面图对照阅读，明确该室内的整体做法与要求。阅读室内装饰立面图时，要结合平面布置图和该部位的装饰剖面图综合阅读，全面弄清楚它的构造关系。

图 1-1-5 所示为客厅主墙面装饰立面图。

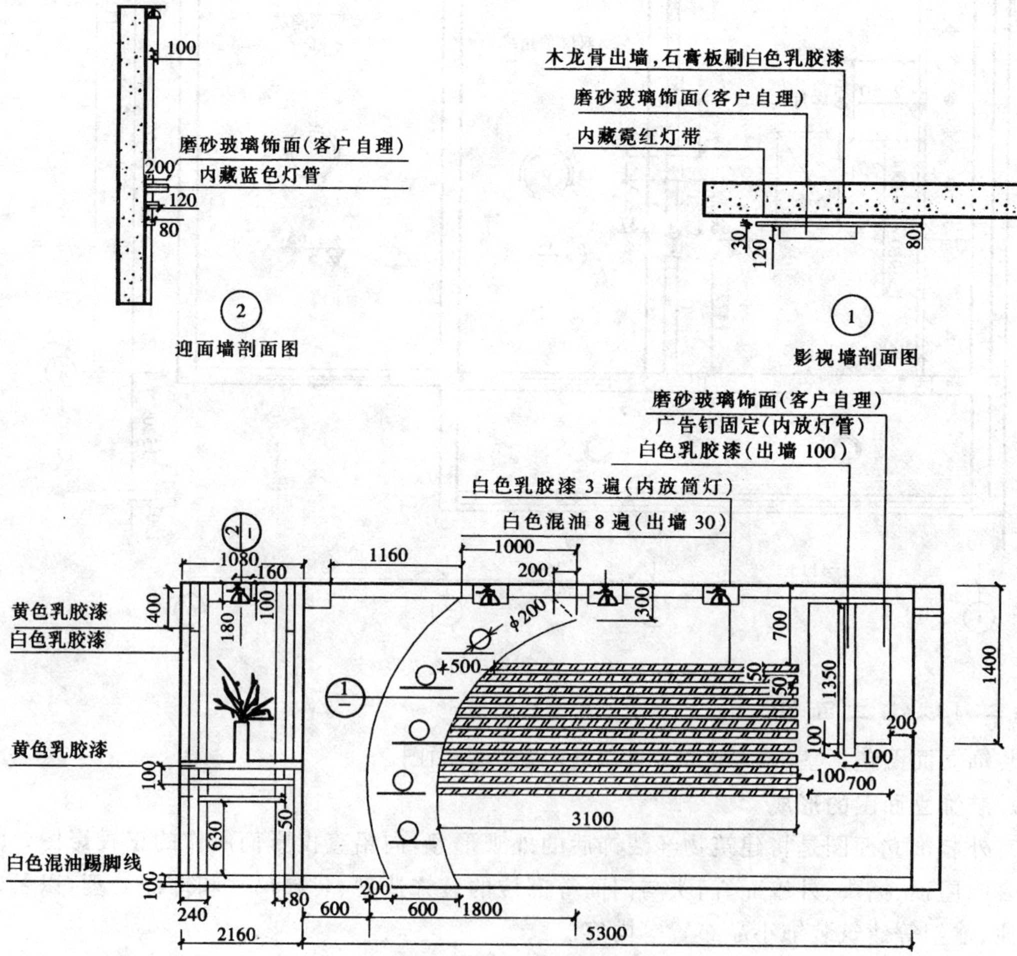

图 1-1-5 客厅主墙面装饰立面图

该装饰立面图实质是客厅的剖面图。与建筑平面图不同的是，它没有画出其余各楼层的投影，而重点表达该客厅墙面的造型、用料、工艺要求等以及天棚部分的投影。对于活动的家具、装饰物等都不在图中表示。它属于墙立面投影图的形式。

（三）装饰剖面图及装饰详图

1. 装饰详图的形成与特点

装饰详图也称大样图。它是把在装饰平面图、地面布置图、天棚平面图、装饰立面图中无法表示清楚的部分，按比例放大，按有关正投影作图原理而绘制的图样。装饰详图与基本图之间有从属关系，因此设计绘制时应保持构造做法的一致性。装饰详图具有以下特点：

（1）装饰详图的绘制比例较大，材料的表示必须符合国家有关制图标准的规定。

（2）装饰详图必须交代清楚构造层次及做法，因而尺寸标注必须准确，语言描述必须恰当，并尽可能采用通用的词汇，文字较多。

（3）装饰细部做法很难统一，导致装饰详图多，绘图工作量大，因而应尽可能选用标准图集，对习惯做法可以只做说明。

（4）装饰详图可以在详图中再套详图，因此应注意详图索引的隶属关系。

2. 装饰剖面图的识读

装饰详图的识读要点如下：

（1）阅读建筑装饰剖面图时，首先要对照平面布置图，看清楚剖切面的编号是否相同，了解该剖面的剖切位置和剖视方向。

（2）在众多图像和尺寸中，要分清哪些是建筑主体结构的图像和尺寸，哪些是装饰结构的图像和尺寸。当装饰结构与建筑结构所用材料相同时，它们的剖切面表示方法是一致的。现代某些大型建筑的室内外装饰，并非是贴墙面、铺地面、吊顶而已，因此要注意区分，以便进一步研究它们之间的衔接关系、方式和尺寸。

（3）通过对建筑装饰剖面图中所示内容的阅读研究，明确装饰工程各部位的构造方法、构造尺寸、材料要求与工艺要求。

（4）建筑装饰形式变化多，程式化的做法少。作为基本图的装饰剖面图只能表明原则性的技术构成问题，具体细节还需要建筑详图来补充表明。因此，在阅读建筑装饰剖面图时，还要注意按图中索引符号所示方向，找出各部位节点详图，不断对照仔细阅读。弄清楚各连接点或装饰面之间的衔接方式，以及包边、盖缝、收口等细部的材料、尺寸和详细做法。

（5）阅读建筑装饰剖面图要结合平面布置图和天棚平面图进行。某些室外装饰剖面图还要结合装饰立面图来综合阅读，才能全方位地理解剖面图示内容。

如图 1-1-6 所示，内墙装饰剖面图及节点详图反映了墙板结构做法及内外饰面的处理。最上面是轻钢龙骨吊顶、TK 板面层、宫粉色水性立邦漆饰面。天棚与墙面相交处用 GX-07 石膏阴角线收口，护壁板上口墙面用钢化仿瓷涂料饰面。墙面中段是护壁板，护壁板中部凹进 5 mm，凹进部分嵌装 25 mm 厚海绵，并用印花防火布包面。护壁板上口无软包处贴水曲柳微薄木，清水涂饰工艺。水曲柳微薄木与防火布两种不同饰面材料收口，护壁板上下压边。墙面下段是墙裙，与护壁板连在一起，做法基本相同。

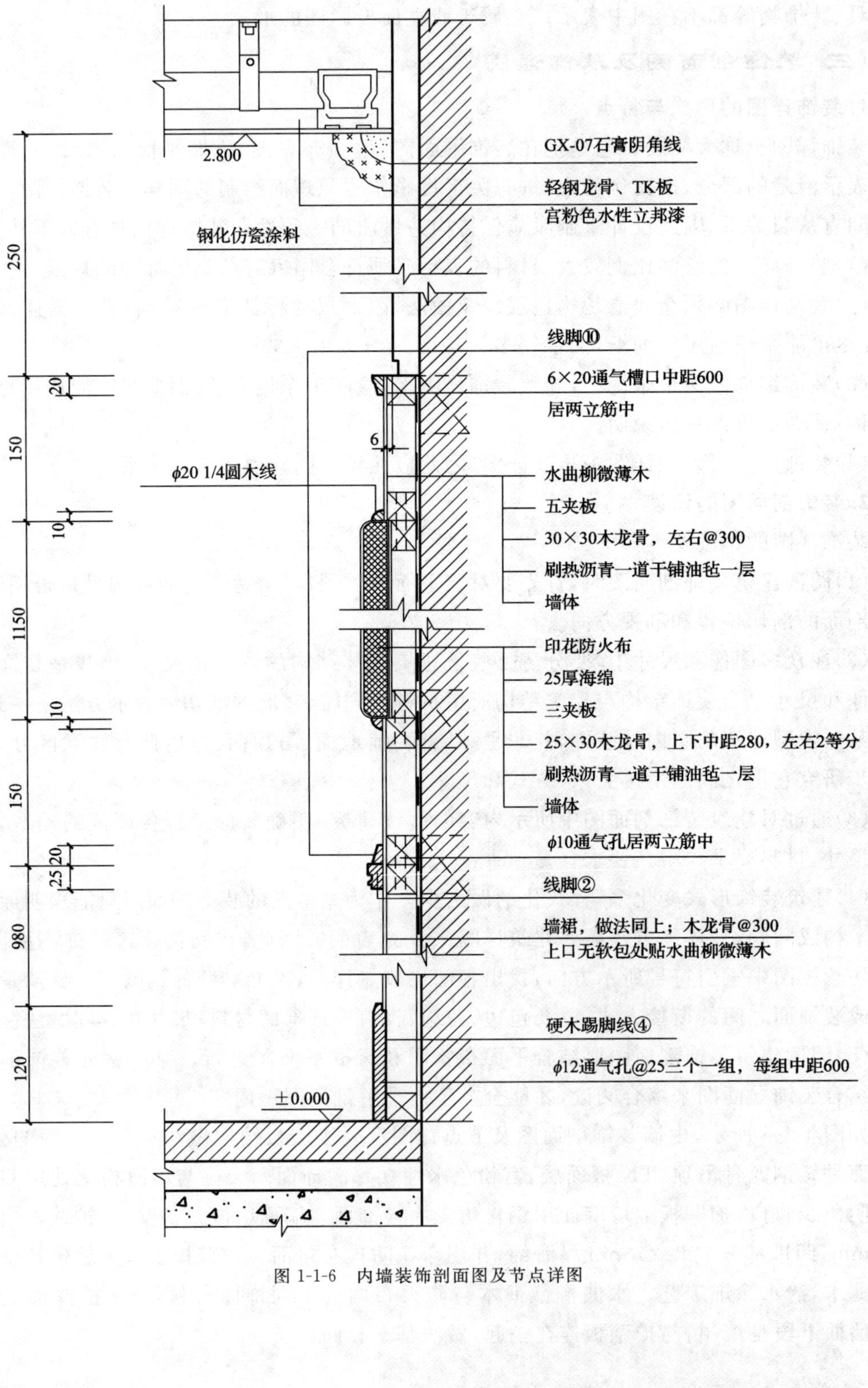

图 1-1-6　内墙装饰剖面图及节点详图

五、建筑与装饰工程费计算规则

(一)建筑与装饰工程费的分类

1. 按建设行政管理部门规定划分

(1)不可竞争费

不可竞争费包括安全文明施工措施费、规费和税金，应按规定标准计取。

(2)可竞争费

可竞争费是除不可竞争费以外的其他费用，如人工费、材料费、机械费、管理费、利润、除安全文明施工措施费外的措施项目费等。

2. 按工程取费标准划分

对建筑工程按照工程规模、工程用途、施工难易程度等划分类别的，分为一类工程、二类工程、三类工程。不同工程类别，工程对应的管理费、利润费率不同；对大型土石方工程、单独装饰工程，不分工程类别。

3. 按费用项目计算方式划分

(1)按照计价定额子目套用计算确定，主要有：分部分项工程费；措施项目中的单价措施项目，包括脚手架工程、混凝土模板及支架(撑)、垂直运输、超高施工增加、大型机械进(退)场及安拆、施工排水降水；总价措施项目中的二次搬运等。

(2)按照费用计算规则提供的系数计算确定，主要有：措施项目中的安全文明施工、夜间施工、非夜间施工照明、冬雨季施工、已完工程及设备保护费、临时设施费、赶工措施费、工程按质论价、住宅分户验收和其他项目费中的总承包服务费等。

(3)按照发包人提供的金额列项，主要有：其他项目费中的暂列金额、暂估材料(工程设备)单价、专业工程暂估价；发包人供应材料(工程设备)单价等。

(4)按照有关部门规定标准计算，主要有：规费及税金。

(二)建筑与装饰工程费的组成

建筑工程费由分部分项工程费、措施项目费、其他项目费、规费和税金组成。

1. 分部分项工程费

分部分项工程费是指各专业工程的分部分项工程应予列支的各项费用，由人工费、材料费、施工机具使用费、管理费和利润构成。

(1)人工费：是指按工资总额构成规定，支付给从事建筑安装工程施工的生产工人和附属生产单位工人的各项费用。内容包括：计时工资或计件工资、奖金、津贴补贴、加班加点工资、特殊情况下支付的工资。

(2)材料费：是指施工过程中耗费的原材料、辅助材料、构配件、零件、半成品或成品、工程设备的费用。内容包括：材料原价、运杂费、运输损耗费、采购及保管费。

工程设备是指房屋建筑及其配套的构成或计划构成永久工程一部分的机电设备、金属结构设备、仪器装置等建筑设备，包括附属工程中电气、采暖、通风空调、给排水、通信及建筑智能等为房屋功能服务的设备，不包括工艺设备。具体划分标准见《建设工程计价设备材料划分标准》(GB/T 50531—2009)。明确由建设单位提供的建筑设备，其设备费不作为计取税金的基数。

(3)施工机具使用费：是指施工作业所发生的施工机械、仪器仪表使用费或其租赁费。包含机械费和仪器仪表费。

(4)管理费：是指施工企业组织施工生产和经营管理所需的费用。

(5)利润：是指施工企业完成所承包工程获得的盈利。

2.措施项目费

措施项目费是指为完成建设工程施工，发生于该工程施工前和施工过程中的技术、生活、安全、环境保护等方面的费用。

根据现行工程量清单计算规范，措施项目分为单价措施项目与总价措施项目。

单价措施项目是指在现行工程量清单计算规范中有对应工程量计算规则，按人工费、材料费、机械费、管理费和利润形式组成综合单价的措施项目。单价措施项目根据专业不同，包括的项目不同，其中建筑与装饰工程措施项目包括：脚手架工程，混凝土模板及支架(撑)，垂直运输，超高施工增加，大型机械设备进出场及安拆，施工排水、降水。

总价措施项目是指在现行工程量清单计算规范中无工程量计算规则，以总价(或计算基础乘以费率)计算的措施项目。其中各专业都可能发生的通用的总价措施项目如下：

(1)安全文明施工：为满足安全、文明、绿色施工以及环境保护、职工健康生活所需要的各项费用。本项为不可竞争费。

①环境保护包含范围：现场施工机械设备降低噪声、防扰民措施费；水泥和其他易飞扬细颗粒建筑材料密闭存放或采取覆盖措施等费用；工程防扬尘洒水费；土石方、建渣外运车辆冲洗、防洒漏等费用；现场污染源的控制、生活垃圾清理外运、场地排水排污措施的费用；其他环境保护措施费。

②文明施工包含范围："五牌一图"的费用；现场围挡的墙面美化(包括内外粉刷、刷白、标语等)、压顶装饰费；现场厕所便槽刷白、贴面砖，水泥砂浆地面或地砖费，建筑物内临时便溺设施费；其他施工现场临时设施的装饰装修、美化措施费；现场生活卫生设施费；符合卫生要求的饮水设备、淋浴、消毒等设施费；生活用洁净燃料费；防煤气中毒、防蚊虫叮咬等措施费；施工现场操作场地的硬化费；现场绿化费、治安综合治理费、现场电子监控设备费；现场配备医药保健器材、物品费和急救人员培训费；用于现场工人的防暑降温费、电风扇、空调等设备及用电费；其他文明施工措施费。

③安全施工包含范围：安全资料、特殊作业专项方案的编制，安全施工标志的购置及安全宣传费；"三宝"(安全帽、安全带、安全网)、"四口"(楼梯口、电梯井口、通道口、预留洞口)、"五临边"(阳台围边、楼板围边、屋面围边、槽坑围边、卸料平台两侧)、水平防护架、垂直防护架、外架封闭等防护费；施工安全用电费，包括配电箱三级配电、两级保护装置要求、外电防护措施；起重机、塔吊等起重设备(含井架、门架)及外用电梯的安全防护措施(含警示标志)

费及卸料平台的临边防护、层间安全门、防护棚等设施费；建筑工地起重机械的检验检测费；施工机具防护棚及其围栏的安全保护设施费；施工安全防护通道费；工人的安全防护用品、用具购置费；消防设施与消防器材的配置费；电气保护、安全照明设施费；其他安全防护措施费。

④绿色施工包含范围：建筑垃圾分类收集及回收利用费；夜间焊接作业及大型照明灯具的挡光措施费；施工现场办公区、生活区使用节水器具及节能灯具增加费；施工现场基坑降水储存使用、雨水收集系统、冲洗设备用水回收利用设施增加费；施工现场生活区厕所化粪池、厨房隔油池设置及清理费；从事有毒、有害、有刺激性气味和强光、噪声施工人员的防护器具；现场危险设备、地段、有毒物品存放地安全标识和防护措施；厕所、卫生设施、排水沟、阴暗潮湿地带定期消毒费；保障现场施工人员劳动强度和工作时间符合国家标准《体力劳动强度分级》(GB 3869—1997)的增加费用等。

(2)夜间施工：规范、规程要求正常作业而发生的夜班补助，夜间施工降效，夜间照明设施的安拆、摊销，照明用电以及夜间施工现场交通标志、安全标牌、警示灯安拆等费用。

(3)二次搬运：由于施工场地限制而发生的材料、成品、半成品等一次运输不能到达堆放地点，必须进行的二次或多次搬运费用。

(4)冬雨季施工：在冬雨季施工期间所增加的费用。包括冬季作业、临时取暖、建筑物门窗洞口封闭及防雨措施、排水、施工效率降低、防冻等费用。不包括设计要求混凝土内添加防冻剂的费用。

(5)地上、地下设施，建筑物的临时保护设施：在工程施工过程中，对已建成的地上、地下设施和建筑物进行的遮盖、封闭、隔离等必要保护措施。在园林绿化工程中，还包括对已有植物的保护。

(6)已完工程及设备保护费：对已完工程及设备采取的覆盖、包裹、封闭、隔离等必要保护措施所发生的费用。

(7)临时设施费：施工企业为进行工程施工所必需的生活和生产用的临时建筑物、构筑物和其他临时设施的搭设、使用、拆除等费用。临时设施包括：

①临时宿舍、文化福利及公用事业房屋与构筑物、仓库、办公室、加工场等。

②建筑、装饰、安装、修缮、古建园林工程规定范围内(建筑物沿边起 50 m 以内，多幢建筑两幢间隔 50 m 以内)围墙、临时道路、水电、管线和轨道垫层等。

(8)赶工措施费：施工合同工期比江苏省现行工期定额提前，施工企业为缩短工期所发生的费用。如施工过程中，发包人要求实际工期比合同工期提前时，由发、承包双方另行约定。

(9)工程按质论价：施工合同约定质量标准超过国家规定，施工企业完成工程质量达到经有权部门鉴定或评定为优质工程所必须增加的施工成本费。

(10)特殊条件下施工增加费：由地下不明障碍物、铁路、航空、航运等交通干扰而发生的施工降效费用。

总价措施项目中，除通用措施项目外，建筑与装饰工程措施项目如下：

(1)非夜间施工照明：为保证工程施工正常进行，在地下室、地宫等特殊施工部位施工时所采用的照明设备的安拆、维护、摊销及照明用电等费用。

(2)住宅工程分户验收:按《江苏省住宅工程质量分户验收规程》(DGJ32J103—2010)的要求对住宅工程进行专门验收(包括蓄水、门窗淋水等)发生的费用。室内空气污染测试不包含在住宅工程中。

分户验收费中,由建设单位直接委托检测机构完成的,由建设单位承担费用。

3. 其他项目费

(1)暂列金额:建设单位在工程量清单中暂定并包括在工程合同价款中的一笔款项。用于施工合同签订时尚未确定或者不可预见的所需材料、工程设备、服务的采购,施工中可能发生的工程变更、合同约定调整因素出现时的工程价款调整以及发生的索赔、现场签证确认等的费用。由建设单位根据工程特点,按有关计价规定估算;施工过程中由建设单位掌握使用,扣除合同价款调整后如有余额,归建设单位。

(2)暂估价:建设单位在工程量清单中提供的用于支付必然发生但暂时不能确定价格的材料的单价以及专业工程的金额,包括材料暂估价和专业工程暂估价。材料暂估价在清单综合单价中考虑,不计入暂估价汇总。

(3)计日工:是指在施工过程中,施工企业完成建设单位提出的施工图纸以外的零星项目或工作所需的费用。

(4)总承包服务费:是指总承包人为配合、协调建设单位进行的专业工程发包,对建设单位自行采购的材料、工程设备等进行保管以及施工现场管理、竣工资料汇总整理等服务所需的费用。总承包服务范围由建设单位在招标文件中明示,并且发、承包双方在施工合同中约定。

4. 规费

规费是指有权部门规定必须缴纳的费用。

(1)工程排污费:包括废气、污水、固体及危险废物和噪声排污费等内容。

(2)社会保险费:企业应为职工缴纳的养老保险、医疗保险、失业保险、工伤保险和生育保险等五项社会保障方面的费用。为确保施工企业各类从业人员社会保障权益落到实处,省、市有关部门可根据实际情况制定管理办法。

(3)住房公积金:企业应为职工缴纳的住房公积金。

5. 税金

税金是指国家税法规定的应计入建筑安装工程造价内的营业税、城市维护建设税、教育费附加及地方教育附加。

(三)工程费取费标准及规定

1. 企业管理费、利润取费标准及规定(表 1-1-2、表 1-1-3)

(1)企业管理费、利润计算基础为人工费+机械费。

(2)包工不包料、点工的管理费和利润包含在工资单价中。

表 1-1-2　　建筑工程企业管理费和利润取费标准

序号	工程名称	计算基础	管理费费率/%			利润率/%
			一类工程	二类工程	三类工程	
一	建筑工程	人工费＋机械费	31	28	25	12
二	单独预制构件制作		15	13	11	6
三	打预制桩、单独构件吊装		11	9	7	5
四	制作兼打桩		15	13	11	7
五	大型土石方工程		6			4

表 1-1-3　　单独装饰工程企业管理费和利润取费标准

序号	工程名称	计算基础	管理费费率/%	利润率/%
一	单独装饰工程	人工费＋机械费	42	15

2. 措施项目取费标准及规定

(1)单价措施项目以清单工程量乘以综合单价计算。综合单价按照各专业计价定额中的规定,依据设计图纸和经建设方认可的施工方案进行组价。

(2)总价措施项目中部分以费率计算的措施项目费率标准见表 1-1-4 和表 1-1-5,其计算基础为:分部分项工程费＋单价措施项目费－工程设备费;其他总价措施项目,按项计取,综合单价按实际或可能发生的费用进行计算。

表 1-1-4　　措施项目费取费标准

项目	计算基础	建筑工程/%	单独装饰/%	备注
现场安全文明施工措施费	分部分项工程费＋单价措施项目费－工程设备费	(见表 1-1-5)		
夜间施工		0～0.1	0～0.1	
非夜间施工照明		0.2	0.2	
冬雨季施工增加费		0.05～0.2	0.05～0.1	
已完工程及设备保护		0～0.05	0～0.1	
临时设施费		1～2.2	0.3～1.2	
赶工措施		0.5～2	0.5～2	
按质论价		1～3	1～3	
住宅分户验收		0.4	0.1	

注:(1)在计取非夜间施工照明费时,建筑工程可计取;单独装饰仅特殊施工部位内施工项目可计取。

(2)在计取住宅分户验收时,大型土石方工程、桩基础工程和地下室部分不计入计费基础。

表 1-1-5　　安全文明施工措施费取费标准

序号	工程名称		基本费率/%	省标化增加费率/%
一	建筑工程	建筑工程	3.0	0.7
二		单独构件吊装	1.4	—
三		打预制桩/桩基础	1.3/1.8	0.3/0.4
四	单独装饰工程		1.6	0.4

3. 其他项目取费标准及规定

(1)暂列金额、暂估价按发包人给定的标准计取。

(2)计日工:由发、承包双方在合同中约定。

(3)总承包服务费:应根据招标文件列出的内容和向总承包人提出的要求,参照下列标准计算:

①建设单位仅要求对分包的专业工程进行总承包管理和协调时,按分包的专业工程估算造价的1%计算。

②建设单位要求对分包的专业工程进行总承包管理和协调,并同时要求提供配合服务时,根据招标文件中列出的配合服务内容和提出的要求,按分包的专业工程估算造价的2%~3%计算。

4. 规费取费标准及规定

(1)工程排污费:按工程所在地环境保护等部门规定的标准缴纳,按实计取列入。

(2)社会保险费及住房公积金按表1-1-6计取。

表1-1-6 社会保险费费率及公积金费率标准

序号	工程类别		计算基础	社会保险费费率/%	公积金费率/%
一	建筑工程	建筑工程	分部分项工程费+措施项目费+其他项目费-工程设备费	3	0.5
		单独预制构件制作、单独构件吊装、打预制桩、制作兼打桩		1.2	0.22
		人工挖孔桩		2.8	0.5
二	单独装饰工程			2.2	0.38

注:(1)社会保险费包括养老保险费、失业保险费、医疗保险费、工伤保险费、生育保险费。

(2)点工和包工不包料的社会保险费和公积金已经包含在人工工资单价中。

(3)大型土石方工程适用各专业中达到大型土石方标准的单位工程。

(4)社会保险费费率和公积金费率将随着社会保险部门要求和建设工程实际缴纳费率的提高,适时调整。

5. 税金取费标准及规定

税金包括营业税、城市建设维护税、教育费附加,按有权部门规定计取。

(四)工程造价计算程序

工程造价计算程序包括包工包料和包工不包料,分别按表1-1-7和表1-1-8计算。

1. 工程量清单法计算程序(包工包料)(表1-1-7)

表1-1-7 工程量清单法计算程序(包工包料)

序号	费用名称		计算公式
一	分部分项工程费		工程量×综合单价
	其中	1. 人工费	人工消耗量×人工单价
		2. 材料费	材料消耗量×材料单价
		3. 机械费	机械消耗量×机械单价
		4. 管理费	(1+3)×管理费费率
		5. 利润	(1+3)×利润率

续表

序号	费用名称		计算公式
二	措施项目费		分部分项工程费×费率 或工程量×综合单价
	其中	单价措施项目费	清单工程量×综合单价
		总价措施项目费	(分部分项工程费＋单价措施项目费－工程设备费)×费率 或以项计
三	其他项目费		
四	规费		(一＋二＋三－工程设备费)×费率
	其中	1. 工程排污费	
		3. 社会保险费	
		4. 住房公积金	
五	税金		(一＋二＋三＋四－按规定不计税的工程设备金额)×费率
六	工程造价		一＋二＋三＋四＋五

2. 工程量清单法计算程序(包工不包料)(表 1-1-8)

表 1-1-8　工程量清单法计算程序(包工不包料)

序号	费用名称		计算公式
一	分部分项工程量清单中人工费		清单人工消耗量×人工单价
二	措施项目清单中人工费		
	其中	单价措施项目中人工费	清单人工消耗量×人工单价
三	其他项目费		
四	规费		
	其中	工程排污费	(一＋二＋三)×费率
五	税金		(一＋二＋三＋四)×费率
六	工程造价		一＋二＋三＋四＋五

【案例 1-1-1】 已知某体育场室内装饰工程的分部分项工程费为 500 万元，措施项目中单价措施项目费为 60 万元，设现场安全文明施工费、临时设施费、社会保险费、住房公积金、税金的费率分别为 1.6%、1%、2.2%、0.38%、3.447%，按《江苏省建设工程费用定额》(2014 年)计算该体育场室内装饰工程项目的工程造价。

解：分部分项工程费 500 万元

措施项目费 60＋500×(1.6%＋1%)＝73.00 万元

规费(500＋73)×(2.2%＋0.38%)＝14.78 万元

税金(500＋73＋14.78)×3.447%＝20.26 万元

总造价 500＋73＋14.78＋20.26＝608.04 万元

六、装饰工程计价定额的应用与换算

(一)计价定额总说明

1. 计价定额的组成、作用及适用范围

(1)《江苏省建筑与装饰工程计价定额》(2014 版)(以下简称计价定额)共有两册，与《江苏省建设工程费用定额》(2014 年)配套使用。

(2)计价定额由二十四章及九个附录组成，其中，第一章至第十八章为分部分项工程计价，第十九章至第二十四章为措施项目计价。

(3)计价定额的作用如下：

①编制工程招标控制价(最高投标限价)的依据；

②编制工程标底、结算审核的指导；

③工程投标报价、企业内部核算、制订企业定额的参考；

④编制建筑工程概算定额的依据；

⑤建设行政主管部门调解工程价款争议、合理确定工程造价的依据。

(4)计价定额的适用范围如下：

适用于江苏省行政区域范围内一般工业与民用建筑的新建、扩建、改建工程及其单独装饰工程，不适用于修缮工程。固有资金投资的建筑与装饰工程应执行计价定额；非固有资金投资的建筑与装饰工程可参照使用计价定额；当工程施工合同约定按计价定额规定计价时，应遵守计价定额的相关规定。

2. 综合单价的组成内容

综合单价由人工费、材料费、机械费、管理费、利润等五项费用组成。一般建筑工程、打桩工程的管理费与利润，已按照三类工程标准计入综合单价内；一、二类工程和单独装饰工程应根据计价定额确定工程类别以及对应的费率标准，对管理费和利润进行调整后计入综合单价内。计价定额项目中带括号的材料价格供选用，不包含在综合单价内。部分计价定额项目在引用了其他项目综合单价时，引用的项目综合单价列入材料费一栏，但其五项费用数据在项目汇总时已作拆解分析，使用中应予以注意。

3. 计价定额项目的工作内容

计价定额项目的工作内容，均包括完成该项目过程的全部工序以及施工过程中所需的人工、材料、半成品和机械台班数量。除计价定额中有规定允许调整外，其余不得因具体工程的施工组织设计，施工方法和人工、材料、机具等耗用与计价定额有出入而调整定额用量。

4. 建筑物檐高的确定

计价定额中的檐高是指设计室外地面至檐口的高度。檐口高度按以下情况确定：

(1)坡(瓦)屋面按檐墙中心线处屋面板面或椽子上表面的高度计算。

(2)平屋面以檐墙中心线处平屋面的板面高度计算。

(3)屋面女儿墙、电梯间、楼梯间、水箱等高度不计入。

5. 单独装饰工程有关说明

(1)计价定额的装饰项目是按中档装饰水准编制的，设计四星及四星级以上宾馆、总统套房、展览馆及公共建筑等对装修有特殊设计要求和较高艺术造型的装饰工程时，应适当增加人工，增加标准在招标文件或合同中确定。

(2)家庭室内装饰也执行计价定额，但在执行计价定额时其人工乘以系数 1.15。

(3)计价定额中未包括的拆除、铲除、拆换、零星修补等项目，应按照 2009 年《江苏省房屋修缮工程预算定额》及其配套费用定额执行；未包括的水电安装项目按照 2014 年《江苏省安装工程计价定额》及其配套费用定额执行。

6. 计价定额人工工资标准

计价定额人工工资分别按一类工 85.00 元/工日、二类工 82.00 元/工日、三类工

77.00元/工日计算。每工日按八小时工作制计算。工日中包括基本用工、材料场内运输用工、部分项目的材料加工及人工幅度差。

7. 垂直运输机械费及建筑物超高增加费

(1)计价定额的垂直运输机械费已包含了单位工程在经江苏省调整后的国家定额工期内完成全部工程项目所需要的垂直运输机械台班费。凡檐高在3.6 m内的平房、围墙、层高在3.6 m以内单独施工的一层地下室工程,不得计取垂直运输机械费。

(2)计价定额中除脚手架、垂直运输费用定额已注明其适用高度外,其余章节均按檐口高度在20 m以内编制。超过20 m时,单独装饰工程则另外计取超高人工降效费。

8. 计价定额机械台班单价

计价定额机械台班单价是按《江苏省施工机械台班2007年单价表》取定。其中,人工工资单价82.00元/工日、汽油10.64元/kg、柴油9.03元/kg、煤1.1元/kg、电0.89元/kWh、水4.70元/m^3。

9. 其他

(1)计价定额项目同时使用两个或两个以上系数时,采用连乘方法计算。

(2)计价定额中凡注有"×××以内"均包括×××本身,"×××以上"均不包括×××本身。

(二)计价定额的套用与换算

计价定额是编制施工图预算、确定工程造价的主要依据,定额应用正确与否直接影响建筑工程造价。在编制施工图预算应用计价定额时,通常会遇到以下三种情况:计价定额的套用、换算和补充。

1. 计价定额的套用

在应用计价定额时,要认真地阅读掌握计价定额的总说明、各分部工程说明、计价定额的适用范围,已经考虑和没有考虑的因素以及附注说明等。当分项工程的设计要求与计价定额条件完全相符时,则可直接套用计价定额。

根据施工图纸,对分项工程施工方法、设计要求等了解清楚,选择套用相应的计价定额项目。对分项工程与计价定额项目,必须从工程内容、技术特征、施工方法以及材料规格上进行仔细核对,然后才能正式确定相应的计价定额套用项目。这是正确套用计价定额的关键。

(1)施工图设计要求与定额单个子目内容完全一致的,直接套用定额对应子目。

【案例1-1-2】 普通黏土砖外墙面抹灰,设计标注做法引用标准图集苏J9501-6-5,为水泥砂浆外墙面粉刷,采用12 mm厚1∶3水泥砂浆打底,8 mm厚1∶2.5水泥砂浆粉面。

解:经查计价定额,与墙面、墙裙抹水泥砂浆[砖墙/外墙]子目完全一致,可以直接套用。套用结果见表1-1-9。

表1-1-9　套用结果

序号	项目名称	定额编号	单位	单价/元
1	外墙面抹水泥砂浆[砖墙]	14-8	10 m^2	254.64

(2)施工图设计要求与定额多个子目内容一致的,组合套用定额相应子目。

【案例1-1-3】 施工图设计楼面细石混凝土找平层30 mm厚。

解:经查计价定额,没有直接对应的单一子目,但分别有楼面细石混凝土找平层40 mm厚(13-18)和厚度每增减5 mm厚(13-19),见表1-1-10。

表 1-1-10 **找平层**

工作内容：1. 细石混凝土搅拌、捣平、压实、养护。
2. 清理基层、熬沥青砂浆、捣平、压实。

计量单位：10 m^2

定额编号					13-18		13-19	
项 目			单位	单价	细石混凝土			
					厚 40 mm		厚度每增(减)5 mm	
					数量	合价	数量	合价
综合单价				元	206.97		23.06	
其中	人工费			元	68.88		6.56	
	材料费			元	106.20		13.31	
	机械费			元	4.67		0.56	
	管理费			元	18.39		1.78	
	利润			元	8.83		0.85	
一类工			工日	82.00	0.84	68.88	0.08	6.56
材料	80210105	现浇 C20 混凝土	m^3	258.23	0.404	104.32	0.051	13.17
	31150101	水	m^3	4.70	0.40	1.88	0.03	0.14
机械	99050152	混凝土搅拌机 400 L	台班	156.81	0.025	3.92	0.003	0.47
	99052108	混凝土震动器(平板式)	台班	14.93	0.05	0.75	0.006	0.09

应组合套用此两子目，套用结果见表 1-1-11。

表 1-1-11 **定额套用表**

序号	项目名称	定额编号	单位	单价/元
1	细石混凝土找平层 30 mm 厚[楼面]	13-18-19×2	10 m^2	253.09

2. 计价定额的换算

计价定额的套用的确给工程预结算工作带来了极大的便利，但由于建筑产品的单一性和施工工艺的多样性，决定了计价定额不可能把实际所发生的各种因素都考虑进去，直接套用计价定额是不能满足预结算工作要求的。为了编制出符合设计要求和实际施工方法的工程预结算，除了对缺项采取编制补充计价定额外，最常用的方法是在计价定额规定的范围内对定额子目进行换算。换算的基本步骤同直接套用相同，从对象子目的栏目内找出需进行调整、增减的项目和消耗量后，按计价定额规定进行换算。

换算方法有许多种，大致分以下几类：

(1)施工图设计做法与计价定额内容不一致的换算

①品种的换算。这类换算主要是将实际所用材料品种替代换算对象定额子目中所含材料品种，通常是指各种成品安装材料以及混凝土、砂浆标号和品种等的换算。

由于砂浆用量不变，所以人工费、机械费不变，因而只换算砂浆强度等级和调整砂浆材料费。

砌筑砂浆换算公式：

换算后综合单价＝原综合单价＋定额砂浆用量×(换入砂浆单价－换出砂浆单价)＝原综合单价＋换入费－换出费

【案例 1-1-4】 求 M7.5 水泥砂浆砌砖基础的综合单价。

解：查计价定额(表 1-1-12)，换算定额编号：4-1。

换算后综合单价为 $4\text{-}1_{换}=406.25+0.242\times(182.23-180.37)=406.70$ 元/m^3

或 $406.25+44.10-43.65=406.70$ 元/m^3

换算后材料用量(每 m^3 砌体)：

32.5 级水泥：$0.242\times223.00=53.97$ kg

中砂：$0.242\times1.61=0.39$ t

表 1-1-12　　**砖基础、砖柱**

工作内容：1. 砖基础：运料、调铺砂浆、清理基槽坑、砌砖等。

2. 砖柱：清理基槽、运料、调铺砂浆、砌砖。

计量单位：m^3

定额编号					4-1		4-2	
项目			单位	单价	砖基础			
					直形		圆弧形	
					数量	合价	数量	合价
综合单价			元		406.25		429.85	
其中	人工费		元		98.40		115.62	
	材料费		元		263.38		263.38	
	机械费		元		5.89		5.89	
	管理费		元		26.07		30.38	
	利润		元		12.51		14.58	
二类工			工日	82.00	1.20	98.40	1.41	115.62
材料	04135500	标准砖(240×115×53)mm	百块	42.00	5.22	219.24	5.22	219.24
	80010104	水泥砂浆 M5	m^3	180.37	0.242	43.65	0.242	43.65
	80010105	水泥砂浆 M7.5	m^3	182.23	(0.242)	(44.10)	(0.242)	(44.10)
	80010106	水泥砂浆 M10	m^3	191.53	(0.242)	(46.35)	(0.242)	(46.35)
	31150101	水	m^3	4.70	0.104	0.49	0.104	0.49
机械	99050503	灰浆拌和机拌筒容量 200 L	台班	122.64	0.048	5.89	0.048	5.89

②断面的换算。这类换算主要是针对木构件设计断面与定额采用断面不符的换算，常用于木门窗、屋面木基层等处。此类定额子目一般都会明确注明所用断面尺寸，规定允许按设计调整材积，并给出相应的换算公式。

【案例 1-1-5】 设计墙面木龙骨断面为 30 mm×50 mm(龙骨间距和与墙体连接固定均同定额相符)，求综合单价。

分析：查计价定额（表 1-1-13)相应定额 14-168 的断面为 24 mm×30 mm，需按比例换算。

解:查计价定额 14-168,根据断面换算公式:设计断面÷定额断面×定额材积,则调整材积=30×50/(24×30)×0.111=0.231。

换算后综合单价=439.87+0.231×1600.00−177.60=631.87 元/m^3

③间距的换算。这类换算主要用于各种龙骨、挂瓦条及分格嵌条等处。定额规定设计间距与定额不符时,可按比例换算。

【案例 1-1-6】 设计墙面木龙骨间距为 500 mm×400 mm(龙骨断面及龙骨和墙体连接固定方式均与定额相符),求综合单价。

分析:查计价定额(表 1-1-13),相应定额 14-168 的间距为 300 mm×300 mm,需按比例换算。

解:将对象子目 14-168 中普通成材含量 0.111 按公式换算为:300×300/(500×400)×0.111=0.05,即可。

换算后综合单价=439.87+1600×(0.05−0.111)=342.27 元/10 m^2

表 1-1-13　　墙面、柱梁面木龙骨、钢龙骨骨架

工作内容:定位、下料、打眼剔洞、埋木砖、安装龙骨、刷防腐油

计量单位:10 m^2

<table>
<tr><td colspan="5">定额编号</td><td colspan="2">14-168</td></tr>
<tr><td colspan="3" rowspan="2">项　目</td><td rowspan="2">单位</td><td rowspan="2">单价</td><td colspan="2">墙面</td></tr>
<tr><td>数量</td><td>合价</td></tr>
<tr><td colspan="4">综合单价</td><td>元</td><td colspan="2">439.87</td></tr>
<tr><td colspan="2" rowspan="5">其
中</td><td colspan="2">人工费</td><td>元</td><td colspan="2">181.90</td></tr>
<tr><td colspan="2">材料费</td><td>元</td><td colspan="2">180.95</td></tr>
<tr><td colspan="2">机械费</td><td>元</td><td colspan="2">7.09</td></tr>
<tr><td colspan="2">管理费</td><td>元</td><td colspan="2">47.25</td></tr>
<tr><td colspan="2">利润</td><td>元</td><td colspan="2">22.68</td></tr>
<tr><td colspan="3">一类工</td><td>工日</td><td>85.00</td><td>2.14</td><td>181.90</td></tr>
<tr><td rowspan="3">材料</td><td>05030600</td><td>普通成材</td><td>m³</td><td>1600.00</td><td>0.111</td><td>177.60</td></tr>
<tr><td>03510705</td><td>铁钉 70 mm</td><td>kg</td><td>4.20</td><td>0.37</td><td>1.55</td></tr>
<tr><td>12060334</td><td>防腐油</td><td>kg</td><td>6.00</td><td>0.30</td><td>1.80</td></tr>
<tr><td rowspan="2">机械</td><td>99192305</td><td>电锤 520 W</td><td>台班</td><td>8.34</td><td>0.801</td><td>6.68</td></tr>
<tr><td></td><td>其他机械费</td><td>元</td><td></td><td></td><td>0.41</td></tr>
</table>

④厚度的换算。这类换算主要运用于墙面抹灰、楼地面找平层、屋面保温等处。对于砂浆类,换算过程要相对复杂一些。当设计图纸要求的抹灰砂浆配合比与预算定额的抹灰砂浆配合比或厚度不同时,就要进行抹灰砂浆换算。如墙柱面定额规定,墙面抹灰砂浆厚度应调整,砂浆用量按比例调整。

换算后综合单价=材料费+∑(各层换入砂浆用量×换入砂浆综合单价−各层换出砂浆用量×换出砂浆综合单价)+(定额人工费+定额机械费)×(1+25%+12%)

各层换入砂浆用量=(定额砂浆用量÷定额砂浆厚度)×设计厚度

各层换出砂浆用量=定额砂浆用量

【案例 1-1-7】 求 1∶3 水泥砂浆底层 15 mm 厚，1∶2.5 水泥砂浆面层 7 mm 厚抹砖外墙面的综合单价。

分析：查阅定额中墙、柱抹灰取定的砂浆品种、厚度，得砖墙面为底层 1∶3 水泥砂浆 12 mm 厚，面层 1∶2.5 水泥砂浆 8 mm 厚，需换算。

解：查计价定额（表 1-1-14），换算定额编号：14-8。

底层换入砂浆用量 $=0.142\times15/12=0.1775\ m^3$

面层换入砂浆用量 $=0.086\times7/8=0.07525\ m^3$

换算后定额基价 $=254.64+0.1775\times239.65-34.03+0.07525\times265.07-22.8+(136.12+5.64)\times(1+25\%+12\%)=454.51$ 元/10 m^2

换算后材料用量（每 10 m^2）：

32.5 级水泥：$0.1775\times408+0.07525\times490=109.29$ kg

中砂：$(0.1775+0.07525)\times1.611=0.41$ t

表 1-1-14　　墙面、墙裙抹水泥砂浆

工作内容：1. 清理、修补、湿润基层表面，堵墙眼，调运砂浆，清扫落地灰。

2. 刷浆、抹灰找平、洒水湿润、罩面压光。

计量单位：10 m^2

定额编号					14-8		14-10	
项目			单位	单价	墙面、墙裙抹水泥砂浆			
					砖墙外墙		混凝土墙外墙	
					数量	合价	数量	合价
综合单价				元	254.64		268.38	
其中	人工费			元	136.12		145.96	
	材料费			元	60.43		60.85	
	机械费			元	5.64		5.52	
	管理费			元	35.44		37.87	
	利润			元	17.01		18.18	
二类工			工日	82.00	1.66	136.12	1.78	145.96
材料	80010124	水泥砂浆 1∶2.5	m^3	265.07	0.086	22.80	0.086	22.80
	80010125	水泥砂浆 1∶3	m^3	239.65	0.142	34.03	0.135	32.35
	80110313	901 胶素水泥浆	m^3	525.21			0.004	2.10
	05030600	普通木成材	m^3	1600.00	0.002	3.20		
	31150101	水	m^3	4.70	0.086	0.40	0.085	0.40
机械	99050503	灰浆拌和机拌筒容量 200 L	台班	122.64	0.046	5.64	0.045	5.52

⑤配合比的换算。当设计图纸要求的抹灰砂浆配合比与预算定额的抹灰砂浆配合比不同时，就要进行抹灰砂浆换算。

【案例 1-1-8】 求 1∶2 水泥砂浆底层 12 mm 厚，1∶2 水泥砂浆面层 8 mm 厚抹砖墙面的综合单价。

分析：查阅定额中墙、柱抹灰取定的砂浆品种、厚度，得厚度与定额一致，配合比需换算。

解：查计价定额（表 1-1-14），换算计价定额编号：14-8。

换算后综合单价＝254.64＋0.086×(265.07－275.64)＋0.142×(239.65－275.64)＝248.62 元/10 m^2

换算后材料用量：

32.5 级水泥：(0.086＋0.142)×557＝127 kg/10 m^2

中砂：(0.086＋0.142)×1.464＝0.334 t/10 m^2

⑥规格的换算。主要是指内外墙贴面砖、瓦材等块料规格与定额取定不符，定额规定可以对消耗量进行换算，并给出了相应的换算方法。

【案例 1-1-9】 某楼面用水泥砂浆 400 mm×400 mm(单价为 12 元/块)地砖镶贴成多色简单图案，求其综合单价。

分析： 12/(0.4×0.4)＝75 元/m^2

解： 查计价定额(表 1-1-15)，换算后综合单价 $13\text{-}88_{换}$＝1257.15＋10.2×75－510.00＝1512.15 元/10 m^2

表 1-1-15 地砖

工作内容：清理基层、锯板磨细、贴镜面同质砖、擦缝、清理净面、调制水泥砂浆、刷素水泥浆、调制黏结剂。

计量单位：10 m^2

定额编号					13-88		13-89	
项目			单位	单价	楼地面地砖			
					多色简单图案镶贴			
					水泥砂浆		干粉型黏结剂	
					数量	合价	数量	合价
综合单价			元		1257.15		1468.80	
其中		人工费	元		479.40		514.25	
		材料费	元		592.49		774.40	
		机械费	元		5.75		5.75	
		管理费	元		121.29		130.00	
		利润	元		58.22		62.40	
		一类工	工日	85.00	5.64	479.40	6.05	514.25
材料	06650101	同质地砖	m^2	50.00	10.20	510.00	10.20	510.00
	80010123	水泥砂浆 1∶2	m^3	275.64	0.051	14.06		
	80010125	水泥砂浆 1∶3	m^3	239.65	0.202	48.41	0.202	48.41
	12410163	干粉型黏结剂	kg	5.00			40.00	200.00
	80110303	素水泥浆	m^3	472.71	0.01	4.73		
	04010701	白水泥	m^3	0.70	2.00	1.40	3.00	2.10
	31110301	棉砂头	kg	6.50	0.10	0.65	0.10	0.65
	03652403	锯木屑	m^3	55.00	0.06	3.30	0.06	3.30
	31150101	合金钢切割锯片	片	80.00	0.064	5.12	0.064	5.12
		水	m^3	4.70	0.26	1.22	0.26	1.22
		其他材料费	元			3.60		3.60
机械	99050503	灰浆搅拌机拌筒容量 200 L	台班	122.64	0.017	2.08	0.017	2.08
	99230127	石料切割机	台班	14.69	0.25	3.67	0.25	3.67

(2)施工方法与定额内容不一致的换算

①量差的换算。这类换算是由于实际施工工艺与定额设定工艺不同,以增减或调整定额相应子目消耗量或金额的方式来进行的。定额规定多以章节说明和附注说明形式出现,分布于多个分部工程。

【案例 1-1-10】 在墙柱面夹板基层上再做一层凸面夹板时,定额规定:每 10 m^2 另加夹板 10.5 m^2、人工 1.90 工日。

②系数的换算。这类换算在实际工作中应用广泛,运用于装饰工程各分部和措施项目等分部。

【案例 1-1-11】 求楼地面镶贴多色图案的综合单价。

解:根据计价定额规定,楼地面镶贴多色图案人工费以 1.2 系数。

查计价定额(表 1-1-15),换算定额编号:13-88。

换算后综合单价=材料费+(人工费×1.2+机械费)×(1+25%+12%)=592.49+(479.40×1.2+5.75)×(1+25%+12%)=1388.50 元/10 m^2

其中:人工费=479.40×1.20=575.28 元/10 m^2

(3)项目条件与定额设定不相符的换算

①类别的换算。此项换算是针对实际工程类别与定额取定工程类别不同而引起管理费费率、利润率相应改变的换算。以一般建筑工程来说,定额取定类别是三类,如实际为一、二类,就需要换算。

由于材料用量不变,所以人工费、材料费、机械费不变,换算管理费和利润。

工程类别换算公式:

换算后综合单价=原综合单价+(人工费+机械费)×(换入管理费费率-换出管理费费率+换入利润率-换出利润率)

或换算后综合单价=材料费+(人工费+机械费)×(1+换入管理费费率+换入利润率)

【案例 1-1-12】 某墙面木龙骨由装饰企业施工,求其综合单价。

分析:定额中管理费费率为 25%,利润率为 12%,应分别调整为 42%和 15%,其费率计算基数为该子目的人工费与机械费之和。

解:查计价定额(表 1-1-13),换算定额编号:14-168。

$14\text{-}168_{换}$=439.87+(181.90+7.09)×(42%+15%-25%-12%)=477.67 元/10 m^2

②工期的换算。此项换算是针对建筑物垂直运输机械使用量的换算,目的是确定工期天数。这项换算方法在计价定额中没有详细说明,具体方法可以查阅《全国统一建筑安装工程工期定额》及其编制说明。

3. 计价定额的补充

当分项工程的设计要求与定额条件完全不相符时,或者由于设计采用新结构、新材料及新工艺施工,在计价定额中没有这类项目,属于计价定额缺项时,可编制补充计价定额。

编制补充计价定额的方法通常有两种。一种是计算人工、各种材料和机械台班消耗量指标，然后乘以人工工资标准、材料预算价格及机械台班使用费并汇总即得补充计价定额。另一种方法是补充项目的人工、机械台班消耗量，可以用同类型工序、同类型产品定额水平消耗的工时、机械台班标准为依据，套用相近的计价定额项目；而材料消耗量按施工图纸进行计算或按实际测定方法来确定。

编制好的补充计价定额，如果是多次使用的，一般要报有关主管部门审批，或与建设单位进行协商，经同意后再列入工程计价定额正式使用。

学习情境二

应用计价定额法编制装饰工程施工图预算

项目1　计算楼地面装饰工程费
项目2　计算墙柱面装饰工程费
项目3　计算天棚装饰工程费
项目4　计算门窗工程费
项目5　计算油漆、涂料、裱糊工程费
项目6　计算其他零星工程费
项目7　计算高层施工人工降效费
项目8　计算脚手架工程费
项目9　计算单独装饰工程垂直运输费
项目10　计算其他措施项目费

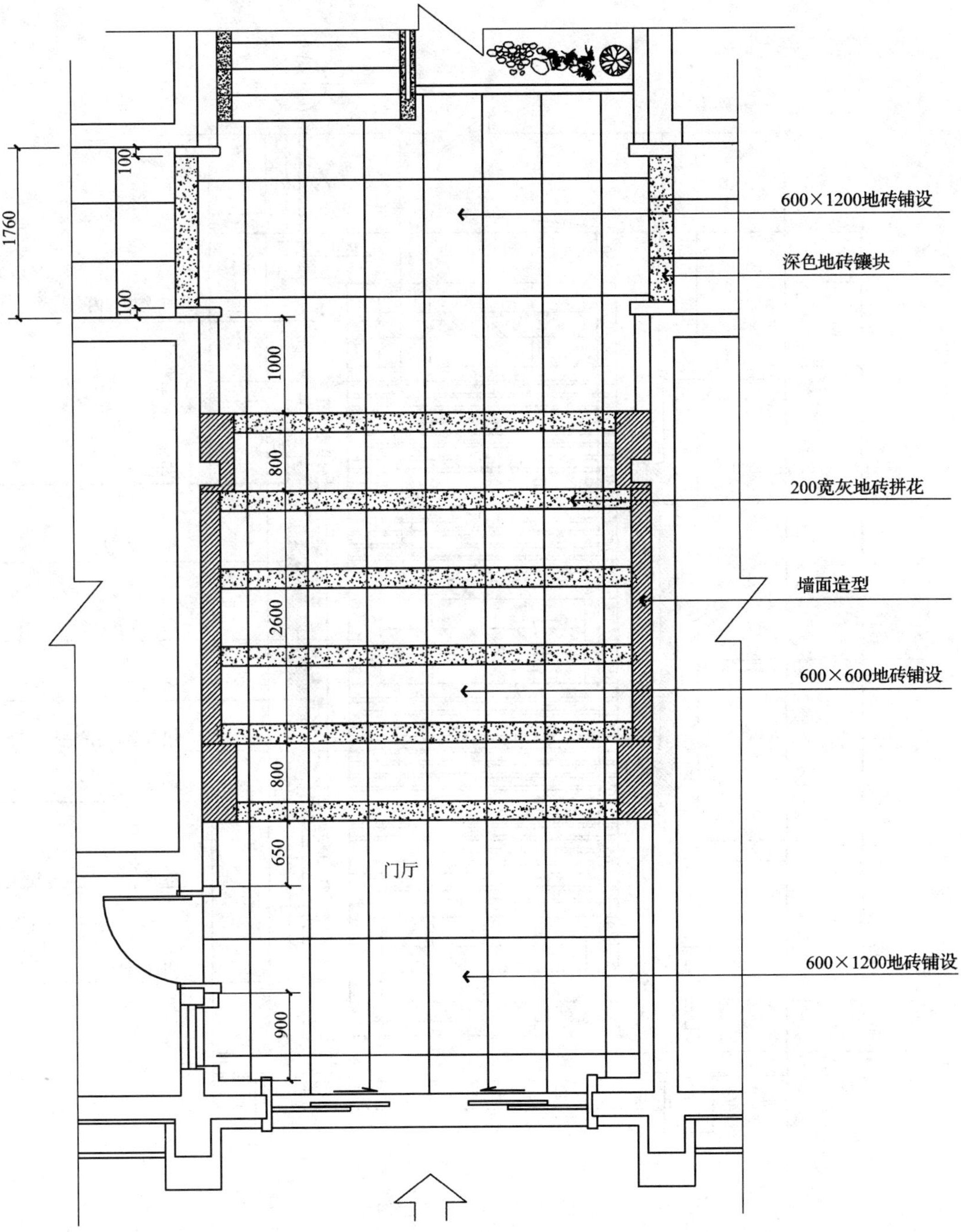

图 2-1-1　一层大厅平面图

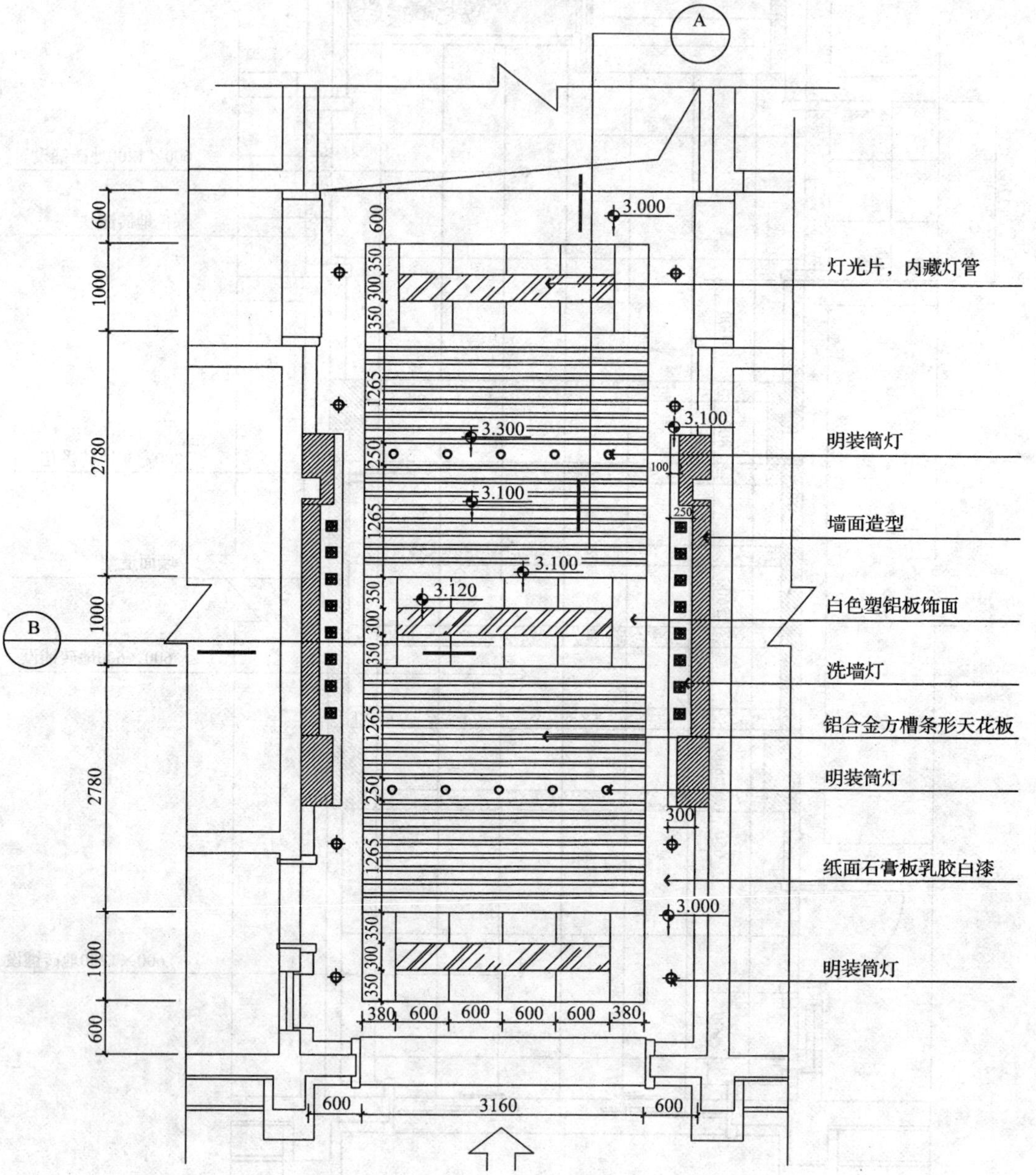

图 2-1-2　一层大厅顶面图

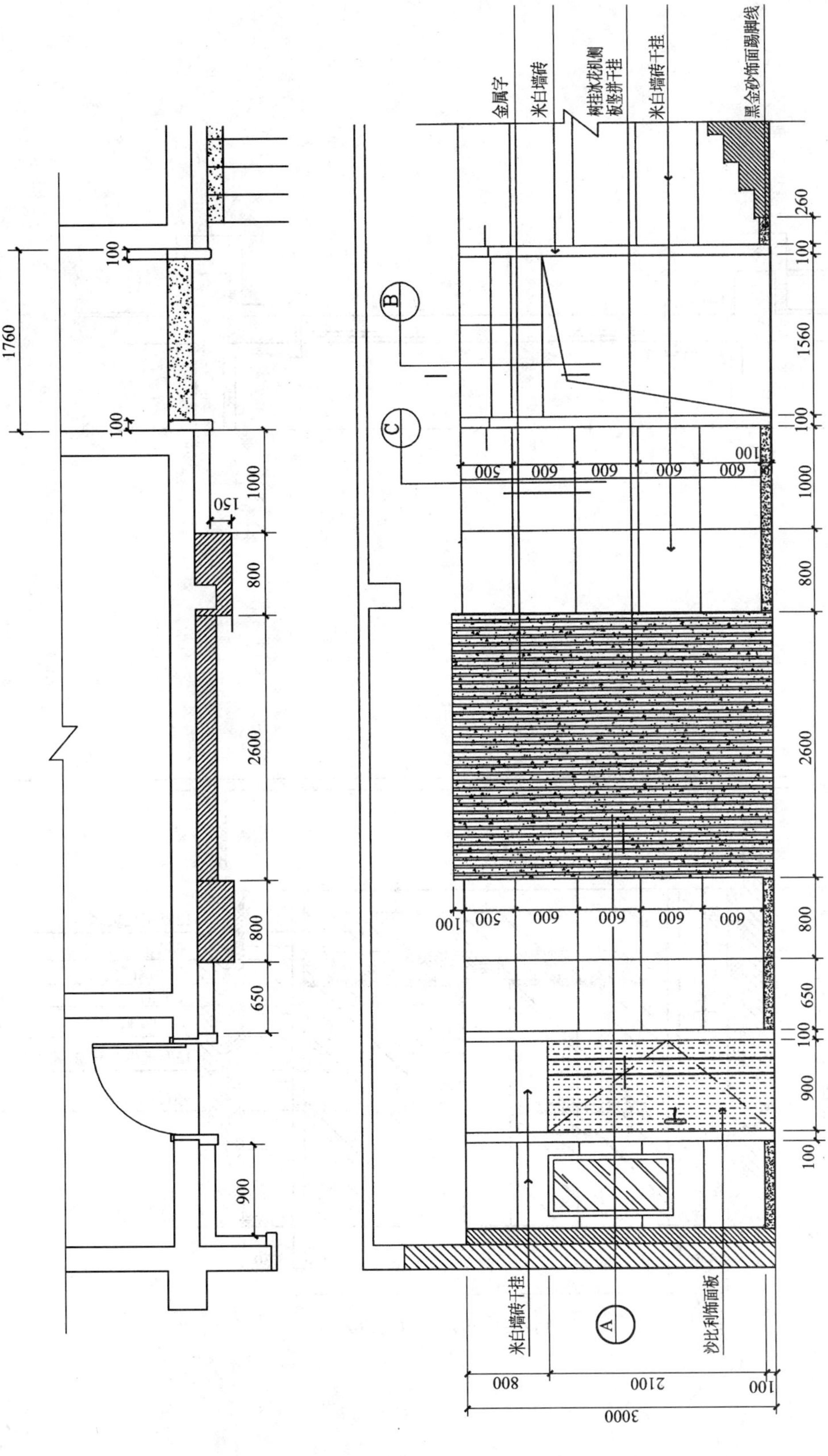

图2-1-3　一层大厅D立面图

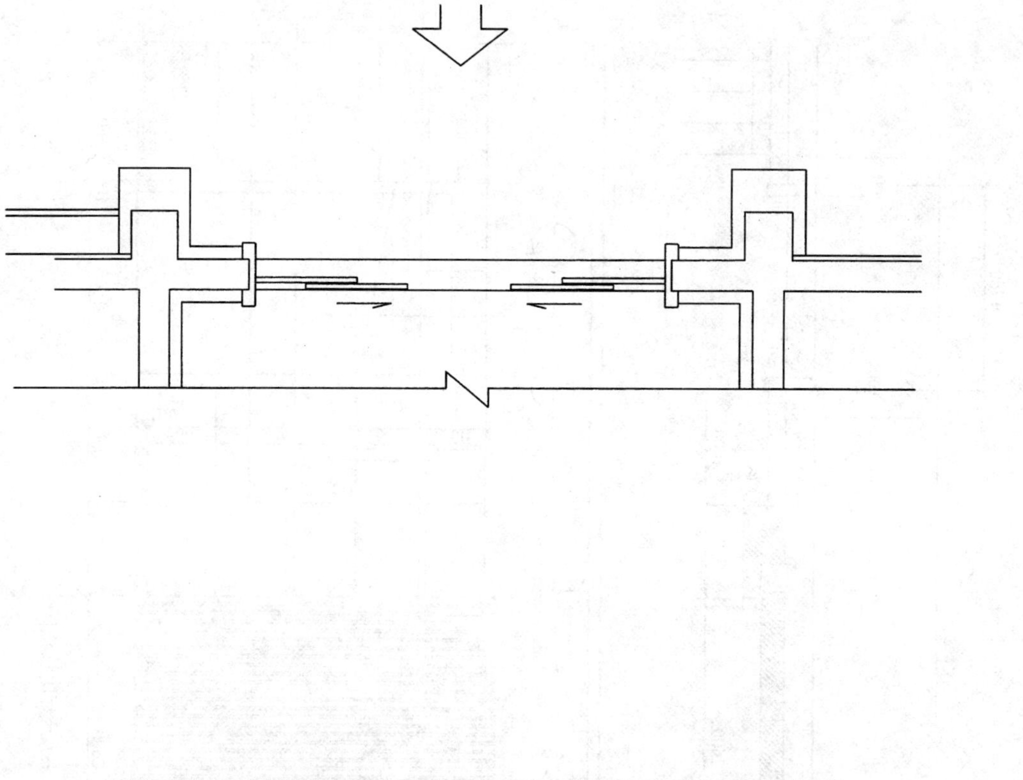

图2-1-4　一层大厅C立面图

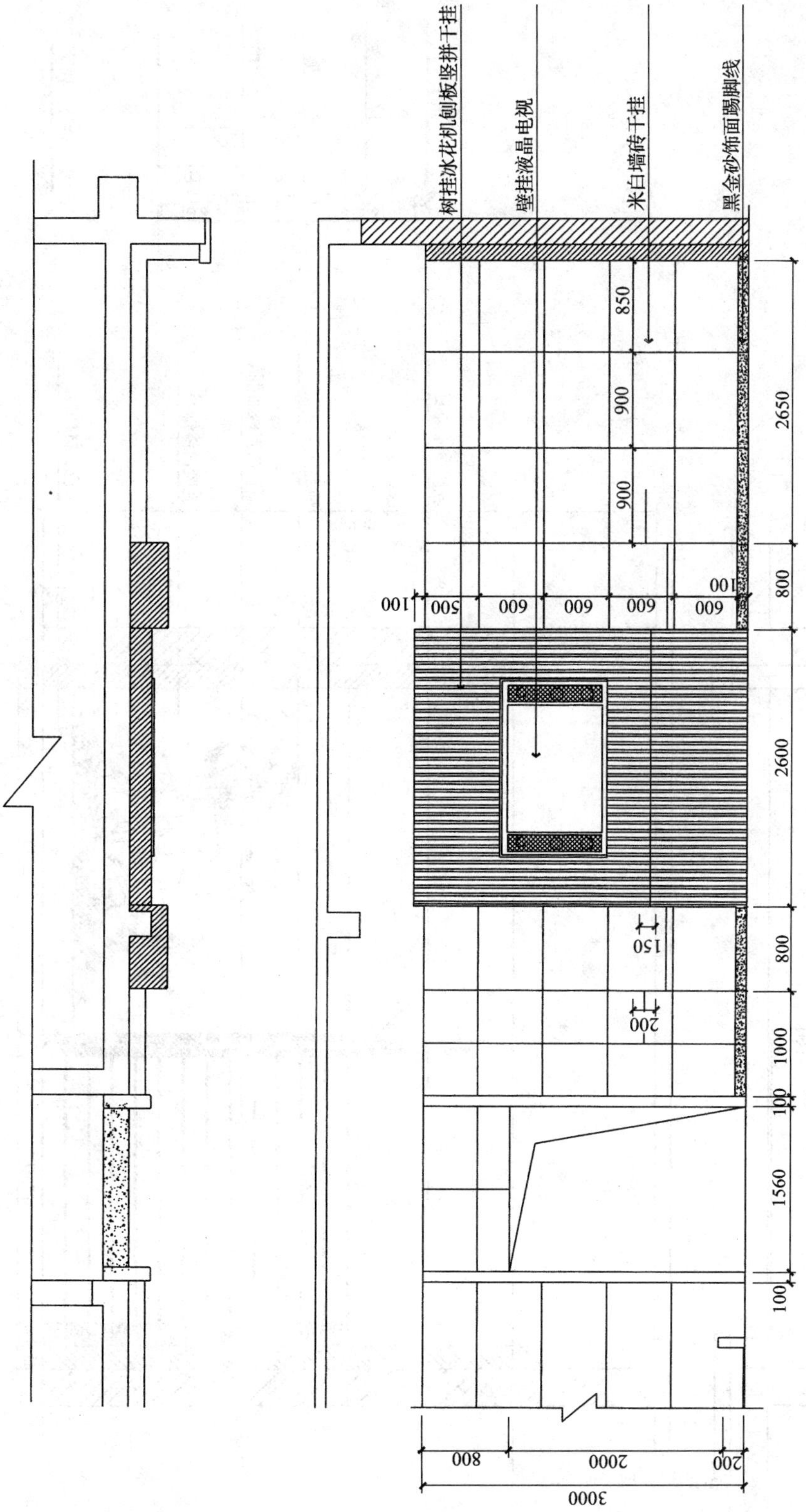

图 2-1-5　一层大厅B立面图

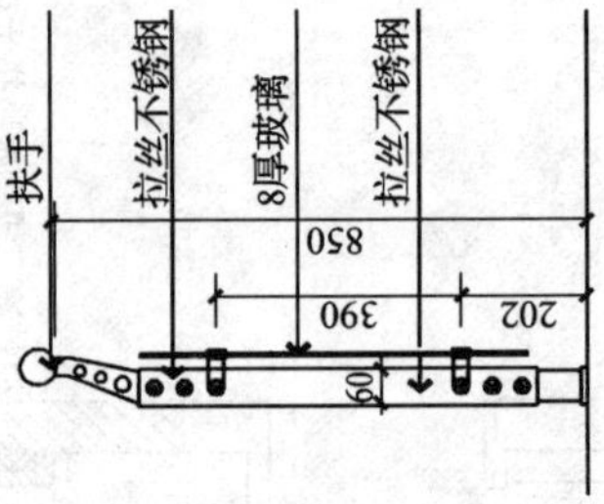

楼梯栏杆大样图

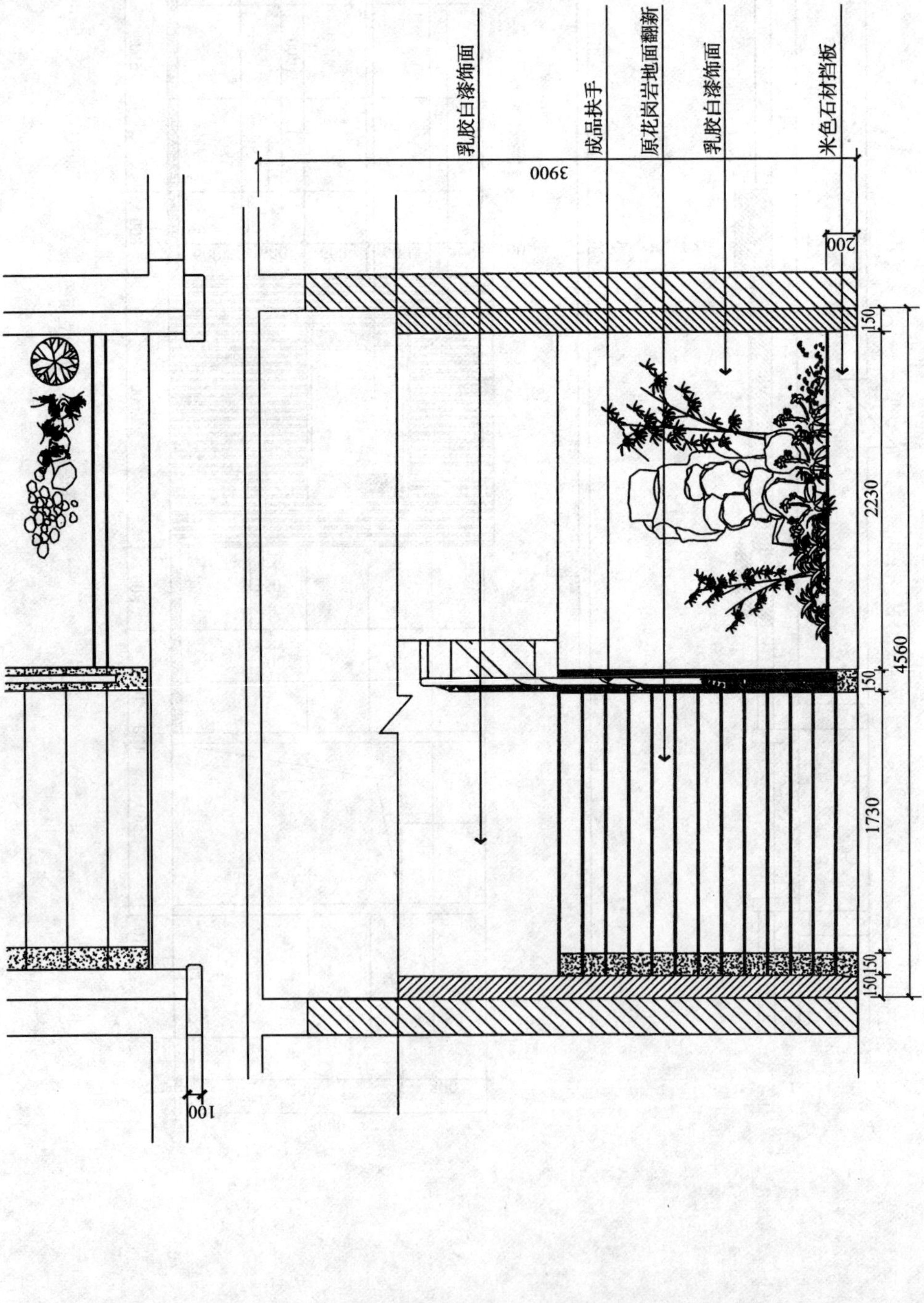

图2-1-6 一层大厅A立面图

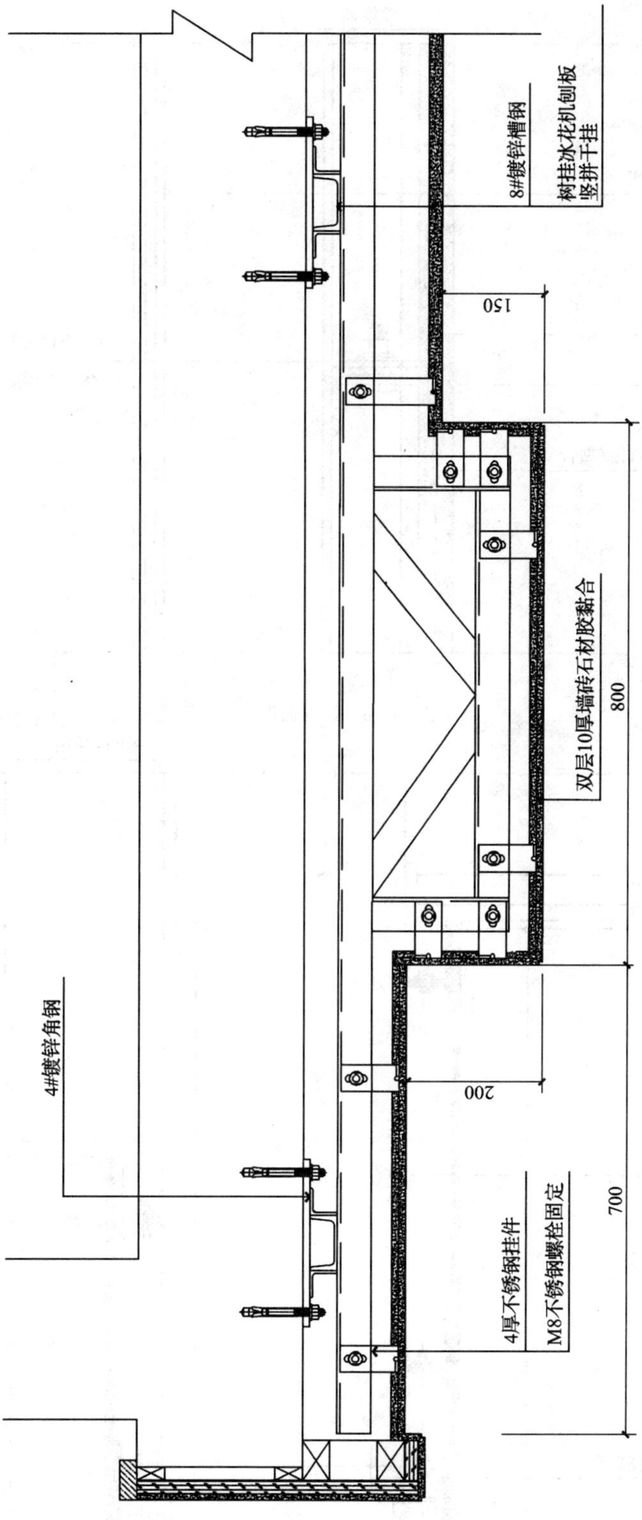
8#镀锌槽钢
树挂冰花机刨板竖拼干挂
150
双层10厚墙砖石材胶黏合
800
4#镀锌角钢
200
4厚不锈钢挂件
M8不锈钢螺栓固定
700

图2-1-7　A剖面图

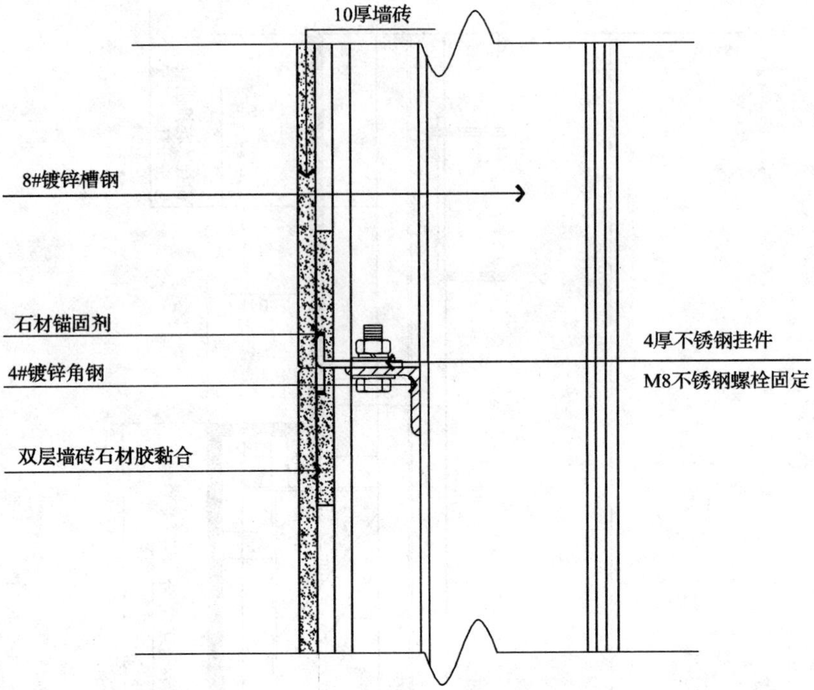

图 2-1-8　C 剖面图

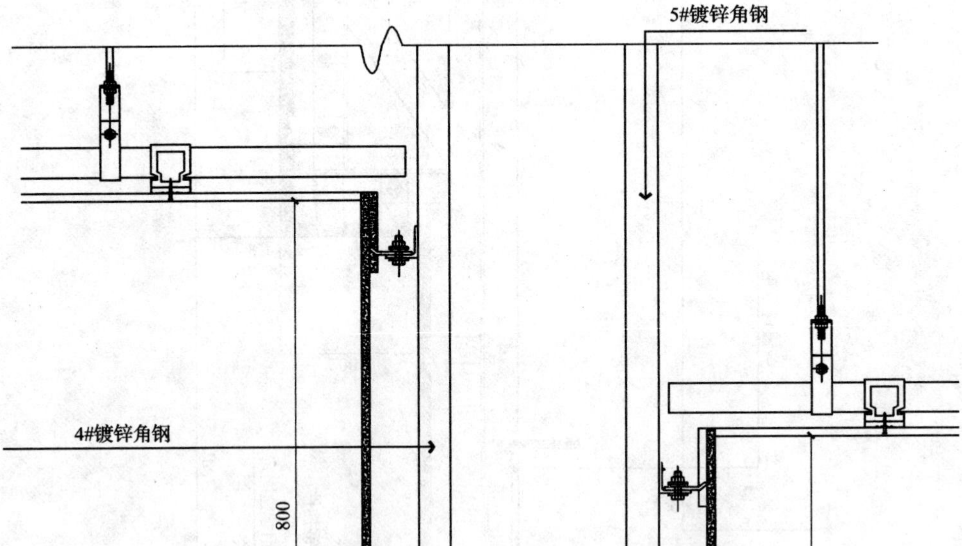

图 2-1-9　B 剖面图(一)

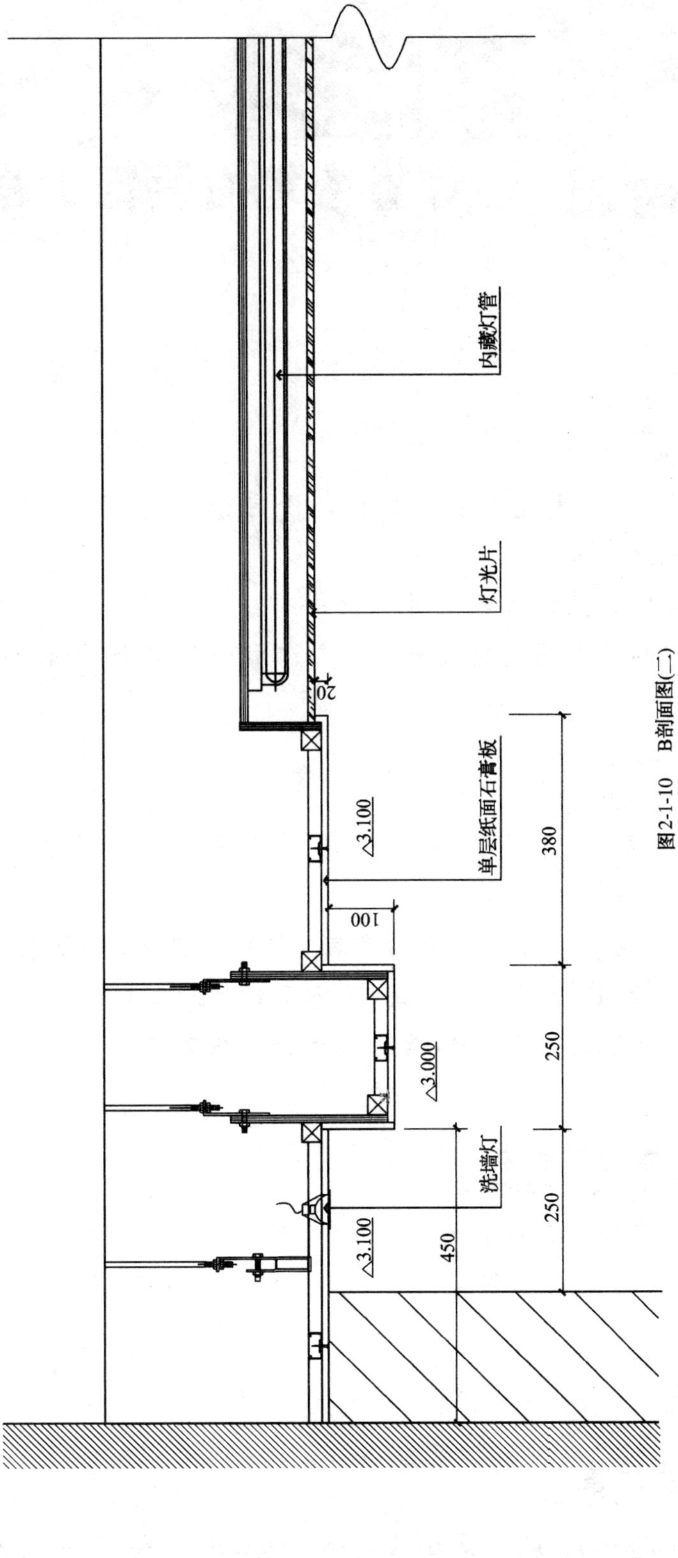

图2-1-10　B剖面图(二)

项目 1

计算楼地面装饰工程费

能力目标

1.会应用《江苏省建筑与装饰工程计价定额》中第十三章“楼地面工程”中的工程量计算规则和方法；

2.会计算楼地面装饰工程量并计价；

3.能结合实际施工图进行楼地面装饰工程量计算并计价。

知识支撑点

1.垫层、找平层、整体面层、块料面层、木地板、栏杆、扶手、散水、斜坡、明沟等工程量计算规则；

2.《江苏省建筑与装饰工程计价定额》中关于垫层、找平层、整体面层、块料面层、木地板、栏杆、扶手、散水、斜坡、明沟套价的规定；

3.各类楼地面装饰工程的构造组成及相关施工工艺。

职业资格标准链接

了解楼地面装饰工程项目的定额子目划分与组成；熟悉楼地面工程中定额子目的设置及工作内容，工程量计算规则；掌握楼地面装饰工程定额项目的正确套用与换算。

项目背景

图 2-1-1～图 2-1-10 所示为某市人力资源市场一层大厅，已知原结构墙体厚度为240 mm。请计算楼地面工程量并计价。

一、楼地面装饰工程构造及施工工艺

楼地面是底层地面（无地下室的建筑指首层地面，有地下室的建筑指地下室的最底层）和楼层地面的总称，主要包括结构层、中间层和面层。根据构造方法和施工工艺不同，可分为整体类楼地面、块材类楼地面、木地面及人造软制品楼地面等。

（一）整体类楼地面

整体类楼地面的面层无接缝，它的面层是在施工现场整体浇筑而成的。这类楼地面包括水泥砂浆楼地面、水泥混凝土楼地面、现浇水磨石楼地面及涂布楼地面等。

1. 水泥砂浆楼地面

水泥砂浆楼地面是直接在现浇混凝土垫层水泥砂浆找平层上施工的一种传统整体地面。水泥砂浆楼地面构造做法如图 2-1-11 所示。

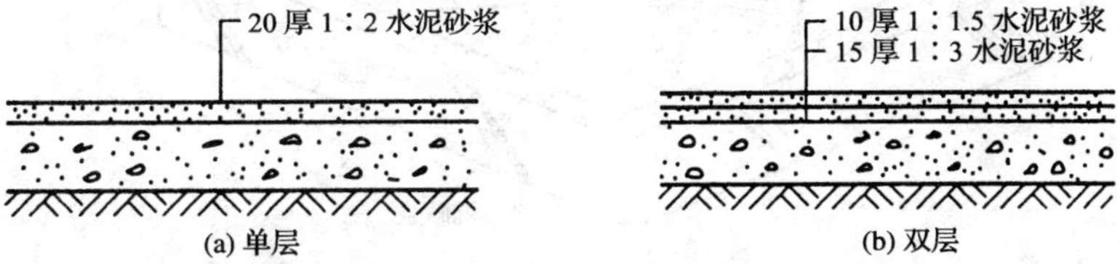

图 2-1-11　水泥砂浆楼地面构造做法

2. 水泥混凝土楼地面

水泥混凝土楼地面面层按粗骨料的粒径不同分为细石混凝土面层和混凝土面层。细石混凝土楼地面构造做法如图 2-1-12 所示。

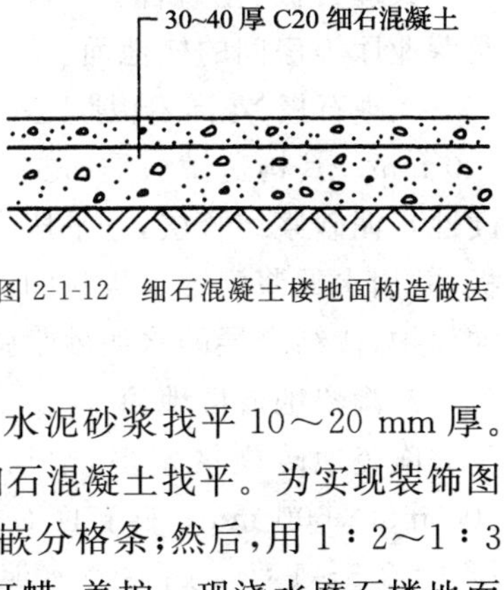

图 2-1-12　细石混凝土楼地面构造做法

3. 现浇水磨石楼地面

现浇水磨石楼地面是在水泥砂浆或普通混凝土垫层上按设计要求分格、抹水泥石子浆，凝固硬化后，磨光露出石渣，并经补浆、细磨、打蜡后制成的。

现浇水磨石楼地面的构造做法是：首先在基层上用 1∶3 水泥砂浆找平 10～20 mm 厚。当有预埋管道和受力构造要求时，应采用不小于 30 mm 厚的细石混凝土找平。为实现装饰图案，防止面层开裂，常需给面层分格。因此，应先在找平层上镶嵌分格条；然后，用 1∶2～1∶3 的水泥石渣浆浇入整平，待硬结后用磨石机磨光；最后补浆、打蜡、养护。现浇水磨石楼地面及分格条固定示意图如图 2-1-13 所示。

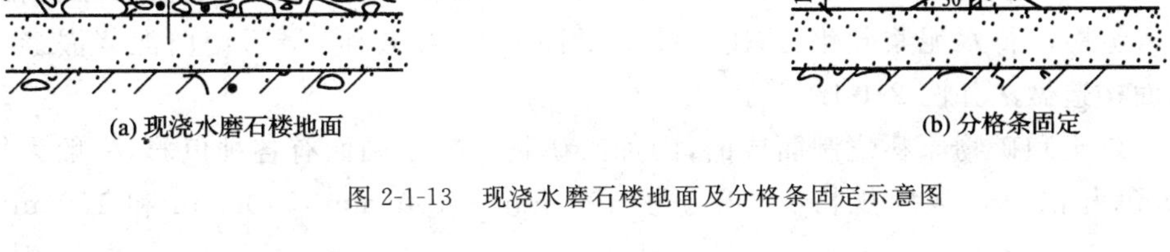

图 2-1-13　现浇水磨石楼地面及分格条固定示意图

4. 涂布楼地面

涂布楼地面是指在水泥楼地面面层之上，为改善水泥地面在使用与装饰质量方面的某些不足，而加做的各种涂层饰面。其主要功能是装饰和保护地面，使地面清洁美观。在地面装饰材料中，涂层材料是较经济和实用的一种，而且自重轻、维修方便、施工简便及工效高。

（二）块材类楼地面

块材类楼地面是指以预制水磨石板、大理石板、花岗岩板、陶瓷锦砖、缸砖及水泥砂浆砖等板块材料铺砌的地面。块材类楼地面构造做法如图 2-1-14 所示。

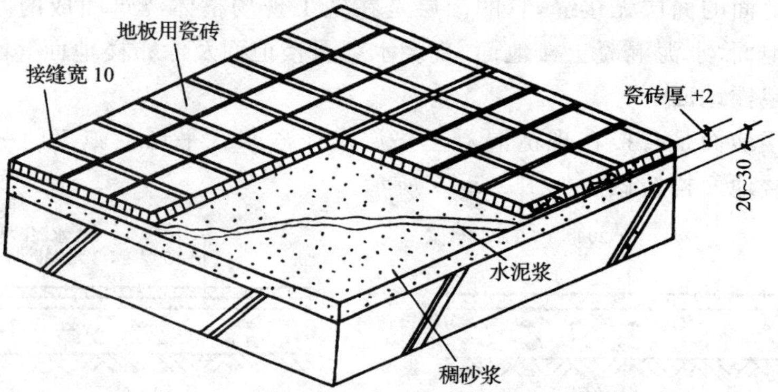

图 2-1-14　块材类楼地面构造做法

1. 大理石板、花岗岩板楼地面

大理石板、花岗岩板楼地面一般适用于宾馆的大厅或要求高的卫生间、公共建筑的门厅及营业厅等房间的楼地面。

大理石板、花岗岩板厚度一般为 20～30 mm，每块大小为 300 mm×300 mm～600 mm×600 mm。其构造做法是：先在刚性平整的垫层或楼板基层上铺 30 mm 厚 1∶2～1∶4 的干硬性水泥砂浆结合层，赶平压实，上撒素水泥面，并洒适量清水，然后铺贴大理石板或花岗岩板，并用水泥浆灌缝。板材间的缝隙当设计无规定时，不应大于 1 mm。铺砌后，其表面应加保护，待结合层的水泥砂浆强度达到要求，并且做完踢脚板后，方可打蜡使其光亮。

2. 陶瓷地砖楼地面

陶瓷地砖规格繁多，常用厚度为 8～10 mm，每块大小一般为 300 mm × 300 mm～600 mm×600 mm。砖背面有棱，使砖块能与基层黏结牢固。陶瓷地砖铺贴在 20～30 mm 厚 1∶2.5～1∶4 的干硬性水泥砂浆结合层上，并用素水泥浆嵌缝。陶瓷地砖楼地面构造做法如图 2-1-15 所示。

3. 陶瓷锦砖和缸砖楼地面

陶瓷锦砖有多种规格及颜色，主要有正方形、长方形、多边形、六角形和梯形。构造做法：在垫层或结构层上铺一层 20 mm 厚 1∶3～1∶4 的干硬性水泥砂浆结合层兼找平层。上撒素水泥面，并洒适量清水，以加强其表面黏结力。然后将陶瓷锦砖整联铺贴，压实拍平，使水泥浆挤入缝隙。待水泥浆硬化后，用水喷湿纸面，揭去牛皮纸，最后用白泥浆嵌缝。陶瓷锦砖楼地面构造做法如图 2-1-16 所示。

缸砖是由黏土和矿物原料烧制而成的，因加入矿物原料不同而有各种色彩，一般为红棕色，但也有黄色和白色。常用规格有：正方形 100 mm×100 mm×10 mm 和 150 mm×

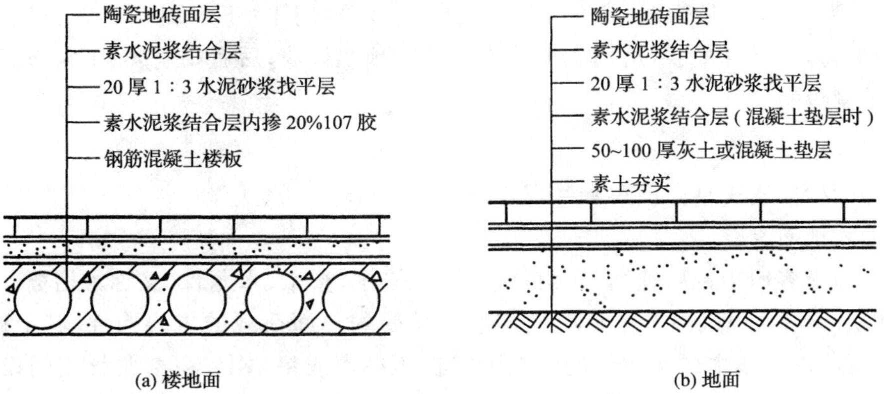

图 2-1-15　陶瓷地砖楼地面构造做法

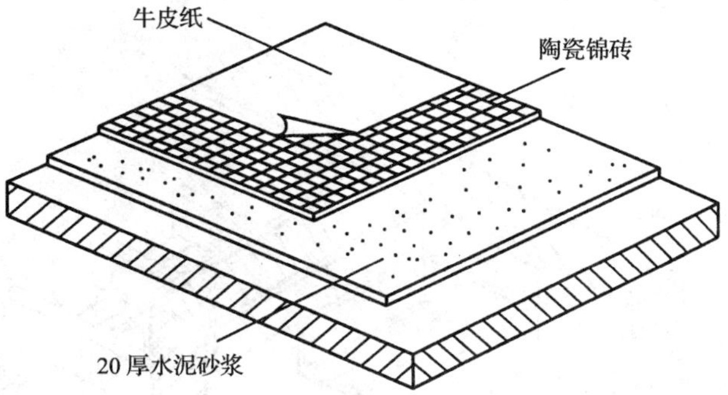

图 2-1-16　陶瓷锦砖楼地面构造做法

150 mm×13 mm、长方形 150 mm×75 mm×20 mm、六角形及八角形等。构造做法：20 mm 厚 1∶3 水泥砂浆找平，3～4 mm 厚水泥胶（水泥∶107 胶∶水＝1∶0.1∶0.2）粘贴缸砖，校正找平后用素水泥浆嵌缝。缸砖楼地面构造做法如图 2-1-17 所示。

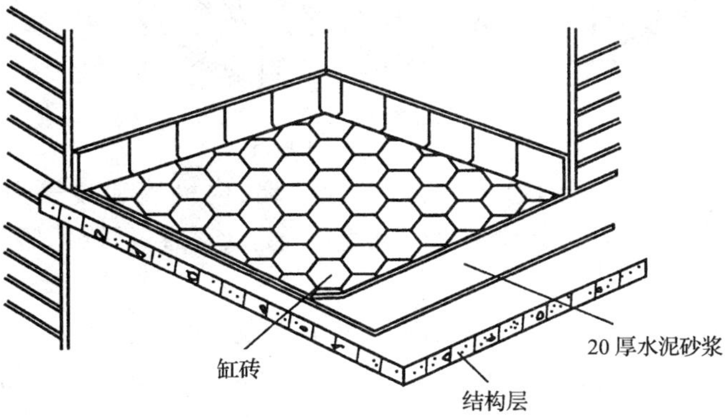

图 2-1-17　缸砖楼地面构造做法

4. 预制水磨石板、水泥砂浆砖、混凝土预制块楼地面

这类预制板块具有质地坚硬、耐磨性能好等优点，是具有一定装饰效果的大众化地面饰面材料，主要用于室外地面。

预制板块与基层粘贴的方式一般有两种：一种做法是在板块下干铺一层 20～40 mm 厚沙子，待校正平整后，于预制板块之间用沙子或砂浆嵌缝。另一种做法是在基层上抹

10～20 mm 厚 1∶3 水泥砂浆，然后在其上铺贴块材，再用 1∶1 水泥砂浆嵌缝。前者施工简便，易于更换，但不易平整，适用于尺寸大而厚的预制板块；后者则坚实、平整，适用于尺寸小而薄的预制板块。

（三）木地面

木地面的构造层次是由面层和基层组成的。

1. 空铺木地面

空铺木地面多用于首层地面，它由地垄墙、压沿木、垫木、木龙骨（又称木格栅、木楞）、剪刀撑、木地板（单层或双层）等组成。地垄墙是承受木地面荷载的重要构件，其上铺油毡一层，再上铺压沿木和垫木。木龙骨的两端固定在压沿木或垫木上，在木龙骨之间设剪刀撑，以增强龙骨的稳定性。木龙骨、压沿木、垫木以及木地板的底面均应做防腐处理，满涂沥青或氟化钠溶液。空铺木地面如图 2-1-18 所示。

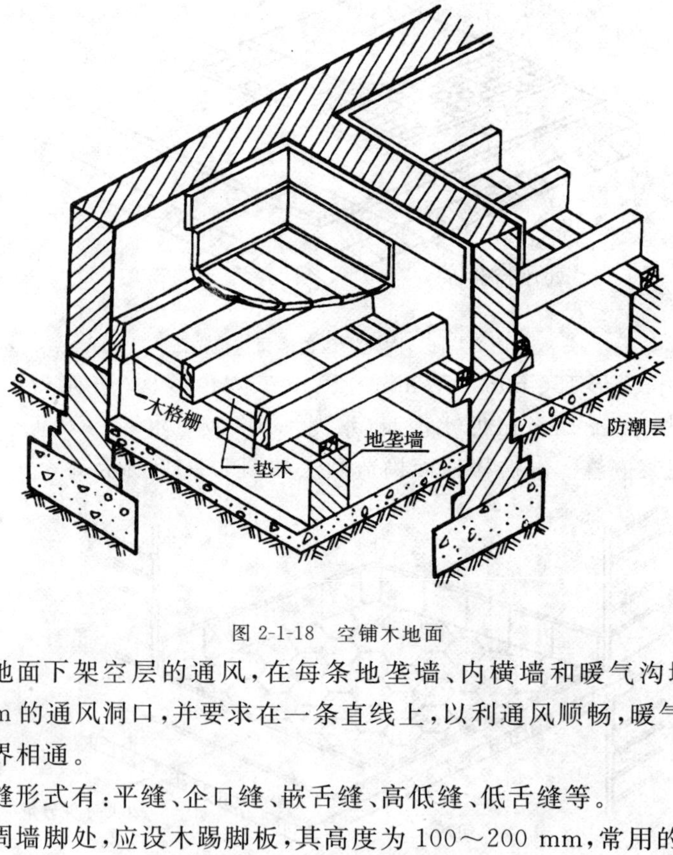

图 2-1-18　空铺木地面

为了保证木地面下架空层的通风，在每条地垄墙、内横墙和暖气沟墙等处，均应预留 120 mm×120 mm 的通风洞口，并要求在一条直线上，以利通风顺畅，暖气沟的通风沟口可采用钢护管与外界相通。

木地面的拼缝形式有：平缝、企口缝、嵌舌缝、高低缝、低舌缝等。

木地面的四周墙脚处，应设木踢脚板，其高度为 100～200 mm，常用的高度为 150 mm，厚为 20～25 mm，其所用的木材一般与木地面面层相同。

2. 实铺木地面

实铺木地面一般多用于楼层，但也可以用于底层，可以铺钉在龙骨上，也可以直接粘贴于基层上。

（1）双层面层的铺设方法

在地面垫层或楼板层上，通过预埋镀锌钢丝或 U 形铁件，将做过防腐处理的木格栅绑扎。对于没有预埋件的楼地面，通常采用水泥钉和木螺钉固定木格栅。木格栅上铺钉毛木板，背面刷防腐剂，毛木板呈 45°斜铺，上铺油毡一层，表面刷清漆并打蜡。毛木板面层与墙之间留 10～20 mm 的缝隙，并用木踢脚板封盖。为了减小人在地板上行走时所产生的空鼓声，改善保温隔热效果，通常还在木格栅与木格栅之间的空腔内填充一些轻质材料，如干焦砟、蛭石、矿棉毡、石灰炉渣等。双层面层实铺木地面如图 2-1-19(a)所示。

(2)单层面层的铺设方法

将实木地板直接与木格栅固定，每块长条板应钉牢在每根木格栅上，钉长应为板厚的 2～2.5 倍，并从侧面斜向钉入板中。其他做法与双层面层相同。单层面层实铺木地面如图 2-1-19(b)所示。

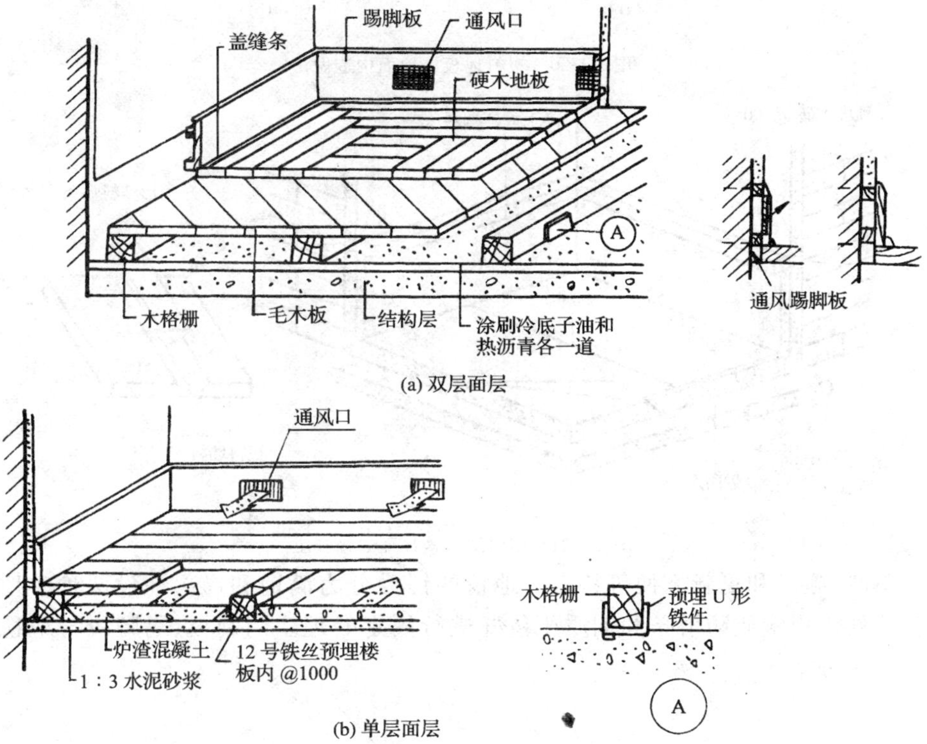

图 2-1-19　实铺木地面

(四)人造软制品楼地面

人造软制品楼地面是指以质地较软的地面覆盖材料所形成的楼地面饰面，如橡胶地毡、塑料地板、地毯等楼地面。

1. 橡胶地毡楼地面

橡胶地毡是以天然橡胶或合成橡胶为主要原料，加入适量的填充料加工而成的地面覆盖材料。

2. 塑料地板楼地面

塑料地板楼地面是指用聚氯乙烯或其他树脂塑料地板作为饰面材料铺贴的楼地面。塑料地板楼地面构造做法如图 2-1-20 所示。塑料地板楼地面焊接施工如图 2-1-21 所示。

3. 地毯楼地面

地毯是一种高级地面饰面材料。地毯楼地面具有美观、脚感舒适、富有弹性、吸声、隔

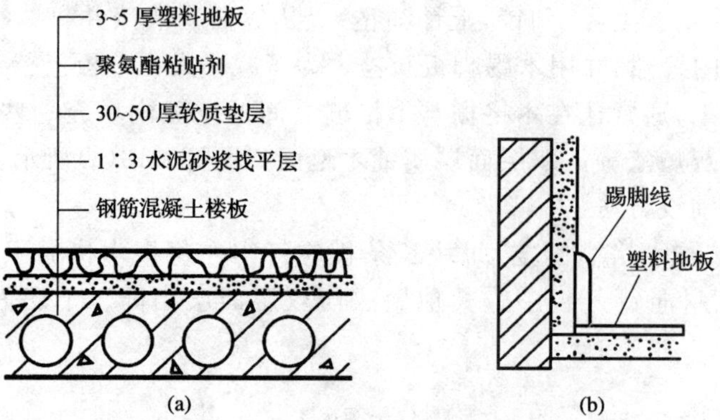

图 2-1-20 塑料地板楼地面构造做法

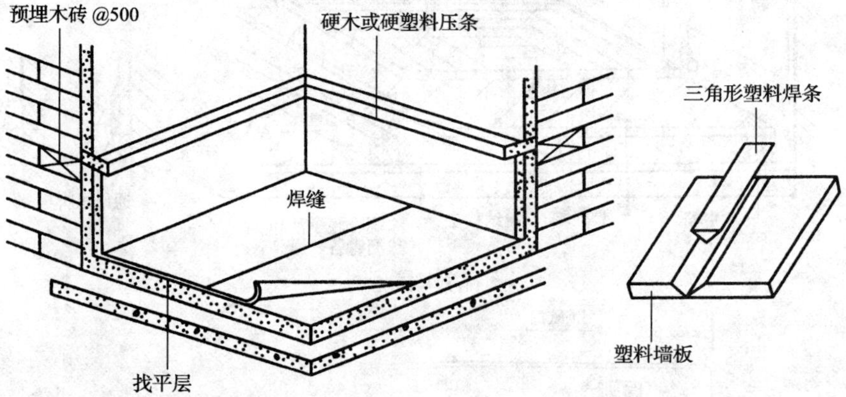

图 2-1-21 塑料地板楼地面焊接施工

声、保温、防滑、施工和更新方便等特点。地毯的铺设分为满铺和局部铺设两种。地毯在楼梯踏步转角处需用铜质防滑条和铜质压毡杆进行固定处理。倒刺板、踢脚线与地毯的固定如图 2-1-22 所示。

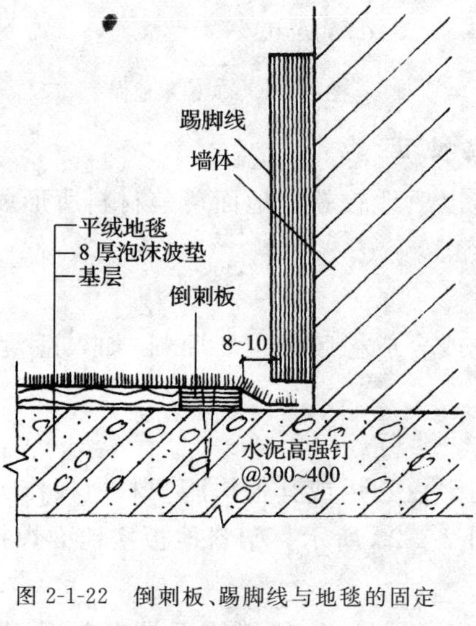

图 2-1-22 倒刺板、踢脚线与地毯的固定

二、工程量计算规则及相关规定

（一）垫　层

1. 计算规则

垫层按室内主墙间净面积乘以设计厚度以立方米（m^3）计算，应扣除凸出地面的构筑物、设备基础、室内铁道、地沟等所占体积，不扣除柱、垛、间壁墙、附墙烟囱及面积在0.3 m^2以内孔洞所占体积，但门洞、空圈、暖气包槽、壁龛的开口部分也不增加。

2. 相关规定

（1）除去混凝土垫层，其余材料垫层的夯实计价定额采用的是电动夯实机，如设计采用压路机碾压时，每立方米相应的垫层材料乘以系数1.15，人工乘以系数0.9，增加8 t光轮压路机0.022台班，扣除电动打夯机。

（2）在原土上需打底夯者应另按土方工程中的打底夯执行。

（3）13-9碎石干铺子目，如设计碎石干铺需灌砂浆时另增人工0.25工日、砂浆0.32 m^3、水0.3 m^3、200 L灰浆搅拌机0.064台班，同时扣除定额中5～16 mm碎石0.12 t、5～40 mm碎石0.04 t。

（二）找平层

1. 计算规则

均按主墙间净空面积以平方米（m^2）计算，应扣除凸出地面建筑物、设备基础、地沟等所占面积，不扣除柱、垛、间壁墙、附墙烟囱及面积在0.3 m^2以内孔洞所占面积，但门洞、空圈、暖气包槽、壁龛的开口部分也不增加。

2. 相关规定

（1）本部分内容用于单独计算找平层的内容，计价定额子目中已含找平层内容的，不得再计算找平层部分的内容。

（2）细石混凝土找平层中设计有钢筋者，钢筋按计价定额中钢筋工程的相应项目执行。

（3）找平层砂浆设计厚度不同，按每增、减5 mm找平层调整。

（4）采用预拌泵送细石混凝土时，材料换算，13-18中人工扣减0.53工日，增加泵管摊销费0.1元，扣除混凝土搅拌机，增加泵车0.004台班；13-19中人工扣减0.07工日，增加泵管摊销费0.01元，扣除混凝土搅拌机，增加泵车0.0005台班。

（5）采用预拌非泵送细石混凝土时，材料换算，13-18中人工扣减0.34工日，扣除混凝土搅拌机；13-19中人工扣减0.04工日，扣除混凝土搅拌机。

（三）整体面层

1. 计算规则

（1）楼地面整体面层均按主墙间净空面积以平方米（m^2）计算，应扣除凸出地面建筑物、设备基础、地沟等所占面积，不扣除柱、垛、间壁墙、附墙烟囱及面积在0.3 m^2以内孔洞所占面积，但门洞、空圈、暖气包槽、壁龛的开口部分也不增加。看台台阶、阶梯教室地面整体面层按展开后的净面积计算。

(2)楼梯整体面层按楼梯的水平投影面积以平方米计算,包括踏步、踢脚板、踢脚线、中间休息平台、梯板侧面及堵头。楼梯井宽在 200 mm 以内者不扣除;超过 200 mm 者,应扣除其面积;楼梯间与走廊连接的,应计算至楼梯梁的外侧。

(3)台阶(包括踏步及最上一步踏步口外延 300 mm)整体面层按水平投影面积以平方米(m^2)计算。

(4)水泥砂浆、水磨石踢脚线按延长米计算。其洞口、门口长度不予扣除,但洞口、门口、垛、附墙烟囱等侧壁也不增加。

2. 相关规定

(1)整体面层子目中均包括基层(找平层、结合层)与装饰面层。找平层砂浆设计厚度不同,按每增、减 5 mm 找平层调整。粘贴层砂浆厚度与计价定额规定不符时,按设计厚度调整。地面防潮层按其他零星项目执行。

(2)整体面层中的楼地面项目,均不包括踢脚线工料。整体面层中踢脚线的高度是按 150 mm 编制的,当设计高度与计价定额规定不符时,材料按比例调整,其他不变。

(3)水泥砂浆、水磨石楼梯包括踏步、踢脚板、踢脚线、平台、堵头,不包括楼梯底抹灰(楼梯底抹灰另按天棚工程的相应项目执行)。

(4)螺旋形、圆弧形楼梯整体面层按楼梯定额执行,人工乘以系数 1.2,其他不变。

(5)看台台阶、阶梯教室地面整体面层按展开后的净面积计算,执行地面面层相应项目,人工乘以系数 1.6。但看台台阶、阶梯教室地面是水磨石时,按 13-30 白石子浆不嵌条水磨石楼地面子目执行,人工乘以系数 2.2,磨石机乘以系数 0.4,其他不变。

(6)拱形楼板上表面粉面按地面相应人工乘以系数 2。

(7)彩色镜面水磨石系高级工艺,除质量要求达到规范外,其工艺必须按"五浆五磨""七抛光"施工。彩色水磨石已按氧化铁红颜料编制,如采用氧化铁黄或氧化铬绿彩色石子浆,颜料单价应调整。

(8)水磨石包括找平层砂浆在内,面层厚度设计与计价定额规定不符时,水泥石子浆每增减 1 mm 增减 0.01 m^3,其余不变。

(9)水磨石整体面层项目按嵌玻璃条计算,设计用金属嵌条,应扣除计价定额中的玻璃条材料,金属嵌条按设计长度以 10 延长米执行计价定额 13-105 子目,金属嵌条品种、规格不同时,其材料单价应换算。

(10)水磨石面层项目已包括酸洗打蜡工料,设计不做酸洗打蜡,应扣除定额中的酸洗打蜡材料费及人工 0.51 工日/10 m^2,其余项目均不包括酸洗打蜡,应另列项目计算。

(四)块料面层

1. 计算规则

(1)分清大理石、花岗岩镶贴地面的品种,镶贴地面的品种分为普通镶贴、简单图案镶贴和复杂图案镶贴三种形式,应掌握的要点如下:

①普通镶贴的工程量按图示尺寸实铺面积以平方米(m^2)计算。应扣除凸出地面的构筑物、设备基础、柱、间壁墙等不做面层的部分,0.3 m^2 以内的孔洞面积不扣除。门洞、空圈、暖气包槽、壁龛的开口部分的工程量并入相应的面层计算。

②多色简单、复杂图案镶贴按镶贴图案的矩形面积计算,在计算该图案之外的面积时,

也按矩形面积扣除。

③成品拼花石材铺贴按设计图案的面积计算，在计算该图案之外的面积时，也按设计图案面积扣除。

(2)楼梯、台阶按展开实铺面积计算，应将楼梯踏步板、踢脚板、休息平台、端头踢脚线、端部两个三角形堵头工程量合并计算，套楼梯相应计价定额。台阶应将水平面、垂直面合并计算，套台阶相应计价定额。

(3)块料面层踢脚线，按图示尺寸以实贴延长米计算，门洞扣除，侧壁另加。

(4)酸洗打蜡工程量计算同块料面层的相应项目(即展开面积)。

(5)地面、石材面嵌金属条和楼梯防滑条均按延长米计算。

2. 相关规定

通用规定如下：

①块料面层中的楼地面项目，不包括踢脚线工料。块料面层的踢脚线是按 150 mm 编制的，块料面层设计高度与计价定额高度规定不符时，按比例调整，其他不变。

②螺旋形、圆弧形楼梯贴块料面层按相应项目人工乘以系数 1.2，块料面层材料乘以系数 1.1，其他不变。

(1)石材镶贴

①石材块料面板局部切除并分色镶贴成折线图案称为简单图案镶贴，局部切除并分色镶贴成弧线形图案称为复杂图案镶贴，该两种图案镶贴应分别套用计价定额。计价定额中直接设置了简单图案镶贴的子目，对于复杂图案镶贴采用简单图案镶贴子目换算而得。换算方式为：人工乘以系数 1.2，其弧形部分的石材损耗可按实际调整。凡市场供应的拼花石材成品铺贴，按 13-59.60 拼花石材执行。

②石材块料面板设计弧形贴面时，其弧形部分的石材损耗可按实际调整，并按弧形图示长度每 10 m 另外增加切割人工 0.6 工日，合金钢切割锯片 0.14 片，石料切割机 0.6 台班。

③石材块料地面是以成品镶贴为准的。若为现场五面剁斧，地面斩凿，现场加工后镶贴，人工乘以系数 1.65，其他不变。

(2)缸砖、地砖

①当设计地砖规格与计价定额规定不符时，按设计用量加 2%损耗进行换算。

②当地面遇到弧形墙面时，其弧形部分的地砖损耗可按实际调整，并按弧形图示尺寸每 10 m 增加切贴人工 0.3 工日。

③地砖收录了多色简单图案镶贴的子目，如采用多色复杂图案镶贴，人工乘以系数1.2，其弧形部分的地砖损耗可按实际调整。

(3)镶嵌铜条

①楼梯、台阶、地面上切割石材面镶嵌铜条均执行镶嵌铜条相应子目。嵌入的铜条规格不符时，单价应换算。例如，切割石材面镶嵌弧形铜条，人工、合金钢切割锯片、石料切割机乘以系数 1.2。

②金刚砂防滑条以单线为准，双线单价乘以系数 2；马赛克、防滑条套用缸砖防滑条，马赛克防滑条增加马赛克 0.41 m^2(2 块马赛克宽)，宽度不同，马赛克按比例换算。

(五)木地板、栏杆、扶手

1. 计算规则

(1)栏杆、扶手、扶手下托板均按扶手的延长米计算,楼梯踏步部分的栏杆与扶手应按水平投影长度乘以系数 1.18。

(2)楼地面铺设木地板、地毯以实铺面积计算。楼梯地毯压棍安装以套计算。

2. 相关规定

(1)木地板

①木地板中的木楞按苏 J01—2006-19/3 计算,其中木楞规格为 60 mm×50 mm@400 mm(0.082 m^3),横撑规格为 50 mm×50 mm@800 mm(0.033 m^3),木垫块规格为 100 mm×100 mm×30 mm@400 mm(0.02 m^3)(预埋铅丝土建单位已埋入),设计与计价定额规定不符时,按比例调整用量。不设木垫块应扣除此项。

木楞与混凝土楼板用膨胀螺栓连接,按设计用量另增膨胀螺栓、电锤 0.4 台班。

坞龙骨水泥砂浆厚度为 50 mm,设计与计价定额规定不符时,坞龙骨水泥砂浆用量按比例调整。

②木地板悬浮安装是在毛地板或水泥砂浆基层上拼装的。

③硬木拼花地板中的拼花包括方格、人字形等。

(2)踢脚线

①踢脚线按 150 mm×20 mm 毛料计算,设计断面不符时,材料按比例换算。

②设计踢脚线安装在墙面木龙骨上时,应扣除木砖成材 0.009 m^3。

(3)地毯

①标准客房铺设地毯设计不拼接时,地毯应按房间主墙间净面积调整含量,其他不变。

②地毯压棍安装中的压棍、材料若不同也应换算;楼梯地毯压铜防滑板按镶嵌铜条有关项目执行。

(4)栏杆、栏板、扶手

①栏杆、栏板、扶手适用于楼梯、走廊及其他装饰性栏杆、栏板、扶手,栏杆项目中包括了弯头的制作、安装。

设计栏杆、栏板的材料、规格、用量与计价定额不同时,可以调整。栏杆、栏板与楼梯踏步的连接是按预埋焊接考虑的,设计用膨胀螺栓连接时,每 10 m 另增人工 0.35 工日、M10 mm×100 mm 膨胀螺栓 10 只、铁件 1.25 kg、合金钢钻头 0.13 只、电锤 0.13 台班。

②硬木扶手制作按苏 J05—2006④～⑥24(净料按 150 mm×50 mm,扁铁按 40 mm×4 mm)编制,弯头材积已包括在内(损耗为 12%)。设计断面不符时,材积按比例换算。扁铁可调整(设计用量加 6%损耗)。

③靠墙木扶手按 125 mm×55 mm 编制,设计与计价定额不符时,按比例换算。

④设计成品木扶手安装,每 10 m 扣除制作人工 2.85 工日,计价定额中硬木成材扣除,按括号内的价格换算。

⑤铜管扶手按不锈钢扶手相应子目执行,价格换算,其他不变。

（六）散水、斜坡、搓牙、明沟

1. 计算规则

(1)散水、斜坡、搓牙均按水平投影面积以平方米(m^2)计算,明沟与散水连在一起,明沟按宽 300 mm 计算,其余为散水,散水、明沟应分开计算。散水、明沟应扣除踏步、斜坡、花台等的长度。

(2)明沟按图示尺寸以延长米计算。

(3)地面、石材面镶嵌金属和楼梯防滑条均按延长米计算。

2. 相关规定

(1)混凝土散水、混凝土斜坡、混凝土明沟是按《室外工程》(苏 J08—2006)图集编制,采用其他图集时,材料可以调整,其他不变。大门斜坡抹灰设计搓牙者,另增 1∶2 水泥砂浆 0.068 m^3、人工 1.75 工日、拌和机 0.01 台班。

(2)散水带明沟者,散水、明沟应分别套用。明沟带混凝土预制盖板,其盖板应另行计算(明沟排水口处有沟头者,沟头另计)。

典型案例分析

【案例 2-1-1】 某一层建筑平面图如图 2-1-23 所示,室内地坪标高±0.00,室外地坪标高−0.45 m,土方堆积地距离房屋 150 m。该地面做法:1∶2 水泥砂浆面层 20 mm,C15 现浇混凝土垫层 80 mm,碎石垫层 100 mm,夯填地面土;踢脚线:150 mm 高水泥砂浆踢脚线(柱子的踢脚线不考虑);Z:300 mm×300 mm;M1:1200 mm×2000 mm;台阶:100 mm 碎石垫层,1∶2 水泥砂浆面层;散水:C15 混凝土 600 mm 宽,按苏 J9508 图集施工(不考虑模板);踏步高 150 mm。求地面部分工程量、综合单价和合价。

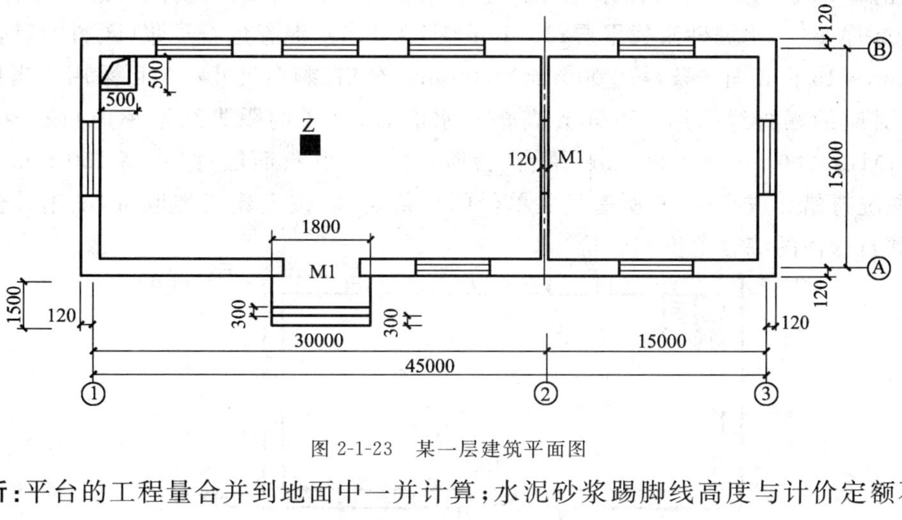

图 2-1-23　某一层建筑平面图

分析:平台的工程量合并到地面中一并计算;水泥砂浆踢脚线高度与计价定额不符,不换算。

解:(1)列项

碎石垫层(13-9)、C15 混凝土垫层($13\text{-}11_{换}$)、水泥砂浆地面(13-22)、水泥砂浆踢脚线(13-27)、台阶碎石垫层(13-9)、台阶粉面(13-25)、C15 混凝土散水($13\text{-}163_{换}$)。

(2)计算工程量

碎石垫层：[(45－0.24)×(15－0.24)＋0.6×1.8]×0.1＝66.17 m^3

C15 混凝土垫层：[(45－0.24)×(15－0.24)＋0.6×1.8]×0.08＝52.94 m^3

水泥砂浆地面：(45－0.24－0.12)×(15－0.24)＋0.6×1.8＝660 m^2

水泥砂浆踢脚线：(45－0.24－0.12)×2＋(15－0.24)×4＝148.3 m

台阶碎石垫层：1.8×0.9×0.1＝0.16 m^3

台阶粉面：1.8×0.9＝1.62 m^2

C15 混凝土散水：0.6×[(45.24＋0.6＋15.24＋0.6)×2－1.8]＝72.94 m^2

(3)套用计价定额

计算结果见表 2-1-1。

表 2-1-1　　计算结果

序号	定额编号	项目名称	计量单位	工程量	综合单价/元	合价/元
1	13-9	碎石垫层	m^3	66.17	171.45	11344.85
2	13-11换	C15 混凝土垫层	m^3	52.94	395.95	20961.59
3	13-22	水泥砂浆地面	10 m^2	66.0	165.31	10910.46
4	13-27	水泥砂浆踢脚线	10 m	14.83	62.94	933.40
5	13-9	台阶碎石垫层	m^3	0.16	171.45	27.43
6	13-25	台阶粉面	10 m^2	0.162	408.18	66.13
7	13-163换	C15 混凝土散水	10 m^2	7.294	607.42	4430.52
合计						48674.38

注：13-163换＝622.39－170.43＋0.66×235.54＝607.42 元/10 m^2。

答：地面部分合价为 48674.38 元。

【案例 2-1-2】 某工程楼面采用彩色水磨石楼面(图 2-1-24)，设计构造为：素水泥浆一道；20 mm 厚 1∶3 水泥砂浆找平层；16 mm 厚 1∶2 白水泥彩色石子浆(颜料为氧化铁红)，采用 2 mm×15 mm 铜嵌条，按 700 mm×700 mm 分格，剩余尺寸小的可采用适当扩大间距来解决；对应的踢脚线采用 150 mm 高普通水磨石(柱子的踢脚线不考虑)；Z：300 mm×300 mm；M1：1200 mm×2000 mm；平台、台阶：普通水磨石面层；踏步高 150 mm。水磨石均进行酸洗打蜡和成品保护，所有相关单价同计价定额，按土建三类取费，试用计价定额计算该水磨石楼面的综合单价和合价。

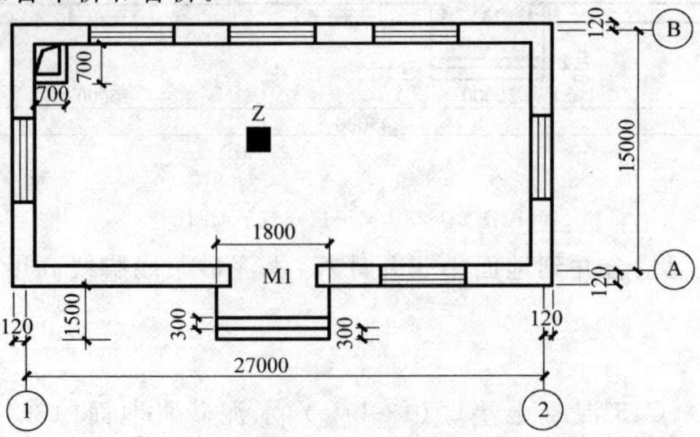

图 2-1-24　某工程建筑平面图

解：(1)列项

16 mm 白水泥彩色石子浆水磨石地面($13\text{-}32_{换}$)、水磨石铜嵌条(13-105)、水磨石踢脚线(13-34)、水磨石台阶(13-37)、水磨石平台(13-30)。

(2)计算工程量

16 mm 白水泥彩色石子浆水磨石地面：$(27-0.24)\times(15-0.24)-0.7\times0.7=394.49\ m^2$

水磨石铜嵌条：$[(27-0.24)/0.7-1]\times(15-0.24)+[(15-0.24)/0.7-1]\times(27-0.24)=1086.99\ m$

水磨石踢脚线：$(27-0.24)\times2+(15-0.24)\times2=83.04\ m$

水磨石台阶：$1.8\times3\times0.3=1.62\ m^2$

水磨石平台：$1.8\times0.6=1.08\ m^2$

(3)套用计价定额

计算结果见表 2-1-2。

表 2-1-2　　**计算结果**

序号	定额编号	项目名称	计量单位	工程量	综合单价/元	合价/元
1	$13\text{-}32_{换}$	16 mm 白水泥彩色石子浆水磨石地面	10 m^2	39.449	1005.34	39659.66
2	13-105	水磨石铜嵌条	10 m	108.699	65.33	7101.31
3	13-34	水磨石踢脚线	10 m	8.304	269.15	2235.02
4	13-37	水磨石台阶	10 m^2	0.162	1857.81	300.97
5	13-30	水磨石平台	10 m^2	0.108	1407.93	152.06
合计						49449.02

注：$13\text{-}32_{换}=1006.17+0.01\times972.71-10.56=1005.34$ 元/10 m^2。

答：该水磨石楼面的合价为 76077.09 元。

【案例 2-1-3】　如图 2-1-23 所示，地面、平台及台阶粘贴镜面同质地砖，门外开且外平，Z：300 mm×300 mm，M1：1200 mm×2000 mm，设计构造为：素水泥浆一道；20 mm 厚 1∶3 水泥砂浆找平层，5 mm 厚 1∶2 水泥砂浆粘贴 500 mm×500 mm×5 mm 镜面同质地砖（预算价 35 元/块）；踢脚线 150 mm 高（柱子的踢脚线不考虑）；踏步高 150 mm。台阶及平台侧面不粘贴镜面同质地砖，粉刷 15 mm 底层、5 mm 面层。镜面同质地砖面层进行酸洗打蜡。用计价定额计算镜面同质地砖的工程量、综合单价和合价。

解：(1)列项

地面镜面同质地砖($13\text{-}83_{换}$)、台阶镜面同质地砖($13\text{-}93_{换}$)、镜面同质地砖踢脚线($13\text{-}95_{换}$)、地面酸洗打蜡(13-110)、台阶酸洗打蜡(13-111)。

(2)计算工程量

地面镜面同质地砖、地面酸洗打蜡：$(45-0.24-0.12)\times(15-0.24)-0.3\times0.3+1.2\times0.12+1.2\times0.24+1.8\times0.6=660.31\ m^2$

台阶镜面同质地砖、台阶酸洗打蜡：$1.8\times(3\times0.3+3\times0.15)=2.43\ m^2$

镜面同质地砖踢脚线：$(45-0.24-0.12)\times2+(15-0.24)\times4-3\times1.2+2\times0.12+2\times0.24=145.44\ m$

(3)套用计价定额

计算结果见表 2-1-3。

表 2-1-3 计算结果

序号	定额编号	项目名称	计量单位	工程量	综合单价/元	合价/元
1	13-83换	地面镜面同质地砖	10 m²	66.031	1897.32	107755.99
2	13-93换	台阶镜面同质地砖	10 m²	0.243	2219.94	539.45
3	13-95换	镜面同质地砖踢脚线	10 m	14.544	343.07	4989.61
4	13-110	地面酸洗打蜡	10 m²	66.031	57.02	3765.09
5	13-111	台阶酸洗打蜡	10 m²	0.243	79.47	19.31
合计						117069.45

注：地面镜面同质地砖每平方米的价格：35/(0.5×0.5)＝140 元/m²

13-83换＝979.32＋(140－50)×10.2＝1897.32 元/10 m²

13-93换＝1272.24＋(140－50)×10.53＝2219.94 元/10 m²

13-95换＝205.37＋(140－50)×1.53＝343.07 元/10 m

答：镜面同质地砖的合价为 117069.45 元。

【案例 2-1-4】 某工程二层楼建筑，楼梯间如图 2-1-25 所示。(1)贴面采用花岗岩，踏步面伸出踢面 30 mm，踏步嵌 2 根 3 mm×40 mm×1 mm 防滑铜条，防滑铜条距两端150 mm，墙面贴 150 mm 高踢脚线，按计价定额计算综合单价和合价。(2)设计要求铺地毯，并要求安装不锈钢压棍(图 2-1-26)，材料单价同计价定额，用计价定额计算压棍的安装综合单价和合价。

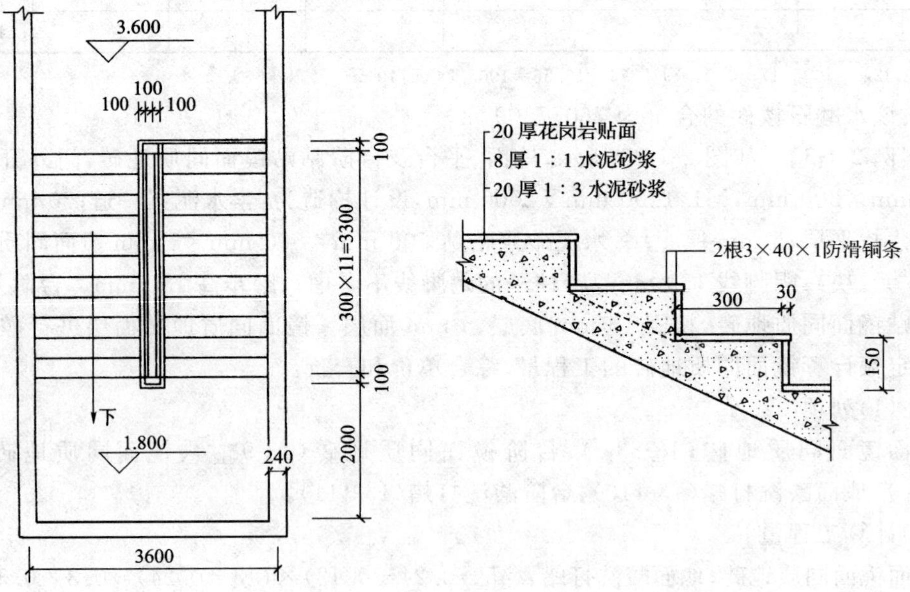

图 2-1-25 楼梯间

解：1. 花岗岩楼梯计算

(1)列项

花岗岩楼梯(13-48)、防滑铜条(13-106)。

(2)计算工程量

踏步板长、踢脚板长：(3.6－0.24－0.1)÷2＝1.63 m

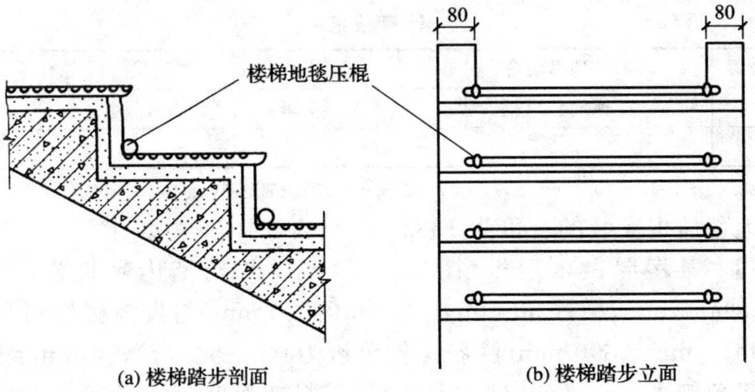

(a) 楼梯踏步剖面　　(b) 楼梯踏步立面

图 2-1-26　楼梯地毯压棍安装位置图

踏步板宽：0.3+0.03=0.33 m

踢脚板高：0.15−0.02=0.13 m

①踏步面积：1.63×0.33×11×2+(3.6−0.24)×0.33×2+0.13×1.63×12×2=19.137 m^2

②休息平台面积：(3.6−0.24)×(2.1−0.33)=5.947 m^2

③踢脚线面积：$3.6\times\frac{\sqrt{5}}{2}\times0.15\times2+[2.1\times2+(3.6-0.24)]\times0.15=2.341\ m^2$

④堵头面积：0.3×0.15÷2×12×2=0.54 m^2

花岗岩楼梯工程量：19.137+5.947+2.341+0.54=27.965 m^2

防滑铜条工程量：(1.63−0.15×2)×12×2(段)×2(条)=63.84 m

(3)套用计价定额

计算结果见表 2-1-4。

表 2-1-4　计算结果

序号	定额编号	项目名称	计量单位	工程量	综合单价/元	合价/元
1	13-48	花岗岩楼梯	10 m^2	2.797	3497.12	9781.44
2	13-106	防滑铜条	10 m	6.384	490.02	3128.29
合计						12909.73

答：该花岗岩楼梯面层的合价为 12909.73 元。

2.楼梯压棍计算

分析：计价定额中楼梯压棍是按套来计算的，但不锈钢压棍的长度是按 1 m 考虑的，长度不同要换算。

(1)列项

楼梯地毯压棍安装($13\text{-}142_{换}$)。

(2)计算工程量

楼梯地毯压棍安装：12 步×2 梯段=24 套

压棍长度：(3.6−0.24−0.1)÷2−2×0.08=1.47 m

(3)套用计价定额

计算结果见表 2-1-5。

表 2-1-5　　计算结果

序号	定额编号	项目名称	计量单位	工程量	综合单价/元	合价/元
1	13-142换	楼梯地毯压棍安装	10 套	2.4	555.26	1332.62
合计						1332.62

注：13-142换＝422.01＋1.47×10×(1＋5%)×27－283.5＝555.26 元/10 套

答：该楼梯地毯压棍安装的合价为 1332.62 元。

【案例 2-1-5】 某房屋做木地板(图 2-1-27)，M1 均与墙内平且朝内开，木龙骨断面 60 mm×60 mm@450 mm，横撑 50 mm×50 mm@800 mm，与现浇楼板用 M8 mm×80 mm 膨胀螺栓固定@450 mm×800 mm(膨胀螺栓单价为 0.95 元/套)，18 mm 细木工板基层，背面刷防腐油，免漆免刨木地板面层，硬木踢脚线，毛料断面 120 mm×20 mm，钉在砖墙上，按土建三类工程考虑，计算该分项工程的工程量、综合单价和合价。

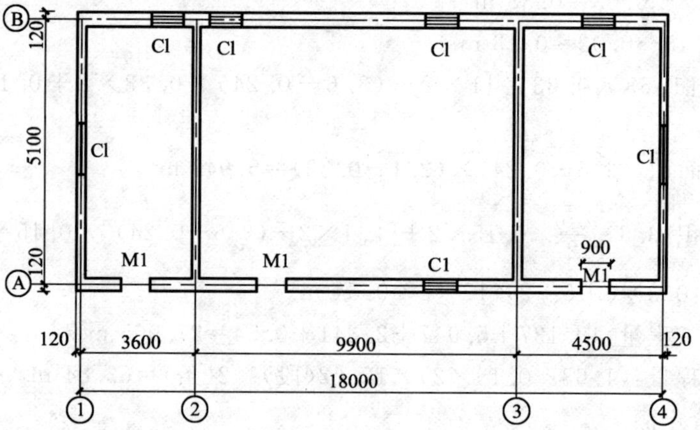

图 2-1-27　某房屋平面图

分析：根据木地板楼地面的有关规定，木龙骨断面、间距与计价定额不同，横撑的断面、间距与计价定额不同，按比例换算材料用量。木楞与混凝土楼板用膨胀螺栓连接，按设计用量另增膨胀螺栓、电锤 0.4 台班。

解：(1)列项

木楞及木地板 13-(112＋114－113)换、硬木地板(13-117)、硬木踢脚线(13-127换)。

(2)计算工程量

木楞及木地板：(18－0.24×3)×(5.1－0.24)＝83.98 m^2

硬木地板(18－0.24×3)×(5.1－0.24)＝83.98 m^2

硬木踢脚线：(18－0.24×3)×2＋(5.1－0.24)×6－0.9×3＝61.02 m

(3)套用计价定额

计算结果见表 2-1-6。

表 2-1-6　　计算结果

序号	定额编号	项目名称	计量单位	工程量	综合单价/元	合价/元
1	13-(112＋114－113)换	木楞及木地板	10 m^2	8.398	802.86	6742.42
2	13-117	硬木地板	10 m^2	8.398	3235.90	27175.09
3	13-127换	硬木踢脚线	100 m	0.6102	141.09	86.09
合计						34003.6

注：$13\text{-}(112+114-113)_{换}=(323.98+1313.92-507.27)+\frac{10}{0.45\times0.8}\times1.02\times0.95$(膨胀螺栓)$+0.4\times8.34\times(1+25\%+12\%)$(电锤)$+\left(\frac{60\times60}{60\times50}\times\frac{400}{450}\times0.082+0.033\right)\times1600-216+10.5\times38$(木工板)$-735$(毛地板)$=802.86$ 元/10 m^2

$13\text{-}127_{换}=158.25+\frac{120\times20}{150\times20}\times0.033\times2600-85.8=141.09$ 元/100 m

答：该地板面层的合价为 34003.6 元。

【案例 2-1-6】 某房屋平面布置如图 2-1-28 所示，除卫生间外，其余部分采用固定式单层地毯铺设，不允许拼接，按土建三类工程考虑，计算该分项工程的工程量、综合单价和合价。

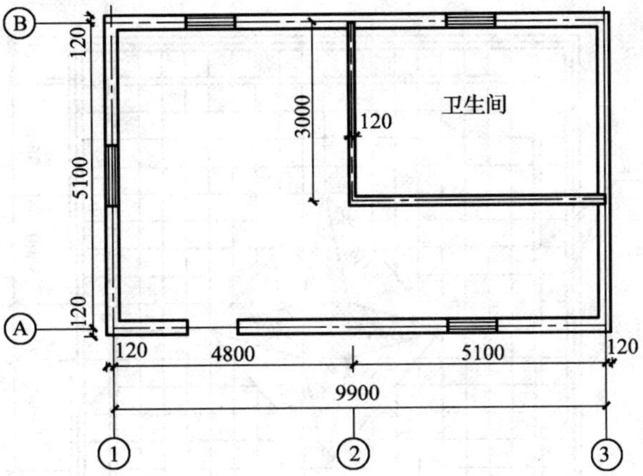

图 2-1-28　某房屋平面布置图

分析：铺设地毯设计不拼接时，计价定额中地毯应按房间主墙间净面积调整用量，其他不变。

解：(1)列项

楼地面地毯($13\text{-}135_{换}$)。

(2)计算工程量

楼地面地毯面积(实铺面积)：$(9.9-0.24)\times(5.1-0.24)-5.04\times2.94=32.13$ m^2

(3)套用计价定额

计算结果见表 2-1-7。

表 2-1-7　**计算结果**

序号	定额编号	项目名称	计量单位	工程量	综合单价/元	合价/元
1	$13\text{-}135_{换}$	楼地面地毯	10 m^2	3.213	919.44	2954.16
合计						2954.16

注：主墙间净面积：$(9.9-0.24)\times(5.1-0.24)=46.95$ m^2

房屋地毯含量：$46.95\div32.13\times10\times(1+10\%)=16.07$($m^2$/10 m^2)

$13\text{-}135_{换}=716.64+16.07\times40-440=919.44$ 元/10 m^2

答：该楼地面地毯的合价为 2954.16 元。

【案例 2-1-7】 某大厅内地面垫层上水泥砂浆镶贴花岗岩板、20 mm 厚 1∶3 水泥砂浆找平层、8 mm 厚 1∶1 水泥砂浆结合层。具体做法如图 2-1-29 所示：中间为紫红色，紫红色外围为乳白色，花岗岩板现场切割，四周做两道各宽 200 mm 黑色镶边，每道镶边内侧镶嵌 4 mm×10 mm 铜条，其余均为 600 mm×900 mm 芝麻黑规格板；门槛处不贴花岗岩；贴好后应酸洗打蜡。材料市场价格：铜条 12 元/m，紫红色花岗岩 600 元/m^2，乳白色花岗岩 350 元/m^2，黑色花岗岩 300 元/m^2，芝麻黑花岗岩 280 元/m^2。其余未作说明的按计价定额规定不做调整。(不考虑石材地面成本。)

(1)根据题目给定的条件，按计价定额规定对该大厅花岗岩地面列项并计算各项工程量。

(2)根据题目给定的条件，按计价定额规定计算该大厅花岗岩地面的各项计价定额综合单价。

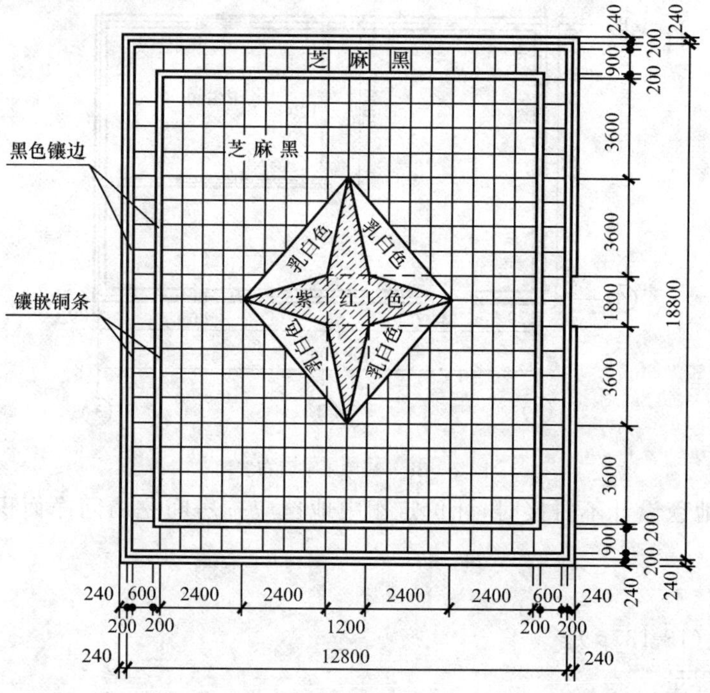

图 2-1-29 案例 2-1-7 图

解：(1)列项

地面花岗岩多色简单图案水泥砂浆镶贴(13-55换)、地面水泥砂浆铺贴黑色花岗岩(镶边)(13-47换)、地面水泥砂浆铺贴芝麻黑花岗岩(13-47换)、石材板缝嵌铜条(13-104换)、地面花岗岩面层酸洗打蜡(13-110)。

(2)计算工程量

地面花岗岩多色简单图案水泥砂浆镶贴：6×9＝54 m^2

地面水泥沙浆铺贴黑色花岗岩(镶边)：0.2×[(12.8＋18.8－0.2×2)×2＋(12.8－0.8×2＋18.8－1.1×2－0.2×2)×2]＝23.44 m^2

地面水泥沙浆铺贴芝麻黑花岗岩：12.8×18.8－54－23.44＝163.2 m^2

石材板缝嵌铜条：(12.8－0.2×2＋18.8－0.2×2)×2＋(12.8－1×2＋18.8－1.3×2)×2＝115.6 m

地面花岗岩面层酸洗打蜡：12.8×18.8＝240.64 m^2

(3)套用计价定额

计算结果见表 2-1-8。

表 2-1-8　　计算结果

序号	定额编号	项目名称	计量单位	工程量	综合单价/元	合计/元
1	13-55换	地面花岗岩多色简单图案水泥砂浆镶贴	10 m^2	5.4	4781.56	25820.42
2	13-47换1	地面水泥砂浆铺贴黑色花岗岩(镶边)	10 m^2	2.34	3650.94	8543.20
3	13-47换2	地面水泥砂浆铺贴芝麻黑花岗岩	10 m^2	16.32	3402.69	55531.90
4	13-104换	石材板缝嵌铜条	10 m	11.56	131.10	1515.52
5	13-110	地面花岗岩面层酸洗打蜡	10 m^2	24.064	57.02	1372.13
合计						92783.17

注:紫红色面积＝2×1/2×1.2×3.6＋2×1/2×1.8×2.4＋1.2×1.8＝10.8 m^2

芝麻黑面积＝4×(3.6＋0.9)×(2.4＋0.6)/2＝27 m^2

乳白色面积＝54－27－10.8＝16.2 m^2

13-55换＝3516.56＋(600×10.8＋350×16.2＋280×27)/54×11－2750＝4781.56 元/10 m^2

13-47换1＝3096.69＋(300－250)×10.2＋323×0.1×(1＋0.25＋0.12)＝3650.94 元/10 m^2

13-47换2＝3096.69＋(280－250)×10.2＝3402.69 元/10 m^2

13-104换＝110.70＋(12－10)×10.2＝131.1 元/10 m

项目分析

大厅的开间轴向尺寸为 4.8 m,墙面造型宽 150 mm。同质地砖 600 mm×600 mm 的预算单价为 25.2 元/块,同质地砖 600 mm×1200 mm 的预算单价为 158.4 元/块,200 mm×600 mm 预算价同定额。请计算该大厅的地面相关工程分部分项费。为教学方便所套用计价定额以江苏省建筑与装饰工程计价定额(2014)为准且按土建三类工程考虑。

(1)列项

600 mm×1200 mm 同质地砖地面(13-85换)、600 mm×600 mm 同质地砖地面(13-83换)、200 mm 宽灰地砖拼花(13-88换)。

(2)计算工程量

600 mm×1200 mm 同质地砖地面面积:0.26×2.23＋4.41×0.36＋1.56×5.04＋4.41×1.1＋4.41×2.8＝27.23 m^2

600 mm×600 mm 同质地砖地面面积:0.6×4.41×3＋0.6×4.01×2＝12.75 m^2

200 mm 宽灰地砖拼花面积:0.2×4.41×4＋0.2×4.01×2＝5.132 m^2

(3)套用计价定额

计算结果见表 2-1-9。

表 2-1-9　　计算结果

序号	定额编号	项目名称	计量单位	工程量	综合单价/元	合价/元
1	13-85换	600 mm×1200 mm 同质地砖地面	10 m^2	2.723	2704.83	7365.25
2	13-83换	600 mm×600 mm 同质地砖地面	10 m^2	1.275	1183.32	1508.73
3	13-88换	200 mm 宽灰地砖拼花	10 m^2	0.513	1461.15	749.57
合计						9623.55

注：600 mm×1200 mm 同质地砖每平方米价格：158.4/(1.2×0.6)＝220 元/m^2

600 mm×600 mm 同质地砖每平方米价格：25.2/(0.6×0.6)＝70 元/m^2

$13\text{-}85_{换}$＝970.83＋10.2×220－510.00＝2704.83 元/10 m^2

$13\text{-}83_{换}$＝979.32＋10.2×(70－50)＝1183.32 元/10 m^2

$13\text{-}88_{换}$＝1257.15＋10.2×(70－50)＝1461.15 元/10 m^2

答：该楼地面工程量的合价为 9623.55 元。

思考与拓展

一、填空题

1. 楼地面找平层和整体面层均按________以平方米计算。

2. 楼地面块料面层，按设计尺寸的________，以平方米计算。

3. 楼梯块料面层工程量按________计算。

4. 台阶整体面层工程量按________计算。

5. 水泥砂浆踢脚线以________计算，瓷砖踢脚线以________计算，石材踢脚线以________计算。

6. 水磨石防滑条按设计尺寸以________计算。

二、判断题

1. 水磨石楼地面子目中包括水磨石面层的分格嵌条。 （ ）

2. 楼地面找平层和整体面层计算时应扣除柱、垛、间壁墙所占面积。 （ ）

3. 楼地面找平层和整体面层计算时应增加门洞、空圈、壁龛的开口部分的面积。（ ）

4. 楼地面块料面层计算时不增加门洞、空圈、壁龛的开口部分的面积。 （ ）

三、单项选择题

1. 除去（ ）垫层，其他材料垫层的夯实定额采用的是电动夯实机，如设计采用压路机碾压时，按计价定额换算。

A. 碎石　B. 灰土　C. 砂　D. 混凝土

2. 楼梯整体面层按水平投影面积计算，楼梯井宽在（ ）以内者不扣除。

A. 200 mm　B. 300 mm　C. 400 mm　D. 500 mm

3. 楼梯整体面层按水平投影面积计算，未包括（ ）部位的抹灰。

A. 中间休息平台　B. 踢脚线　C. 梯板侧面　D. 楼梯底面

4. 石材面板局部切除并分色镶贴成折线图案者称为（ ）。

A. 普通镶贴　B. 简单图案镶贴　C. 复杂图案镶贴　D. 切割镶贴

5. 大理石、花岗岩面层设计弧形贴面时，其弧形部分的（ ）可按实际调整，并按弧形图示长度每 10 m 另外增加：切割人工 0.6 工日，合金钢切割锯片 0.14 片，石料切割机 0.6 台班。

A. 人工消耗量　B. 材料消耗量　C. 机械消耗量　D. 综合单价

6. 整体面层中踢脚线的高度是按（ ）编制的，如设计高度与计价定额不同，不调整。

A. 100 mm　B. 120 mm　C. 150 mm　D. 180 mm

7. 楼梯与楼地面相连时，无梯口梁者算至最上一层踏步边沿加（ ）mm。

A. 100　B. 200　C. 300　D. 500

8.(　　)楼地面定额项目已包括酸洗打蜡工料。

A. 菱苦土面层　B. 水磨石面层　C. 水泥砂浆面层　D. 花岗岩面层

E. 地砖面层

四、多项选择题

1. 本项目整体面层子目中均包括(　　)。

A. 垫层　B. 找平层　C. 结合层　D. 面层

E. 附加层

2. 水泥砂浆、水磨石楼梯包括(　　)。

A. 踢脚线　B. 平台　C. 堵头　D. 楼梯底抹灰

E. 楼面梁

3. 下面属于整体类面层的是(　　)。

A. 水泥砂浆地面　B. 地砖地面　C. 水磨石地面　D. 地毯地面

E. 地板地面

4. 在楼地面工程量计算中，块料类面层计算应扣除，而整体类面层计算中不需要扣除的有(　　)。

A. 凸出地面的不做面层的设备基础　B. 室内不做面层的地沟

C. 不做面层的柱　D. 不做面层的间壁墙

E. 不做面层的 0.3 m^2 以内的孔洞

五、项目训练与提高

请按计价定额完成附录 1 中某剧团观众厅的楼面工程列项、工程量及综合单价和合价。

项目 2

计算墙柱面装饰工程费

能力目标

1.会应用《江苏省建筑与装饰工程计价定额》中第十四章“墙柱面工程”中的工程量计算规则和方法；

2.会计算墙柱面工程量并计价；

3.能结合实际施工图进行墙柱面工程量计算并计价。

知识支撑点

1.各类墙柱面装饰工程的构造及相关施工工艺；

2.一般抹灰、装饰抹灰、镶贴块料面层和木装修及其他等工程量计算规则；

3.《江苏省建筑与装饰工程计价定额》中关于墙面抹灰、镶贴块料面层和木装修套价的规定。

职业资格标准链接

了解墙柱面装饰工程项目的定额子目划分与组成；熟悉墙柱面工程中定额子目的设置及工作内容、工程量计算规则；掌握墙柱面装饰工程定额项目的正确套用与换算。

项目背景

某市人力资源市场一层大厅如图 2-1-1～图 2-1-10 所示。请计算墙柱面工程量并求其综合单价及合价（树挂冰花机刨板 25 mm 预算单价按 420 元/m^2，米色墙砖 600 mm×900 mm 预算单价按 180 元/m^2）。

一、墙柱面装饰工程构造及施工工艺

墙体饰面的构造包括：抹灰底层、中间层、面层。但根据位置及功能的要求，还可增加防潮、防腐、保温、隔热等中间层。

(一)抹灰类墙体饰面

抹灰类墙体饰面是指建筑内外表面为水泥砂浆、混合砂浆等做成的各种饰面抹灰层。一般由底层、中间层、面层组成，如图 2-2-1 所示。

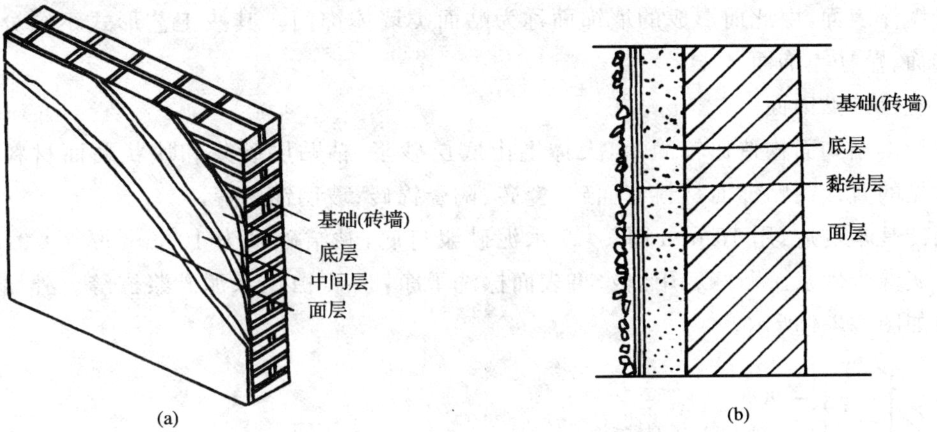

图 2-2-1　抹灰类墙体饰面构造层次

抹灰类墙体饰面包括一般抹灰、装饰抹灰。一般抹灰主要包括石灰砂浆、混合砂浆、水泥砂浆等。一般墙体抹灰层总厚度为：普通抹灰 18 mm、中级抹灰 20 mm、高级抹灰 25 mm。卫生间及厨房一般使用 1：3 水泥砂浆，起防水作用；墙体大面积使用 1：3 混合砂浆，易粉刷。装饰抹灰有水刷石、干黏石、斩假石、水泥拉毛等，有喷涂、弹涂、刷涂、拉毛、扫毛等几种做法。水刷石和斩假石饰面构造层次分别如图 2-2-2 和图 2-2-3 所示。

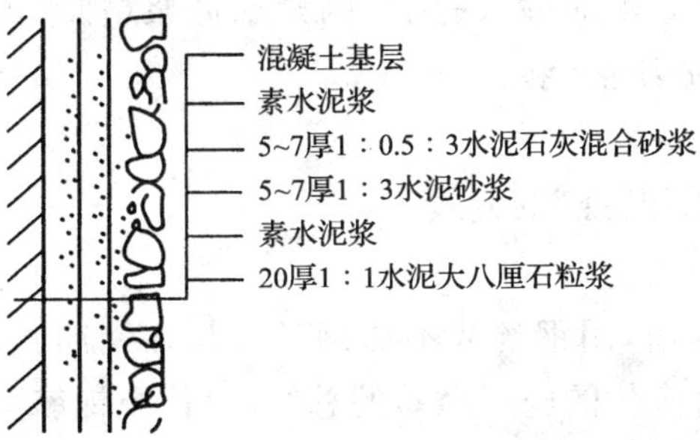

图 2-2-2　水刷石饰面构造层次

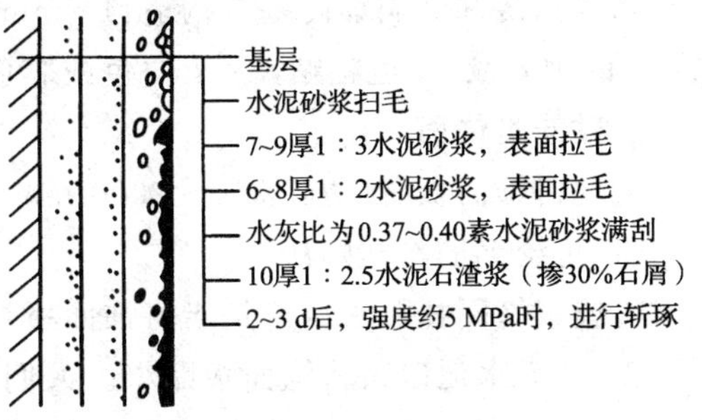

图 2-2-3　斩假石饰面构造层次

(二)涂料类墙体饰面

涂料类墙体饰面是在墙面已有的基层上,刮腻子找平,然后涂刷选定的建筑装饰涂料所形成的一种饰面。一般分三层,即底层、中间层、面层。

建筑装饰涂料按化学组分可分为无机高分子涂料和有机高分子涂料。常用的有机高分子涂料有以下三类:溶剂型涂料、乳液型涂料、水溶性涂料。

普通无机高分子涂料如白灰浆、大白浆,多用于标准的室内装修;无机高分子涂料有JH80-1 型、JH80-2 型、JHN84-1 型、F832 型等,多用于外墙装饰和有擦洗要求的内墙装饰。

(三)贴面类墙体饰面

一些天然的或人造的材料根据材质加工成大小不同的块材后,在现场通过构造连接或镶贴于墙体表面,由此而形成的墙饰面称为贴面类墙体饰面。其按工艺形式不同分为直接镶贴饰面、贴挂类饰面。

1. 直接镶贴饰面

直接镶贴饰面构造比较简单,大体上由底层砂浆、粘贴层砂浆和块状贴面材料面层组成。常见的直接镶贴饰面材料有面砖、瓷砖、陶瓷锦砖、玻璃锦砖等。

面砖基本构造:用 15 mm 厚 1∶3 水泥砂浆打底,黏结砂浆为 10 mm 厚 1∶0.2∶2.5 水泥石灰混合砂浆。贴好后用清水将表面擦洗干净,3∶1 白色水泥砂浆嵌缝。外墙面砖饰面构造如图 2-2-4 所示。

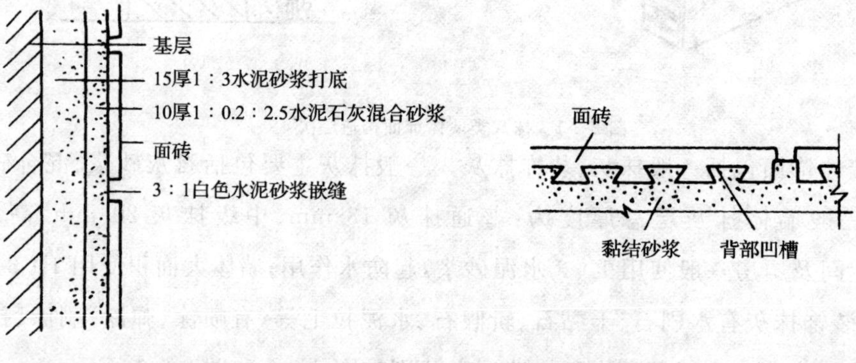

图 2-2-4 外墙面砖饰面构造

陶瓷锦砖和玻璃锦砖基本构造:15 mm 厚 1∶3 水泥砂浆打底,刷素水泥浆(加水泥重量 5%的 108 胶)一道粘贴,3∶1 白色或彩色水泥砂浆嵌缝。

2. 贴挂类饰面

大规格饰面板材(边长 500～2000 mm)通常采用"挂"的方式。

(1)传统钢筋网挂贴法

传统钢筋网挂贴法构造是指将饰面板打眼、剔槽,用钢丝或不锈钢丝绑扎在钢筋网上,再灌 1∶2.5 水泥砂浆将饰面板贴牢。人们通过对多年的施工经验的总结,对传统钢筋网挂贴法构造及做法进行了改进:首先将钢筋网简化,只拉横向钢筋,取消竖向钢筋;其次,对加工艰难的打眼、剔槽工作,改为只剔槽、不打眼或少打眼。改进后的传统钢筋网挂贴法构造如图 2-2-5 所示。

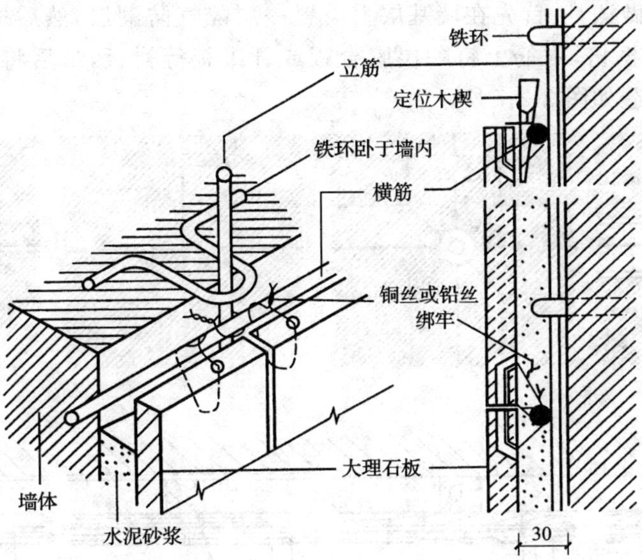

图 2-2-5　改进后的传统钢筋网挂贴法构造

(2)钢筋钩挂贴法

钢筋钩挂贴法又称挂贴楔固法。它与传统钢筋网挂贴法的不同之处是将饰面板以不锈钢钩直接楔固于墙体上。

(3)干挂法

干挂法是用高强度螺栓和耐腐蚀、高强度的柔性连接件将饰面板直接吊挂于墙体上或空挂于钢骨架上的构造做法,不需要再灌浆粘贴。饰面板与结构表面之间有 80～90 mm 距离。石材干挂构造如图 2-2-6 所示。

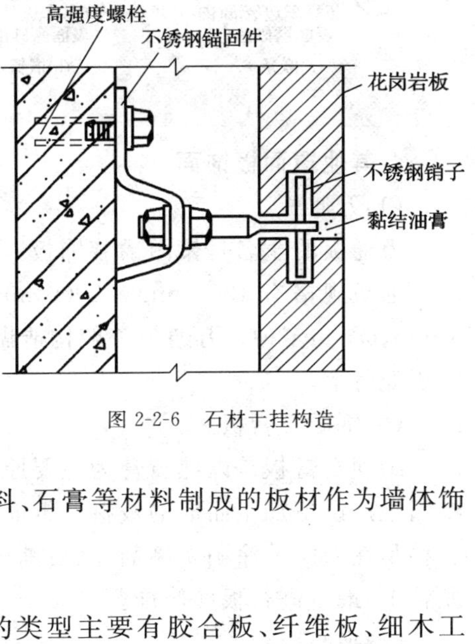

图 2-2-6　石材干挂构造

(四)罩面板类墙体饰面

罩面板类墙体饰面主要指用木质、金属、玻璃、塑料、石膏等材料制成的板材作为墙体饰面材料。

1. 木质罩面板饰面

它分为木骨架和木板两部分。木质罩面板材料的类型主要有胶合板、纤维板、细木工板、刨花板、木丝板、微薄木、实木等。

2. 金属板饰面

金属板饰面是采用一些轻金属,如铝、铝合金、不锈钢、铜等制成薄板,或在薄钢板的表面进行搪瓷、烤漆、喷漆、镀锌、覆盖塑料的处理等做成的墙面饰面板。

金属薄板由于材料品种不同、所处部位不同,因而构造连接方式也有变化,通常有两种方式较为常见:一是直接固定,将金属薄板用螺栓直接固定在型钢上;二是利用金属薄板拉伸、冲压成型的特点,做成各种形状,然后将其压卡在特制的龙骨上。

3. 玻璃墙饰面

玻璃墙饰面是指选用普通平板镜面玻璃或茶色、蓝色、灰色的镀膜镜面玻璃等做墙面。

玻璃墙饰面的构造做法是:首先在墙基层上设置一层隔气防潮层,然后按要求立木筋,间距按玻璃尺寸做成木框格,木筋上钉一层胶合板或纤维板等衬板,最后将玻璃固定在木边框上。玻璃墙饰面构造如图 2-2-7 所示。

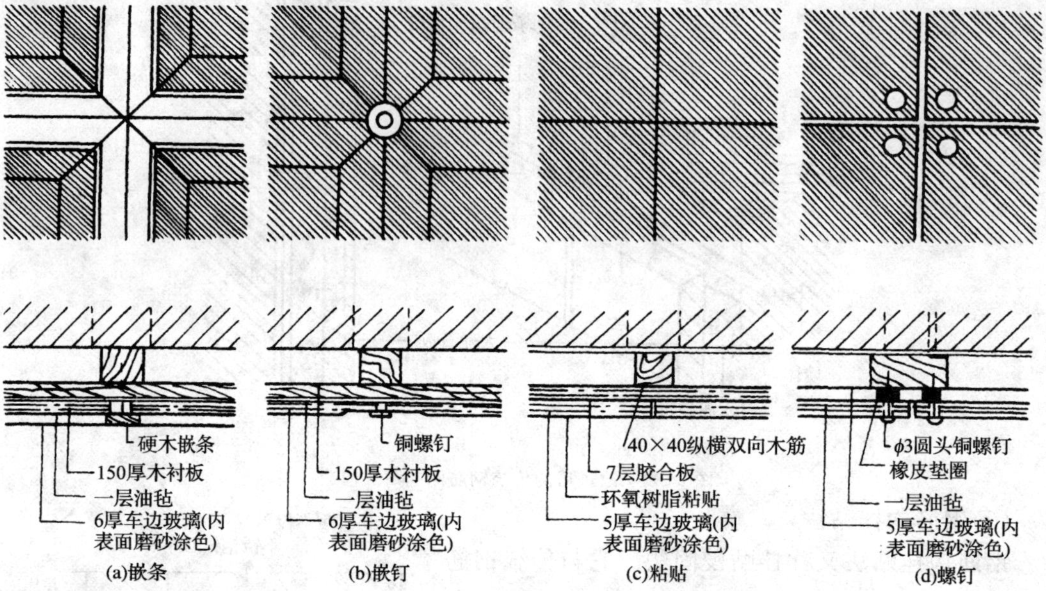

图 2-2-7 玻璃墙饰面构造

4. 其他罩面板饰面

(1)万通板

万通板的学名是聚丙烯装饰板,具有重量轻、防火、防水、防老化等特点。用于墙面装饰的万通板规格有 1000 mm×2000 mm、1000 mm×1500 mm,板厚有 2 mm、3 mm、4 mm、5 mm、6 mm多种。万通板一般构造做法是在墙上涂刷防潮剂,钉木龙骨,然后将万通板粘贴于龙骨上。

(2)纸面石膏板

纸面石膏板是以熟石膏为主要原料,掺以适量纤维及添加剂,再以特制纸为护面,通过专门生产设备加工而成的板材。纸面石膏板内墙装饰构造有两种:一种是直接贴墙做法;另一种是在墙体上涂刷防潮剂,然后铺设龙骨(木龙骨或轻钢龙骨),将纸面石膏板镶钉或粘于龙骨上,最后进行板面修饰。

(3)夹心墙板

夹心墙板通常由两层铝或铝合金板中间夹聚苯乙烯泡沫或矿棉芯材构成,具有强度高、韧性好、保温、隔热、防火等特点。其表面经过耐色光或 PVF 滚涂处理,颜色丰富,不变色,不褪色。夹心墙板构造是采用专门的连接件将板材固定于龙骨或墙体上。

(五)裱糊与软包墙体饰面

裱糊与软包墙体饰面是采用柔性装饰材料,利用裱糊、软包方法所形成的一种内墙面饰面。

1. 壁纸裱糊墙体饰面

各种壁纸均应粘贴在具有一定强度、表面平整、光洁、干净及不疏松掉粉的基层上。一般构造做法是(以砖墙基层为例)：

(1)抹底灰：在墙体上抹 13 mm 厚 1∶0.3∶3 水泥石灰混合砂浆打底扫毛，两遍成活。

(2)找平层：抹 5 mm 厚 1∶0.3∶2.5 水泥石灰混合砂浆找平层。

(3)刮腻子：刮腻子 2～3 遍，砂纸磨平。

(4)封闭底层：涂封闭乳液底涂料(封闭乳胶漆)一道，或涂 1∶1 稀释的 108 胶水一遍。

(5)防潮底漆：薄涂酚醛清漆∶汽油＝1∶3 的防潮底漆一道(无防潮要求时此工序省略)。

(6)刷胶：壁纸和抹灰表面应同时均匀刷胶，胶可按 108 胶∶羧甲基纤维素(俗称化学糨糊)∶水＝100∶6∶60，质量比调配(过筛去渣)或采用成品壁纸胶。

(7)裱糊壁纸：裱糊工艺有搭接法、拼缝法等，应特别注意搭接、拼缝和对花的处理。

2. 丝绒和锦缎裱糊墙体饰面

丝绒和锦缎是一种高级墙面装饰材料，其特点是绚丽多彩、质感温暖、典雅精致、色泽自然逼真，属于较高级的饰面材料，仅用于室内高级装修。但其材料较柔软、易变形、不耐脏，在潮湿环境中易霉变，故其应用受到了很大的限制。

3. 软包墙体饰面

软包墙体饰面由底层、吸音层、面层三大部分组成。

(1)底层

底层采用阻燃型胶合板、FC 板、埃特板等。FC 板或埃特板是以天然纤维、人造纤维或植物纤维与水泥等为主要原料，经烧结成型、加压、养护而成，比阻燃型胶合板的耐火性能高一级。

(2)吸音层

吸音层采用轻质不燃、多孔材料，如玻璃棉、超细玻璃棉、自熄型泡沫塑料等。

(3)面层

面层必须采用阻燃型高档豪华软包面料，常用的有人造皮革、特维拉 CS 豪华防火装饰布、针刺起绒、背面深胶阻燃型豪华装饰布及其他全棉、涤棉阻燃型豪华软质面料。

软包墙体饰面主要有吸声层压钉面料和胶合板压钉面料两种做法。

(六)柱面装饰

柱面装饰所用材料与墙体饰面所用材料基本相似，如木饰面板(柚木、橡木、榉木、胡桃木)、金属饰面板(不锈钢、铝合金、铜合金、铝塑饰面板)、石材饰面板(大理石、花岗岩)等。

大部分柱面的装饰构造与墙面基本类似，图 2-2-8 所示为几种常见柱面装饰构造。

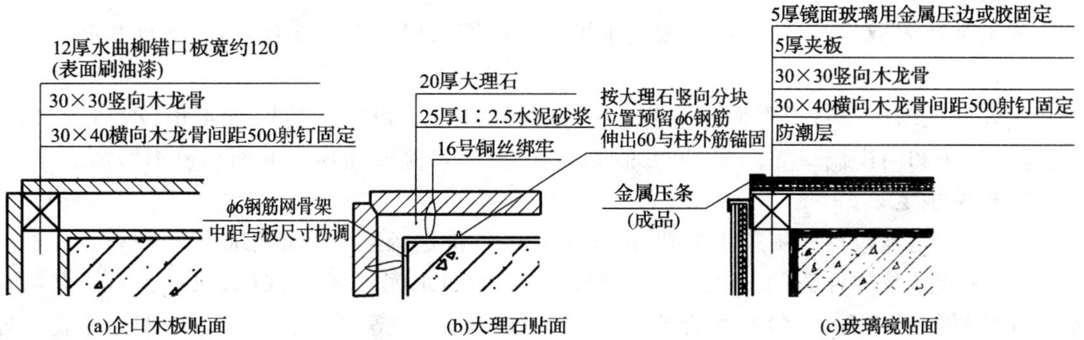

图 2-2-8　几种常见柱面装饰构造

二、工程量计算规则及相关规定

(一)墙面抹灰

1. 计算规则

(1)内墙面抹灰

①内墙面抹灰面积应扣除门窗洞口和空圈所占的面积，不扣除踢脚线、挂镜线、0.3 m^2 以内的孔洞和墙与构件交接处的面积；但其洞口侧壁和顶面抹灰也不增加。垛的侧面抹灰面积应并入内墙面工程量内计算。

内墙面抹灰长度以主墙间的图示净长计算，其高度按实际抹灰高度确定，不扣除间壁所占的面积。

②石灰砂浆、混合砂浆粉刷中已包括水泥护角线，不另行计算。

③柱和单梁的抹灰按结构展开面积计算，柱与梁或梁与梁接头的面积不予扣除。砖墙中平墙面的混凝土柱、梁等的抹灰(包括侧壁)应并入墙面抹灰工程量内计算。凸出墙面的混凝土柱、梁面(包括侧壁)抹灰工程量应单独计算，按相应子目执行。

④厕所、浴室隔断抹灰工程量，按单面垂直投影面积乘以系数 2.3 计算。

(2)外墙面抹灰

①外墙面抹灰面积按外墙面的垂直投影面积计算，应扣除门窗洞口和空圈所占的面积，不扣除 0.3 m^2 以内的孔洞面积。但门窗洞口、空圈的侧壁、顶面及垛等抹灰，应按结构展开面积并入墙面抹灰中计算。外墙面不同品种砂浆抹灰，应分别计算，按相应子目执行。

②外墙窗间墙与窗下墙均抹灰，以展开面积计算。

③挑檐、天沟、腰线、扶手、单独门窗套、窗台线、压顶等，均以结构尺寸展开面积计算。窗台线与腰线连接时，并入腰线内计算。

④外窗台抹灰长度，如设计图纸无规定时，可按窗洞口宽度两边共加 20 cm 计算。窗台展开宽度一砖墙按 36 cm 计算，每增加半砖宽则累增 12 cm。

单独圈梁抹灰(包括门窗洞口顶部)、附着在混凝土梁上的混凝土装饰线条抹灰均按展开面积以平方米计算。

⑤阳台、雨篷抹灰按水平投影面积计算。计价定额中已包括顶面、底面、侧面及牛腿的全部抹灰面积。阳台栏杆、栏板、垂直遮阳板抹灰另列项目计算，栏板以单面垂直投影面积乘以系数 2.1 计算。

⑥水平遮阳板顶面、侧面抹灰按其水平投影面积乘以系数 1.5 计算，板底面积并入天棚抹灰内计算。

⑦勾缝按墙面垂直投影面积计算，应扣除墙裙、腰线和挑沿的抹灰面积，不扣除门、窗套、零星抹灰和门窗洞口等面积，但垛的侧面、门窗洞口侧壁和顶面的面积也不增加。

2. 相关规定

(1)本节均不包括抹灰脚手架费，脚手架费按计价定额第十九章相应子目执行。

(2)抹灰砂浆的种类(混合砂浆、水泥砂浆、普通白水泥石子浆、白水泥彩色石子浆或白水泥加颜料的彩色石子浆)和配合比(1∶2,1∶3,1∶2.5 等)与设计不同，应调整单价。厚度不同，砂浆用量按比例调整，但人工数量不变。

(3)外墙保温材料品种不同时,可根据相应子目进行换算调整。地下室外墙粘贴保温层板,可参照相应子目,材料可换算,其他不变。柱梁面粘贴复合板保温板可参照墙面执行。

(4)圆弧形墙面、梁面抹灰,按相应人工乘以系数 1.18 计算(工程量按其弧形面积计算)。

(5)外墙面窗间墙、窗下墙同时抹灰,按外墙抹灰相应子目执行,单独圈梁抹灰(包括门、窗洞口顶部)按腰线子目执行,附着在混凝土梁上的混凝土线条抹灰按混凝土装饰线条抹灰子目执行。但窗间墙单独抹灰,按相应人工乘以系数 1.15 计算。

(6)外墙内表面的抹灰按内墙面抹灰子目执行;砌块墙面的抹灰按混凝土墙面相应抹灰子目执行。高度在 3.60 m 以内的围墙抹灰均按内墙面相应抹灰子目执行。

(7)混凝土墙、柱、梁面的抹灰底层已包括刷一道素水泥浆在内,设计刷两道,每增一道按计价定额 14-78、14-79 相应子目执行。设计采用专用黏结剂时,可套用相应粉型黏结剂粘贴子目,换算干粉型黏结剂材料为相应专用黏结剂。设计采用聚合物砂浆粉刷的,可套用相应子目,材料可换算,其他不变。

(8)一般抹灰阳台、雨篷项目包括平面、侧面、底面(天棚面)及挑出墙面的梁抹灰,这与楼地面工程中的楼梯面的抹灰规定不同。

(二)镶贴块料面层及幕墙

1. 计算规则

(1)内、外墙面,柱梁面,零星项目镶贴块料面层均按块料面层的建筑尺寸(各块料面层+粘贴砂浆厚度=25 mm)的展开面积计算。门窗洞口面积扣除,侧壁、附垛贴面应并入墙面工程量中。内墙面腰线花砖按延长米计算。

(2)窗台、腰线、门窗套、天沟、挑檐、盥洗槽、池脚等块料面层镶贴,均以建筑尺寸的展开面积(包括砂浆及块料面层厚度)按零星项目计算。

(3)石材块料面板挂、贴按面层建筑尺寸(包括干挂空间、砂浆、板厚度)展开面积计算。

(4)石材圆柱面按石材面外围周长乘以柱高(应扣除柱墩、柱帽、腰线高度)以平方米计算;石材圆柱形柱墩、柱帽、腰线按石材圆柱面外围周长乘以其高度以平方米计算。

(5)石材柱身、柱墩、柱帽及柱腰线均应分列子目计算。

(6)玻璃幕墙以框外围面积计算。幕墙与建筑顶端、两端的封边按图示尺寸以平方米计算,自然层的水平隔离与建筑物的连接按延长米计算(连接层包括上、下镀锌钢板在内)。幕墙上下设计有窗者,计算幕墙面积时,窗面积不扣除,但每 10 m^2 窗面积另增加人工 5 个工日,增加的窗料及五金按实际计算(幕墙上铝合金窗不再另外计算)。其中,全玻璃幕墙以结构外边按玻璃(带肋)展开面积计算,支座处隐藏部分玻璃合并计算。

2. 相关规定

(1)抹灰砂浆和镶贴块料面层的砂浆,其砂浆的种类(混合砂浆、水泥砂浆、普通白水泥石子浆、白水泥彩色石子浆或白水泥加颜料的彩色石子浆)、配合比(1∶2,1∶3,1∶2.5 等)和规格(每块的尺寸)与设计不同,应调整单价。内墙贴瓷砖,外墙面釉面砖粘贴层是按 1∶0.1∶2.5混合砂浆编制的,也编制了用素水泥浆做粘贴层的内容,可根据实际情况分别套用计价定额。

(2)在圆弧形墙面、梁面镶贴块料面层(包括挂贴、干挂大理石、花岗岩板),按相应人工乘以系数 1.18 计算(工程量按其弧形面积计算)。块料面层中带有弧边的石材损耗,应按实际调整,每 10 m 弧形部分,另增加切贴人工 0.6 工日、合金钢切割片 0.14 片、石料切割机 0.6

台班。

(3)窗间墙单独镶贴块料面层，按相应人工乘以系数1.15计算。

(4)石材块料面板不包括阳角处磨边，设计要求磨边或墙、柱面贴石材装饰线条者，按相应章节、相应子目执行。设计线条重叠数次，套相应“装饰线条”数次。

石材块料面板磨边或墙、柱面设计贴石材装饰线条应按计价定额第十八章的相应子目执行。

(5)内外墙镶贴面砖的规格与计价定额规定规格不符，数量应按下式确定：

实际数量＝10 m^2×(1＋相应损耗率)/[(砖长＋灰缝宽)×(砖宽＋灰缝厚)]

(6)墙、柱面挂贴大理石(花岗岩)板的子目中，已包括酸洗打蜡费。

(7)挂贴大理石、花岗岩的钢筋用量，设计与计价定额不同时，按设计用量加2%损耗后进行调整。

(8)干挂石材及大规格面砖所用的干挂胶(AB胶)每组的用量组成为：A组1.33 kg，B组0.67 kg。

(9)一般的玻璃幕墙要算三个项目，包括幕墙，幕墙与自然楼层的连接，幕墙与建筑物的顶端、侧面封边。要根据定额中规定的换算和工程量计算规则，设计隐框、明框玻璃幕墙铝合金骨架型材。型材的规格、用量与定额不符时，应按下式调整：

每10 m^2 骨架含量＝单位工程幕墙竖筋、横筋设计长度之和(横筋长按竖筋中心到中心的距离计算)×线重量/单位幕墙面积×10 m^2×1.07

(三)木装饰及其他

1.计算规则

(1)墙、墙裙、柱(梁)面

木装饰龙骨、衬板、面层及粘贴切片板按净面积计算，并扣除门窗洞口及0.3 m^2 以上的孔洞所占的面积，附墙垛及门、窗侧壁并入墙面工程量内计算。

单独门、窗套按相应章节的相应子目计算。

柱、梁面按展开宽度乘以净长计算。

(2)不锈钢镜面、各种装饰板面均按展开面积计算

若地面天棚有柱帽、底脚时，则高度应从柱脚上表面至柱帽下表面计算。柱帽、柱脚按面层的展开面积以平方米计算，套柱帽、柱脚子目。

2.相关规定

(1)各种隔断、墙裙的龙骨、衬板基层、面层是按一般常用做法编制的。其防潮层、龙骨、基层、面层均应分开列项。墙面防潮层按计价定额第十章相应子目执行，面层的装饰线条(如墙裙压顶线、压条、踢脚线、阴角线、阳角线、门窗贴脸等)均应按计价定额第十八章的相应子目执行。

墙面、墙裙子目(14-168子目)中的普通成材由龙骨0.053 m^3、木砖0.057 m^3 组成，断面、间距不同要调整龙骨含量。龙骨与墙面的固定不用木砖而用木针固定者，应扣除木砖与木针的差额0.04 m^3 的普通成材。

龙骨含量调整方法如下：

断面不同的按正比例调整材积，间距不同的按反比例调整材积(该材积是指有断面调整时应按断面调整以后的材积)。

（2）金属龙骨分为隔墙轻钢龙骨、附墙卡式轻钢龙骨、铝合金龙骨、钢骨架安装四个子目，使用时应分别套用计价定额，并注意其龙骨规格、断面、间距，与计价定额不符时应按规定调整含量。应分清什么是隔墙，什么是隔断。轻钢、铝合金隔墙龙骨设计用量与计价定额不符时，应按下式调整：

竖（横）龙骨用量＝单位工程中竖（横）龙骨设计用量/单位工程隔墙面积×（1＋规定损耗率）×10 m^2

式中，轻钢龙骨的规定损耗率为 6%，铝合金龙骨的规定损耗率为 7%。

（3）墙、柱、梁面夹板基层是指在龙骨与面层之间设置的一层基层，夹板基层直接钉在木龙骨上还是钉在承重墙面的木砖上，应按设计图纸来判断，有的木装饰墙面、墙裙有凹凸起伏的立体感，这是由于在夹板基层上局部钉或多次钉一层或多层夹板形成的。故凡有凹凸面的墙面、墙裙木装饰，按凸出面的面积计算，每 10 m^2 另增加人工 1.9 工日，夹板按 10.5 m^2 计算，其他均不再增加。

（4）墙、柱、梁面木装饰的各种面层，应按设计图纸要求列项，并分别套用计价定额。在使用这些定额子目时，应注意定额项目内容及下面的注解要求。镜面玻璃粘贴在柱、墙面的夹板基层上还是水泥砂浆基层上，应按设计图纸而定，分别套用计价定额。

（5）墙面和门窗的侧面进行同标准的木装饰，则墙面与门窗侧面的工程量合并计算，执行墙面定额。如单独门、窗套木装饰，应按计价定额第十八章的相应子目执行。工程量按图示展开面积计算。

（6）木装饰面子目的木基层均未含防火材料，设计要求刷防火漆，按计价定额第十六章中相应子目执行。

（7）装饰面层中均未包括墙裙压顶线、压条、踢脚线、门窗贴脸等装饰线，设计有要求者，应按相应章节的相应子目执行。

典型案例分析

【案例 2-2-1】 某平房室内抹水泥砂浆，如图 2-2-9 所示，砖内墙抹灰高为 3.6 m，采用 8 mm 的 1∶2.5 水泥砂浆找平、12 mm 的 1∶3 水泥砂浆抹面，门窗洞口 M1 为 1200 mm×2400 mm，M2 为 900 mm×2000 mm，C1 为 1500 mm×1800 mm，求内墙面抹灰工程量并计价。

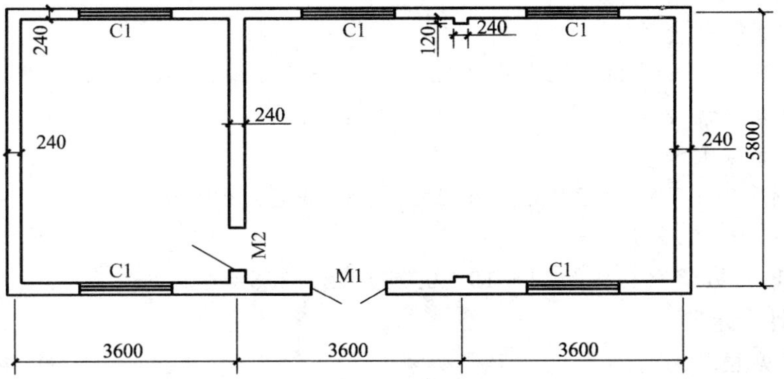

图 2-2-9　某平房平面图

解：(1)列项

内墙面抹水泥砂浆(14-9)。

(2)计算工程量

内墙面抹水泥砂浆：[(3.6－0.12×2)＋(5.8－0.12×2)]×2×3.6－1.5×1.8×2－0.9×2.0＋[(7.2－0.12×2)＋(5.8－0.12×2)]×2×3.6－1.5×1.8×3－0.9×2.0－1.2×2.4＋0.12×4×3.6＝136.12 m^2

(3)套用计价定额

计算结果见表 2-2-1。

表 2-2-1　计算结果

序号	定额编号	项目名称	计量单位	工程量	综合单价/元	合价/元
1	14-9	内墙面抹水泥砂浆	10 m^2	13.612	226.13	3078.08
合计						3078.08

【案例 2-2-2】 某一层建筑平面图和剖面图如图 2-2-10 所示，Z 直径为 600 mm，M1 洞口尺寸为1200 mm×2000 mm(内平)，C1 尺寸为1200 mm×1500 mm×80 mm，砖墙的厚度为240 mm，墙内部采用 15 mm 的 1∶1∶6 混合砂浆找平、5 mm 的 1∶0.3∶3 混合砂浆抹面，外部墙面和柱采用 12 mm 的 1∶3 水泥砂浆找平、8 mm 的 1∶2.5 水泥砂浆抹面，外墙抹灰面内采用 5 mm 玻璃条嵌缝，用计价定额计算墙、柱面部分粉刷的工程量、单价及合价。

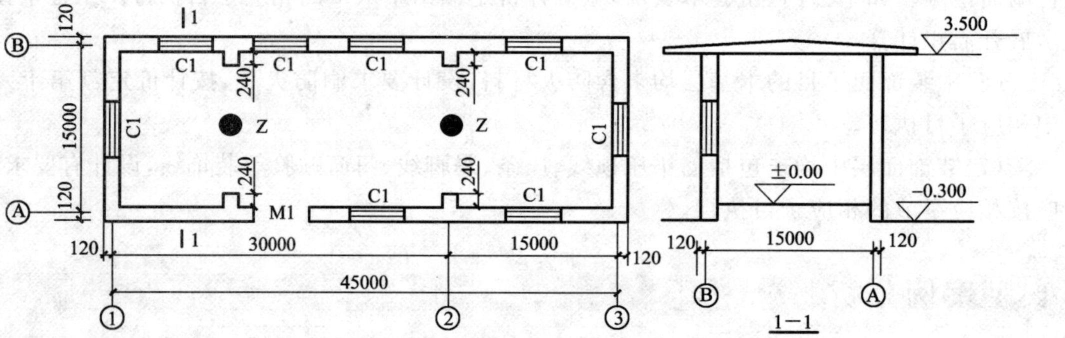

图 2-2-10　某一层建筑平面图和剖面图

解：(1)列项

外墙内表面抹混合砂浆(14-38)、柱面抹水泥砂浆(14-22)、外墙外表面抹水泥砂浆(14-8)、5 mm 玻璃条嵌缝(14-76换)。

(2)计算工程量

外墙内表面抹混合砂浆：

[(45－0.24＋15－0.24)×2＋8×0.24]×3.5－1.2×1.5×8－1.2×2＝406.56 m^2

柱面抹水泥砂浆：3.14×0.6×3.5×2＝13.19 m^2

外墙外表面抹水泥砂浆：

(45＋0.24＋15＋0.24)×2×3.8－1.2×1.5×8－1.2×2＋2×(1.2＋1.5)×8×(0.24－0.08)/2＋(1.2＋2×2)×0.24＝447.55 m^2

5 mm 玻璃条嵌缝：(45＋0.24＋15＋0.24)×2×3.8＝459.65 m^2

(3)套用计价定额

计算结果见表 2-2-2。

表 2-2-2　　计算结果

序号	定额编号	项目名称	计量单位	工程量	综合单价/元	合价/元
1	14-38	外墙内表面抹混合砂浆	10 m^2	40.656	209.95	8535.73
2	14-22	柱面抹水泥砂浆	10 m^2	1.319	382.25	504.19
3	14-8	外墙外表面抹水泥砂浆	10 m^2	44.755	254.64	11396.41
4	$14\text{-}76_{换}$	5 mm 玻璃条嵌缝	10 m^2	45.965	59.16	2719.29
合计						23155.62

注：$14\text{-}76_{换}=57.72+30\times0.24$(5 mm 玻璃)$-5.76=59.16$ 元/10 m^2

【案例 2-2-3】 某单层职工食堂，室内净高 3.9 m，室内主墙间的净面积为 35.76 m×20.76 m，外墙厚为 240 mm，外墙上设有 1500 mm×2700 mm 铝合金双扇地弹门 2 樘(型材框宽为 101.6 mm，居中立樘)，1800 mm×2700 mm 铝合金双扇推拉窗 14 樘(型材为 90 系列，框宽为 90 mm)，外墙内壁用素水泥浆贴 200 mm×300 mm 白色瓷砖(瓷砖到顶)，试计算墙面贴瓷砖的工程量、综合单价及合价。

解：(1)列项

墙面贴瓷砖($14\text{-}80_{换}$)。

(2)计算工程量

按规定，墙面贴瓷砖面层按建筑尺寸以面积计算，扣除门窗洞口面积，增加侧壁和顶面的面积。

建筑尺寸：$35.76-0.025\times2=35.71$ m，$20.76-0.025\times2=20.71$ m

外墙内壁面积：$S_1=(35.71+20.71)\times2\times3.9=440.08\ m^2$

门洞口面积：$S_2=(1.5-0.05)\times(2.7-0.025)\times2=7.76\ m^2$

窗洞口面积：$S_3=(1.8-0.05)\times(2.7-0.05)\times14=64.93\ m^2$

门洞侧壁和顶面面积：$S_4=[(2.7-0.025)\times2+(1.5-0.05)]\times[(0.24-0.1016)/2+0.025]\times2=1.28\ m^2$

窗洞侧壁和顶面面积：$S_5=[(1.8-0.05)+(2.7-0.05)]\times2\times[(0.24-0.09)/2+0.025]\times14=12.32\ m^2$

内墙贴瓷砖工程量：$S=S_1-S_2-S_3+S_4+S_5$

$$=440.08-7.76-64.93+1.28+12.32$$

$$=380.99\ m^2$$

(3)套用计价定额

计算结果见表 2-2-3。

表 2-2-3　　计算结果

序号	定额编号	项目名称	计量单位	工程量	综合单价/元	合价/元
1	$14\text{-}80_{换}$	墙面贴瓷砖	10 m^2	38.099	2630.10	100204.18
合计						100204.18

注：$14\text{-}80_{换}=2621.93+24.11-15.94=2630.10$ 元/10 m^2

【案例 2-2-4】 某学院门厅处一混凝土圆柱直径 $d=600$ mm，柱帽的上口石材外围直径 $D=850$ mm、下口石材外围直径同柱身，柱墩石材外围直径 $D=800$ mm，柱帽、柱墩挂贴进口黑金砂花岗岩，柱身挂贴四拼米黄花岗岩，灌缝 1∶2 水泥砂浆 50 mm 厚。具体尺寸如图 2-2-11 所示。计算该混凝土圆柱的制作费(柱面石材云石胶嵌缝暂不计算，材料价格及费率均按计价定额执行)。

分析：(1)石材圆柱面按石材面外围周长乘以柱高(应扣除柱帽、柱墩、腰线高度)以平方米计算。

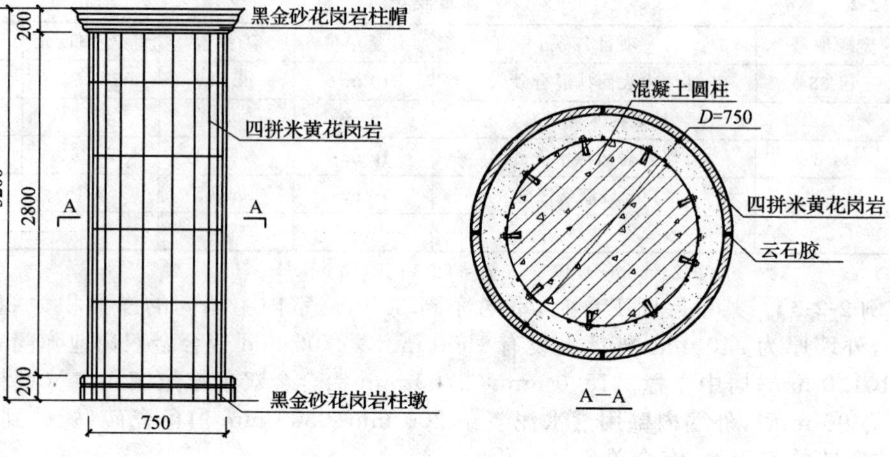

图 2-2-11　圆柱立面和剖面图

(2)按计价定额计算柱帽、柱墩工程量，按石材圆柱面外围周长乘以高以平方米计算。

解：(1)列项

黑金砂花岗岩柱帽(14-135)、黑金砂花岗岩柱墩(14-134)、四拼米黄花岗岩柱身(14-131)。

(2)计算工程量

黑金砂花岗岩柱帽：$(0.85+0.75)\div2\times3.14\times\sqrt{0.2^2+0.05^2}=0.52\ m^2$

黑金砂花岗岩柱墩：$0.8\times3.14\times0.20=0.50\ m^2$

四拼米黄花岗岩柱身：$0.75\times3.14\times(3.20-0.20\times2)=6.60\ m^2$

(3)套用计价定额

计算结果见表 2-2-4。

表 2-2-4　　**计算结果**

序号	定额编号	项目名称	计量单位	工程量	综合单价/元	合价/元
1	14-135	黑金砂花岗岩柱帽	10 m^2	0.052	31703.07	1648.56
2	14-134	黑金砂花岗岩柱墩	10 m^2	0.050	28273.57	1413.68
3	14-131	四拼米黄花岗岩柱身	10 m^2	0.660	20241.80	13359.59
合计						16421.83

【案例 2-2-5】　某装饰企业施工凹凸木墙裙如图 2-2-12 所示，龙骨与墙面用木针固定，所有材料按计价定额价格计算，计算该木墙裙的综合单价和合价(压顶线和阴角线暂不计算)。

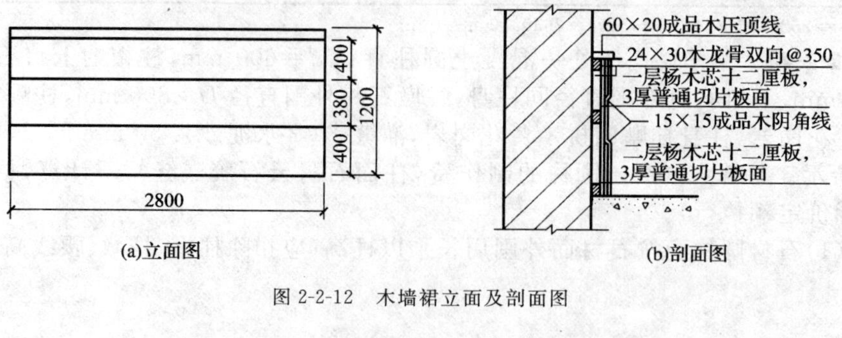

图 2-2-12　木墙裙立面及剖面图

分析：(1)墙面、墙裙子目中的普通成材由龙骨 0.053 m^3、木砖 0.057 m^3 组成，断面、间距不同要调整龙骨含量。龙骨与墙面的固定不用木砖而用木针固定者，应扣除木砖与木针的差额 0.04 m^3 的普通成材。

(2)在夹板基层上再做一层凸面夹板时，按凸面的面积计算，每 10 m^2 另增加人工 1.9 工日，夹板按 10.5 m^2 计算，其他均不再增加。

(3)在凹凸基层夹板上镶贴切片板面层时，按墙面计价定额人工乘以系数 1.30、切片板含量乘以系数 1.05 计算，其他不变。

解：(1)列项

墙裙木龙骨基层(14-168$_{换}$)、墙裙木龙骨上夹板基层(14-185$_{换}$)、夹板基层上做凸面夹板(补)、夹板基层上镶贴切片板面层(14-193$_{换}$)。

(2)计算工程量

墙裙木龙骨基层、墙裙木龙骨上夹板基层、夹板基层上镶贴切片板面层：$2.8\times(1.2-0.02)=3.30\ m^2$

夹板基层上做凸面夹板：$0.4\times2\times2.8=2.24\ m^2$

(3)套用计价定额

计算结果见表 2-2-5。

表 2-2-5　　计算结果

序号	定额编号	项目名称	计量单位	工程量	综合单价/元	合价/元
1	14-168$_{换}$	墙裙木龙骨基层	10 m^2	0.330	383.53	126.56
2	14-185$_{换}$	墙裙木龙骨上夹板基层	10 m^2	0.330	318.72	105.18
3	补	夹板基层上做凸面夹板	10 m^2	0.224	411.06	92.08
4	14-193$_{换}$	夹板基层上镶贴切片板面层	10 m^2	0.330	496.63	163.89
合计						487.71

注：14-168$_{换}$ = 439.87 − 177.60 + [(300 × 300)/(350 × 350)] × (0.111 − 0.04) × 1600 + (181.90 + 7.09) × (42% − 25% + 15% − 12%) = 383.53 元/10 m^2(龙骨间距、木针、管理费、利润)

14-185$_{换}$ = 539.94 + (101.15 + 0.24) × 0.2 + (15 − 38) × 10.5 = 318.72 元/10 m^2(木工板换十二厘夹板、管理、利润)

补 = 10.5 × 15 + 1.90 × 85.00 × 1.57 = 411.06 元/10 m^2(P613 注 1)

14-193$_{换}$ = 418.74 + 0.05 × 10.5 × 18 + 0.3 × 1.2 × 85 × 1.57 + 102 × 0.2 = 496.63 元/10 m^2(P615 注 1)

答：该木墙裙装饰工程合价为 487.71 元。

【案例 2-2-6】　某公司接待室墙面装饰图如图 2-2-13 所示。红榉饰面踢脚线高 120 mm，下部为红、白榉分色凹凸墙裙并带压顶线 12 mm×25 mm，凹凸部分外圈尺寸为 300 mm×400 mm，内圈尺寸为 100 mm×200 mm，上部大部分为丝绒软包，外框为红榉饰面，红榉材料单价为 28 元/m^2。不计算油漆，计算该墙面装饰工程的工程量、综合单价和合价(不考虑材差及费率调整)。

分析：(1)木龙骨、木工板基层的高度比面层高 120 mm，即踢脚线内也应考虑，套用计价定额计算工程量时要注意。

(2)套用计价定额时，木龙骨断面、间距与定额不同，需换算。木龙骨材积换算时，不需要加刨光系数。

(3)套用计价定额时，踢脚线安装在木基层板上时，要扣除定额中木砖含量。

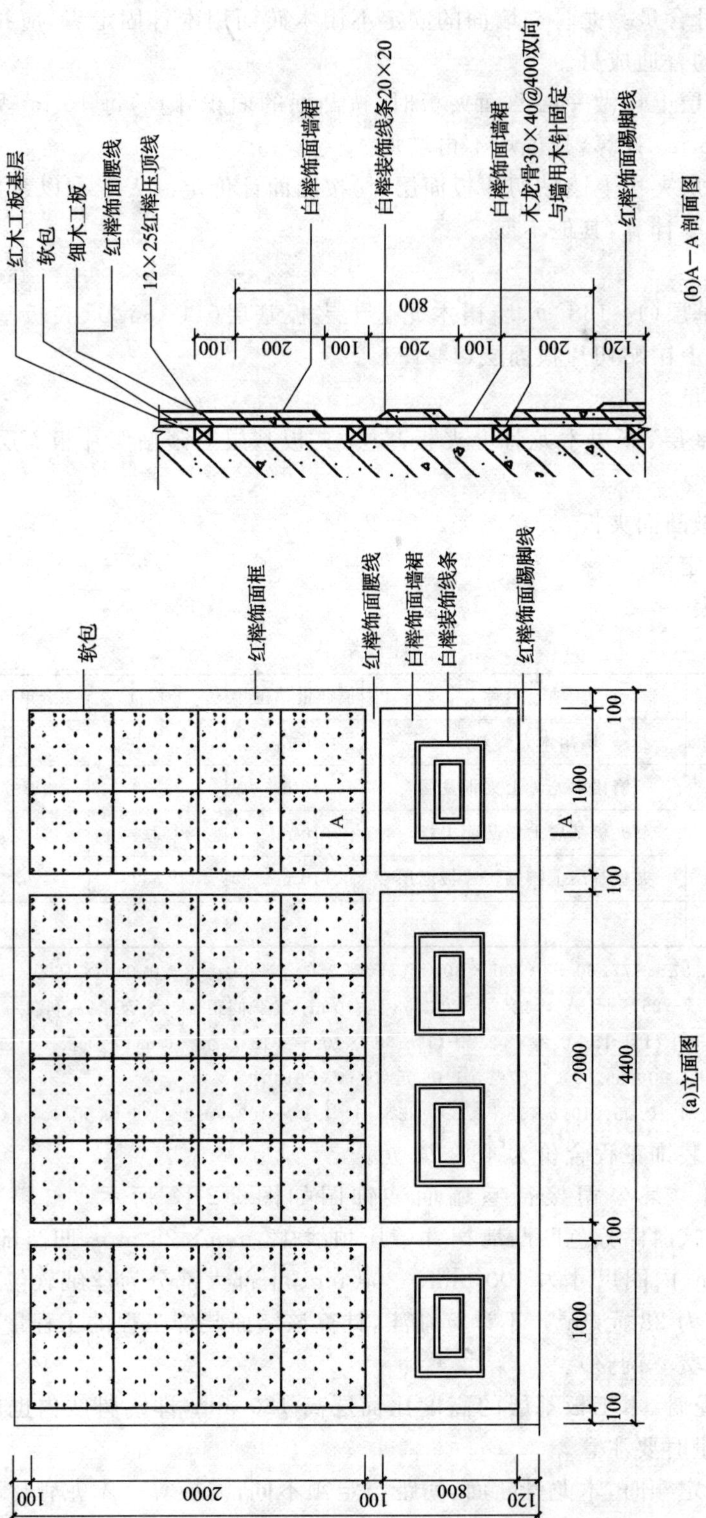

图 2-2-13 某公司接待室墙面装饰图

(4)套用计价定额时，在夹板基层上再做一层凸面夹板时，每 10 m^2 另增加夹板 10.5 m^2、人工 1.90 工日，工程量按设计层数及设计面积计算。

(5)套用计价定额时，在凹凸基层上镶贴切片板面层时，按墙面定额人工乘以系数1.30、切片板含量乘以系数 1.05 计算，其他不变。

解：(1)列项

墙面、墙裙木龙骨(14-168$_{换}$)，墙面、墙裙 18 mm 木工板基层(14-185)，墙面、墙裙在夹板基层上再做一层凸面板(14-185$_{附注}$)，红、白榉饰面板贴在凹凸基层板上(14-193$_{换}$)，墙面丝绒软包(14-209)。

(2)计算工程量

墙面、墙裙木龙骨：$4.40\times3.12=13.73$ m^2

墙面、墙裙 18 mm 木工板基层：$4.40\times3.12=13.73$ m^2

墙面、墙裙在夹板基层上再做一层凸面板：

$4.40\times3.12-(1.00\times2+2.00)\times2.00-(0.40\times0.30-0.20\times0.10)\times4=5.33$ m^2

红、白榉饰面板贴在凹凸基层板上：$4.40\times3.00-(1.00\times2+2.00)\times2.00=5.20$ m^2

墙面丝绒软包：$(1.00\times2+2.00)\times2.00=8.00$ m^2

(3)套用计价定额

计算结果见表 2-2-6。

表 2-2-6　计算结果

序号	定额编号	项目名称	计量单位	工程量	综合单价/元	合价/元
1	14-168$_{换}$	墙面、墙裙木龙骨	10 m^2	1.373	368.77	506.32
2	14-185	墙面、墙裙 18 mm 木工板基层	10 m^2	1.373	539.94	741.34
3	14-185$_{附注}$	墙面、墙裙在夹板基层上再做一层凸面板	10 m^2	0.533	620.26	330.60
4	14-193$_{换}$	红、白榉饰面板贴在凹凸基层板上	10 m^2	0.520	580.36	301.79
5	14-209	墙面丝绒软包	10 m^2	0.800	1023.78	819.02
合计						2699.07

注：14-168$_{换}$ $=439.87+[(30\times40)/(24\times30)]\times[(300\times300)/(400\times400)]\times(0.111-0.04)\times1600.00-177.60$ $=368.77$元/10 m^2(断面、木砖改木针)

14-185$_{附注}$ $=10.50\times38+1.90\times85\times(1+25\%+12\%)=620.26$ 元/10 m^2(P613 注 1)

14-193$_{换}$ $=418.74-189+10.5\times28\times1.05+1.2\times85\times0.3\times(1+25\%+12\%)=580.36$ 元/10 m^2(材料价格、P615 注 1)

【案例 2-2-7】　某企业在二楼会议室内的一面墙做2100 mm高的凹凸木墙裙，木墙裙的木龙骨(包括踢脚线)截面尺寸为 30 mm×50 mm，间距为 350 mm×350 mm，木楞与主墙用木针固定，该木墙裙长 12 m，采用双层多层夹板基层(杨木芯十二厘板)，其中底层多层夹板满铺，二层多层夹板面积为 12 m^2，在凹凸面层贴普通切片板，面积 23.4 m^2(不含踢脚线部分)，其中斜拼 12 m^2。踢脚线高 150 mm，用 $\delta=12$ mm 细木工板基层，面层贴普通切片板，如图2-2-14 所示。不考虑油漆压顶线、踢脚线，其他材料价格按计价定额。根据已知条件，请用计价定额计价方式计算该工程的分部分项工程费(人工工资单价、管理费、利润按计价定额子目，不做调整)。

解:(1)列项

木龙骨(14-168换)、底层多层夹板基层(14-185换)、双层多层夹板基层(14-185附注)、面层贴普通切片板(凹凸)(14-193换)、面层贴普通切片板(凹凸+斜拼)(14-193换)。

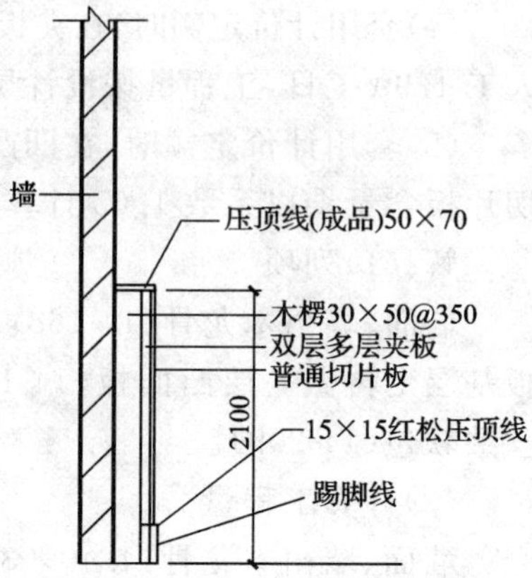

图 2-2-14　木墙裙

(2)计算工程量

木龙骨:$2.1\times12=25.2\ m^2$

底层多层夹板基层:$(2.1-0.15)\times12=23.4\ m^2$

双层多层夹板基层:$12\ m^2$

面层贴普通切片板(凹凸):$23.4-12=11.4\ m^2$

面层贴普通切片板(凹凸+斜拼):$12\ m^2$

(3)套用计价定额

计算结果见表 2-2-7。

表 2-2-7　　计算结果

序号	定额编号	项目名称	计量单位	工程量	综合单价/元	合价/元
1	14-168换	木龙骨	$10\ m^2$	2.52	436.15	1099.10
2	14-185换	底层多层夹板基层	$10\ m^2$	2.34	298.44	698.35
3	14-185附注	双层多层夹板基层	$10\ m^2$	1.2	378.76	454.51
4	14-193换	面层贴普通切片板(凹凸)	$10\ m^2$	1.14	470.11	535.93
5	14-193换	面层贴普通切片板(凹凸+斜拼)	$10\ m^2$	1.2	544.46	653.35
合计						3441.24

注:14-168换$=439.87-177.60+(0.111-0.04)\times[(30\times50)/(24\times30)]\times[(300\times300)/(350\times350)]\times1600=436.15$ 元/10 m^2

14-185换$=539.94-399+10.5\times15=298.44$ 元/10 m^2

14-185附注$=10.5\times15+1.9\times85\times1.37=378.76$ 元/10 m^2

14-193换$=1.2\times85\times1.3\times1.37+10.5\times1.05\times18+90=470.11$ 元/10 m^2

14-193换$=1.2\times85\times1.3\times1.3\times1.37+10.5\times1.1\times18\times1.05+90=544.46$ 元/10 m^2

【案例 2-2-8】 某装饰企业单独施工外墙铝合金隐框玻璃幕墙工程,室内地坪标高为±0.00,该工程的室内外高差为 1 m,主料采用 180 系列(180 mm×50 mm)、边框料 180 mm×35 mm,5 mm 厚真空镀膜玻璃,①断面铝材综合重量 8.82 kg/m,②断面铝材综合重量6.12 kg/m,③断面铝材综合重量 4.00 kg/m,④断面铝材综合重量 3.02 kg/m,顶端采用8K不锈钢镜面板厚 1.2 mm,封边高 0.5 m,不锈钢板市场价为 350 元/m^2,具体尺寸如图 2-2-15 所示。不考虑窗料及五金,不考虑侧边与下边的封边处理。自然层连接仅考虑一层。合同人工 50 元/工日,管理费费率 42%,利润 15%,材料单价按计价定额单价执行。请按 2014 年计价定额计算该工程的综合单价及分部分项工程费。

解:(1)列项

铝合金隐框玻璃幕墙(14-152换),幕墙与建筑物的封边自然层连接(14-165换),幕墙与建筑物的封边顶端、侧边不锈钢(14-166换),窗面积(补)。

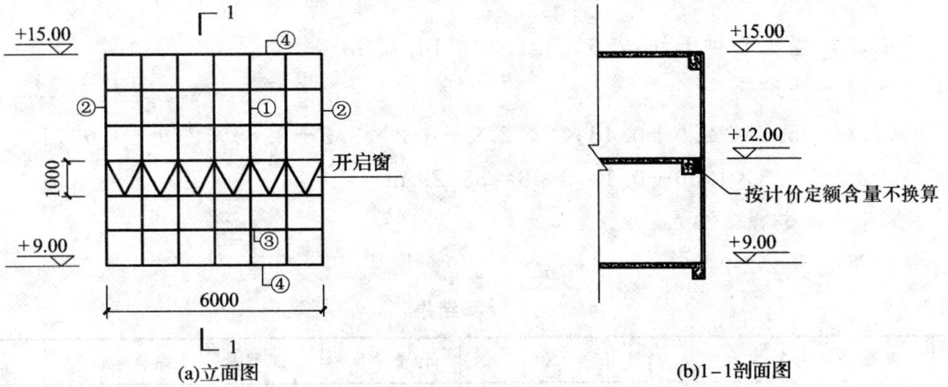

图 2-2-15　铝合金隐框玻璃幕墙立面和剖面图

(2)计算工程量

铝合金隐框玻璃幕墙：6×6＝36 m^2

幕墙与建筑物的封边自然层连接：6 m

幕墙与建筑物的封边顶端、侧边不锈钢：0.5×6＝3 m^2

窗面积：1×6＝6 m^2

(3)套用计价定额

计算结果见表 2-2-8。

表 2-2-8　计算结果

序号	定额编号	项目名称	计量单位	工程量	综合单价/元	合价/元
1	14-152换	铝合金隐框玻璃幕墙	10 m^2	3.6	8321.46	29957.26
2	14-165换	幕墙与建筑物的封边自然层连接	10 m	0.6	624.60	374.76
3	14-166换	幕墙与建筑物的封边顶端、侧边不锈钢	10 m^2	0.3	3870.10	1161.03
4	补	窗面积	10 m^2	0.6	392.50	235.50
合计						31728.56

注：铝材量：[6×5×8.82＋6×2×6.12＋(6－0.05×5－0.035×2)×4×5＋(6－0.05×5－0.035×2)×3.02×2]×(1.07/3.6)＝144.43 kg/10 m^2

14-152换＝(12.87×50＋217.55)×1.57＋6652.92－2788.55＋144.43×21.5＝8321.46 元/10 m^2

14-165换＝(1.71×50＋3.08)×1.57＋485.53＝624.60 元/10 m

14-166换＝(1.29×50＋3.08)×1.57＋2517.65－2428.65＋10.5×350＝3870.10 元/10 m^2

窗增加部分：(5×50)×1.57＝392.50 元/10 m^2

项目分析

为教学方便，所套用计价定额以 2014 计价定额为准且按土建三类工程考虑。

(1)列项

树挂冰花机刨板竖拼干挂(14-136换1)、米白墙砖干挂墙面(14-136换2)。

(2)计算工程量

树挂冰花机刨板竖拼干挂:2.6×3.1×2=16.12 m^2

米白墙砖干挂墙面:

0.8×1.56+5.25×2.9+0.43×2×2.9+0.2×3.2+0.85×2.9−0.6×1.2+0.9×0.8+3.3×2.9+0.8×1.56+0.1×3×8=35.29 m^2

(3)套用计价定额

计算结果见表2-2-9。

表2-2-9 计算结果

序号	定额编号	项目名称	计量单位	工程量	综合单价/元	合价/元
1	$14\text{-}136_{换1}$	树挂冰花机刨板竖拼干挂	10 m^2	1.612	6004.96	9680.00
2	$14\text{-}136_{换2}$	米白墙砖干挂墙面	10 m^2	3.529	3556.96	12552.51
合计						22232.51

注:$14\text{-}136_{换1}$=4270.96+10.2×(420−250)=6004.96 元/10 m^2

$14\text{-}136_{换2}$=4270.96+10.2×(180−250)=3556.96 元/10 m^2

思考与拓展

一、填空题

1. 内墙抹灰以平方米计算,应扣除________和________所占面积,不扣除________、________和________等面积。

2. 内墙抹灰计算时,无墙裙的其高度按室内地面至________的距离计算。

3. 内墙抹灰计算时,有墙裙的其高度按墙裙顶面至________的距离计算。

4. 内墙抹灰计算时,有天棚的其高度按室内地面至________的距离计算。

5. 外墙面抹灰时,按设计外墙抹灰的________以平方米计算。

6. 墙面贴块料面层工程量按________面积计算。

二、判断题

1. 内墙面抹灰面积计算时,应加上墙垛、门窗洞口侧壁的面积。 ( )

2. 外墙面抹灰时洞口侧壁面积不增加。 ( )

3. 栏板、栏杆设计抹灰按垂直投影面积以平方米计算。 ( )

4. 墙面嵌缝按设计嵌缝墙面的垂直投影面积计算。 ( )

5. 柱面贴块料面层工程量按柱周长乘以装饰高度以平方米计算。 ( )

6. 铝合金玻璃幕墙有窗时,应扣除窗面积。 ( )

三、单项选择题

1. 外墙面抹灰面积按外墙面的垂直投影面积计算,应扣除门窗洞口和空圈所占的面积,不扣除( )m^2 以内的孔洞面积。

A. 0.1　　B. 0.3　　C. 0.5　　D. 0.6

2. 下面按建筑尺寸计算工程量的是(　　)。

A. 内墙面抹灰　　B. 外墙面抹灰　　C. 地面块料面层　　D. 墙面块料面层

3. 下面包含底板抹灰的是(　　)。

A. 楼梯抹灰　　B. 楼面抹灰　　C. 阳台抹灰　　D. 栏板抹灰

四、多项选择题

1. 内墙面抹灰面积计算中，下列(　　)面积不扣除。

A. 门窗洞　　B. 空圈　　C. 踢脚线　　D. 挂镜线

E. 0.5 m^2 孔洞

2. 阳台、雨篷抹灰按水平投影面积计算，计价定额中已包括(　　)。

A. 顶面抹灰　　B. 底面抹灰　　C. 侧面抹灰　　D. 栏板抹灰

E. 压顶抹灰

3. 外墙面抹灰面积计算中，要按展开面积并入墙面抹灰中的是(　　)。

A. 门洞侧壁抹灰　　B. 空圈侧壁抹灰　　C. 顶面抹灰　　D. 挂镜线

E. 垛抹灰

4. 墙面嵌缝应扣除的面积有(　　)。

A. 墙裙　　B. 腰线　　C. 挑沿抹灰　　D. 挂镜线

E. 垛抹灰

5. 玻璃幕墙要计算的项目有(　　)。

A. 幕墙　　B. 幕墙与自然楼层的连接

C. 幕墙与建筑物的顶端封边　　D. 幕墙上的窗面积

E. 幕墙与建筑物的侧边封边

五、项目训练与提高

请按计价定额完成附录 1 中某剧团观众厅的墙柱面工程列项、工程量及综合单价和合价。

项目 3
计算天棚装饰工程费

能力目标

1. 会应用《江苏省建筑与装饰工程计价定额》中第十五章“天棚工程”中的工程量计算规则和方法；

2. 会计算天棚工程量并计价；

3. 能结合实际施工图进行天棚工程量计算并计价。

知识支撑点

1. 天棚装饰工程的构造组成及施工工艺；

2. 天棚龙骨，天棚面层及饰面，扣板雨篷、采光天棚，天棚检修道，天棚抹灰工程量计算规则；

3.《江苏省建筑与装饰工程计价定额》中关于天棚龙骨，天棚面层及饰面，扣板雨篷、采光天棚，天棚检修道，天棚抹灰套价的规定。

职业资格标准链接

1. 了解天棚装饰工程项目的定额子目划分与组成；

2. 熟悉天棚装饰工程中定额子目的设置及工作内容，工程量计算规则；

3. 掌握天棚装饰工程定额项目的正确套用与换算。

项目背景

图 2-1-1～图 2-1-10 所示为某市人力资源市场一层大厅，请列出天棚装饰工程的相关项目，计算工程量，并求其综合单价和合价。

一、天棚装饰工程构造及施工工艺

天棚是指建筑物屋顶和楼层下表面的装饰构件，俗称天花板。当悬挂在承重结构下表面时，又称吊顶。天棚按饰面与基层的关系可归纳为直接式天棚与悬吊式天棚两类。

1. 直接式天棚

直接式天棚是在屋面板或楼板结构底面直接做饰面材料的天棚。直接式天棚按施工方法可分为抹灰直接式天棚、喷刷直接式天棚、粘贴直接式天棚、直接式装饰板天棚及结构天棚。

2. 悬吊式天棚

悬吊式天棚是指天棚的装饰表面悬吊于屋面板或楼板下，并与屋面板或楼板留有一定距离的天棚，俗称吊顶。

（一）直接式天棚

1. 直接式天棚的分类

(1)抹灰、喷刷、粘贴直接式天棚

先在天棚的基层上刷一遍纯水泥浆，然后用混合砂浆打底找平。对于要求较高的房间，可在底板增设一层钢板网，在钢板网上再做抹灰。

(2)直接式装饰板天棚

这类天棚与悬吊式天棚的区别是不使用吊挂件，直接在楼板底面铺设固定格栅。

(3)结构天棚

将屋盖或楼盖结构暴露在外，利用结构本身的韵律做装饰称为结构天棚。

2. 直接式天棚的装饰线脚

直接式天棚的装饰线脚是安装在天棚与墙顶交界部位的线材，简称装饰线。可采用粘贴法或直接钉固法与天棚固定，装饰线包括木线、石膏线、金属线等。

（二）悬吊式天棚

悬吊式天棚一般由悬吊部分、天棚骨架、饰面层和连接部分组成，如图 2-3-1 所示。

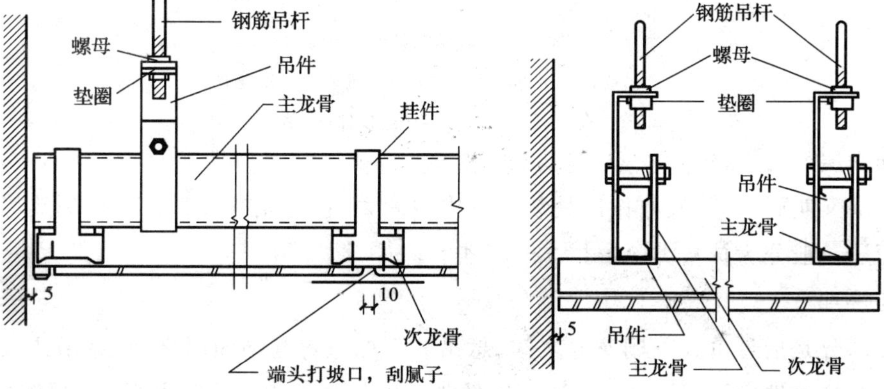

图 2-3-1 悬吊式天棚的组成

1. 悬吊部分

悬吊部分包括吊点、吊杆(吊筋)和连接杆。

(1)吊点

吊杆与楼板或屋面板连接的节点为吊点。

(2)吊杆(吊筋)

吊杆(吊筋)是连接龙骨和承重结构的承重传力构件,按材料分为钢筋吊杆、型钢吊杆、木吊杆。钢筋吊杆的直径一般为 6～8 mm,用于一般悬吊式天棚;型钢吊杆用于重型悬吊式天棚或整体刚度要求高的悬吊式天棚,其规格尺寸要通过结构计算确定;木吊杆用40 mm×40 mm或 50 mm×50 mm 的方木制作,一般用于木龙骨悬吊式天棚。

2. 天棚骨架

天棚骨架又叫天棚基层,是由主龙骨、次龙骨、小龙骨(或称主格栅、次格栅)所形成的网格骨架体系。其作用是承受饰面层的重量,并通过吊杆传递到楼板或屋面板上。

悬吊式天棚的龙骨按材料分为木龙骨、型钢龙骨、轻钢龙骨、铝合金龙骨。轻钢龙骨配件组合如图 2-3-2 所示。

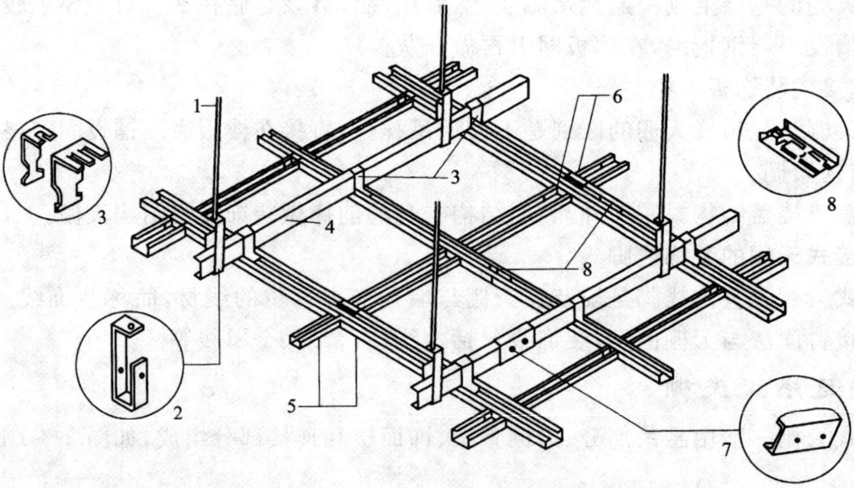

图 2-3-2 轻钢龙骨配件组合

1—吊筋;2—吊件;3—挂件;4—主龙骨;5—次龙骨;

6—龙骨支托(插挂件);7—连接件;8—插接件

3. 饰面层

饰面层又叫面层,其主要作用是装饰室内空间,并且还兼有吸音、反射、隔热等特定的功能。饰面层一般分为抹灰类、板材类、开敞类。

4. 连接部分

连接部分是指悬吊式天棚龙骨之间、悬吊式天棚龙骨与饰面层之间、悬吊式天棚龙骨与吊杆之间的连接件、紧固件。一般包括吊挂件、插挂件、自攻螺钉、木螺钉、圆钢钉、特制卡具、胶黏剂等。

二、工程量计算规则及相关规定

（一）天棚龙骨

1. 计算规则

天棚龙骨的面积按主墙间的水平投影面积计算。天棚龙骨的吊筋按每 10 m^2 龙骨面积套相应子目计算。全丝杆的天棚吊筋按主墙间的水平投影面积计算。圆弧形、拱形的天棚龙骨应按其弧形或拱形部分的水平投影面积计算套用复杂型子目，龙骨用量按设计进行调整，人工和机械按复杂型天棚子目乘以系数 1.8。

2. 相关规定

(1)天棚吊筋、龙骨与面层应分开计算，按设计套用计价定额相应子目。

(2)天棚的骨架基层分为简单型、复杂型两种。

简单型：是指每间面层在同一标高平面上。

复杂型：是指每间面层不在同一标高平面上，其高差在 100 mm 以上(含 100 mm)，但必须满足不同标高的少数面积占该间面积的 15%以上。

(3)木龙骨中已包含木吊筋的内容。设计采用钢吊筋，应扣除定额中木吊筋及大龙骨含量，钢吊筋按天棚吊筋子目执行。

①木吊筋高度的取定：计价定额 15-1、15-2 子目为 450 mm，断面按 50 mm×50 mm 设计高度，计价定额 15-3、15-4 子目为 300 mm，断面按 50 mm×40 mm 设计高度，断面不同，按比例调整吊筋用量。

计价定额中木吊筋按简单型考虑，复杂型按相应项目人工乘以系数 1.20，增加普通成材 0.02 m^3/10 m^2。

②方木龙骨中主、次龙骨间距、断面的规定如下：

Ⅰ. 计价定额 15-1、15-2 子目(木龙骨断面搁在墙上)中主龙骨断面按 50 mm×70 mm @500 mm 考虑，中龙骨断面按 50 mm×50 mm@500 mm 考虑。

Ⅱ. 计价定额 15-3 子目(木龙骨吊在混凝土板下)中主龙骨断面按 50 mm×40 mm @600 mm考虑，中龙骨断面按 50 mm×40 mm@300 mm 考虑。

Ⅲ. 计价定额 15-4 子目(木龙骨吊在混凝土板下)中主龙骨断面按 50 mm×40 mm @800 mm考虑，中龙骨断面按 50 mm×40 mm@400 mm 考虑。

设计断面不同，按设计用量加 6%损耗调整龙骨含量，木吊筋按定额比例调整。

③定额中各种大、中、小龙骨的含量是按面层龙骨的方格尺寸取定的，因此套用定额时应按设计面层的龙骨方格选用。当设计面层龙骨的方格尺寸在无法套用定额的情况下，可按下列方法调整定额中龙骨的含量，其他不变。

龙骨含量的调整如下：

Ⅰ. 计算出设计图纸大、中、小龙骨(含横撑)的普通成材的材积。

Ⅱ. 按工程量计算规则计算出该天棚龙骨面积。

Ⅲ. 计算每 10 m^2 的天棚龙骨含量：

天棚龙骨含量＝设计图纸普通成材的材积×1.06×10/天棚龙骨面积

Ⅳ.将计算出大、中、小龙骨每 10 m^2 的含量代入相应定额，重新组合天棚龙骨的综合单价即可。

④计价定额 15-5～15-4 子目中未包括刨光人工及机械，如龙骨需要单面刨光时，每 10 m^{2}增加人工 0.06 工日，机械单面压刨机 0.074 个台班。

(4)U 型轻钢龙骨、T 型铝合金龙骨

①U 型轻钢龙骨、T 型铝合金龙骨，计价定额中大、中、小龙骨断面的规定如下：

U 型(上人型)轻钢龙骨	大龙骨 60 mm×27 mm×1.5 mm(高×宽×厚)
	中龙骨 50 mm×20 mm×0.5 mm(高×宽×厚)
	小龙骨 25 mm×20 mm×0.5 mm(高×宽×厚)
U 型(不上人型)轻钢龙骨	大龙骨 50 mm×15 mm×1.2 mm(高×宽×厚)
	中龙骨 50 mm×20 mm×0.5 mm(高×宽×厚)
	小龙骨 25 mm×20 mm×0.5 mm(高×宽×厚)
T 型(上人型)铝合金龙骨	轻钢大龙骨 60 mm×27 mm×1.5 mm(高×宽×厚)
	T 型铝合金主龙骨 20 mm×35 mm×0.8 mm(高×宽×厚)
	T 型铝合金副龙骨 20 mm×22 mm×0.6 mm(高×宽×厚)
T 型(不上人型)铝合金龙骨	轻钢大龙骨 45 mm×15 mm×1.2 mm(高×宽×厚)
	T 型铝合金主龙骨 20 mm×35 mm×0.8 mm(高×宽×厚)
	T 型铝合金副龙骨 20 mm×22 mm×0.6 mm(高×宽×厚)

设计与计价定额不符时，应按设计长度用量，轻钢龙骨加 6%、铝合金龙骨加 7% 损耗调整计价定额中的含量。

②轻钢、铝合金龙骨是按双层编制的，设计为单层龙骨(大、中龙骨均在同一平面上)，在套用计价定额时，应扣除计价定额中的小(副)龙骨及配件，人工乘以系数 0.87，其他不变，设计小(副)龙骨用中龙骨代替时，其单价应调整。

③计价定额中各种大、中、小龙骨的含量是按面层龙骨的方格尺寸取定的，因此套用计价定额时，应按设计面层的龙骨方格选用，当设计面层的龙骨方格尺寸在无法套用计价定额的情况下，可按下列方法调整计价定额中龙骨含量，其他不变。

设计断面不同，按设计用量加 6% 损耗调整龙骨含量。轻钢、铝合金龙骨的调整如下：

Ⅰ.按房间号计算出主墙间的水平投影面积。

Ⅱ.按图纸和规范要求计算出相应房号内的大、中、小龙骨的长度用量。

Ⅲ.计算每 10 m^2 的大、中、小龙骨含量：

大龙骨含量＝设计的大龙骨长度×1.07×10/设计的房间面积

中、小龙骨含量计算方法同大龙骨。

④方板、条板铝合金龙骨的使用。凡方板天棚应配套使用方板铝合金龙骨，龙骨项目以面板的尺寸确定。凡条板天棚应配套使用条板铝合金龙骨。

(5)钢吊筋。吊筋是按膨胀螺栓连接在楼板上的钢吊筋考虑的，天棚钢吊筋按 13 根/10 m^2 计算，设计根数不同，按比例调整基价。吊筋高度按 1 m(面层至混凝土板底表面)计算，高度不同，吊筋按比例调整，其他不变。不论吊筋与事先预埋好的铁件焊接还是用膨胀螺栓打洞连接，均按计价定额天棚吊筋子目执行。吊筋的安装人工 0.67 工日/10 m^2 已经包括在相应计价定额的龙骨安装人工中。设计小房间(厨房、厕所)内不用吊筋时，不能计算吊筋项目，并扣除相应定额中人工含量 0.67 工日/10 m^2。

(二)天棚面层及饰面

1. 计算规则

天棚饰面的面积按净面积计算,不扣除间壁墙、检修孔、附墙烟囱、柱垛和管道所占面积,但应扣除独立柱、0.3 m^2 以上的灯饰面积(石膏板、夹板天棚面层的灯饰面积不扣除)与天棚相连接的窗帘盒面积,整体金属板中间开孔的灯饰面积不扣除。

天棚面层按净面积计算,净面积包括以下两种含义:

(1)主墙间的净面积。

(2)有叠线、折线、假梁等圆弧形、拱形、特殊艺术形式的天棚饰面按展开面积计算,但天棚每间以在同一平面上为准。天棚面层设计有圆弧形、拱形时,其圆弧形、拱形部分的面积在套用天棚面层时人工应增加系数,圆弧形人工增加15%、拱形(双曲弧形)人工增加50%。在使用三夹、五夹、切片板凹凸面层时,应将凹凸部分(按展开面积)与平面部分工程量合并执行凹凸子目。

2. 相关规定

(1)面层安装设有凹凸子目的,凹凸指的是吊筋不在同一平面上。例如,防火板是按平面贴板考虑的,如在凹凸面上贴板,人工乘以系数1.2,板损耗增加5%。

(2)塑料扣板面层子目中已包括木龙骨在内,但未包括吊筋,设计钢吊筋,套用天棚吊筋子目。

(3)胶合板面层在现场钻吸音孔时,按钻孔板部分的面积,每10 m^2 增加人工0.64工日计算。

(三)天棚检修道

1. 计算规则

天棚检修道按设计长度以延长米计算。

2. 相关规定

(1)上人型天棚吊顶检修道,分为固定、活动两种,应按设计分别套用定额。

(2)固定走道板的铁件按设计用量进行调整,走道板宽按500 mm计算,厚按30 mm计算,不同时可换算。

(3)活动走道板每10 m按5 m长计算,前后可以移动(间隔放置),设计不同时应调整。

(四)铝合金扣板雨篷

铝合金扣板雨篷、钢化夹胶玻璃雨篷均按水平投影面积计算。

(五)天棚面抹灰

1. 计算规则

(1)天棚面抹灰按主墙间天棚水平面积计算,不扣除间壁墙、垛、柱、附墙烟囱、检查洞、通风洞、管道等所占的面积。

(2)密肋梁、井字梁、带梁天棚抹灰面积,按展开面积计算,并入天棚抹灰工程量内。斜天棚抹灰按斜面积计算。

(3)天棚抹面如抹小圆角者,人工已包括在计价定额中,材料、机械按附注增加。如带装饰线者,其线分别按三道线以内或五道线以内,以延长米计算(线角的道数以每一个突出的阳角为一道线)。

(4)楼梯底面、水平遮阳板底面和沿口天棚,并入相应的天棚抹灰工程量内计算。混凝土楼梯、螺旋楼梯的底板为斜板时,按其水平投影面积(包括休息平台)乘以系数1.18计算,底板为锯齿形时(包括预制踏步板),按其水平投影面积乘以系数1.5计算。

2. 相关规定

(1)天棚面的抹灰按中级抹灰考虑,所取定的砂浆品种、厚度见计价定额附录七。设计砂浆品种(纸筋石灰浆除外)厚度与计价定额不同均应按比例调整,但人工数量不变。

(2)天棚与墙面交接处,如抹小圆角,人工已包括在计价定额中,每10 m^2天棚抹面增加砂浆0.005 m^3,200 L砂浆搅拌机0.001台班。

(3)拱形楼板天棚面抹灰按相应计价定额人工乘以系数1.5。

典型案例分析

【案例2-3-1】 某房间净尺寸为6 m×3 m,采用木龙骨夹板吊平顶(吊在混凝土板下),木吊筋为40 mm×50 mm,高度为350 mm,大龙骨断面55 mm×40 mm,中距600 mm(沿6 m方向布置),小龙骨断面45 mm×40 mm,中距300 mm(双向布置),木龙骨上安装三夹板面层,试用计价定额计算工程量、综合单价和合价。

解:(1)列项

木龙骨($15\text{-}3_{换}$)、三夹板面层(15-42)。

(2)计算工程量

木龙骨:6×3=18 m^2

三夹板面层:6×3=18 m^2

(3)套用计价定额

计算结果见表2-3-1。

表2-3-1 计算结果

序号	定额编号	项目名称	计量单位	工程量	综合单价/元	合价/元
1	$15\text{-}3_{换}$	木龙骨	10 m^2	1.8	552.70	994.86
2	15-42	三夹板面层	10 m^2	1.8	248.66	447.59
合计						1442.45

注:大龙骨体积含量:(3÷0.6+1)×0.055×0.04×(1+6%)×6÷18×10=0.047 m^3/10 m^2

小龙骨体积含量:[(3÷0.3+1)×0.045×0.04×(1+6%)×6+(6÷0.3+1)×0.045×0.04×(1+6%)×3]÷18×10=0.137 m^3/10 m^2

木吊筋含量:350÷300×0.021=0.0245 m^3/10 m^2

$15\text{-}3_{换}$=567.90+(0.047+0.137+0.0245)×1600−348.8=552.70元/10 m^2

【案例2-3-2】 某工程用ϕ8 mm钢吊筋,装配式U型(不上人型)轻钢龙骨,纸面石膏板天棚面层,最低天棚面层到吊筋安装点的高度为1.00 m,面层上的龙筋方格为400 mm×600 mm,吊筋暂不考虑刷防锈漆,如图2-3-3所示。求该天棚面层工程量并计价。

解:(1)列项

1 m长吊筋(15-34)、0.6 m长吊筋($15\text{-}34_{换}$)、不上人型轻钢龙骨(复杂)(15-8)、纸面石膏板天棚面层(15-46)。

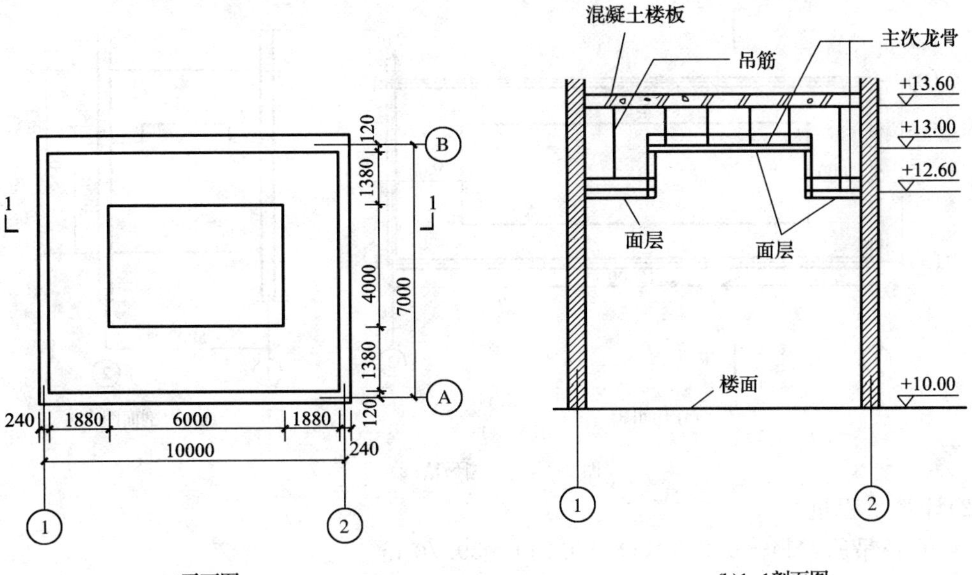

图 2-3-3　天棚做法(1)

(2)计算工程量

1 m 长吊筋：65.98－24＝41.98 m^2

0.6 m 长吊筋：6.0×4.0＝24.00 m^2

不上人型轻钢龙骨(复杂)：(10－0.24)×(7－0.24)＝65.98 m^2

纸面石膏板天棚面层：6.76×9.76＋(4.0＋6.0)×2×0.40＝73.98 m^2

(3)套用计价定额

计算结果见表 2-3-2。

表 2-3-2　　**计算结果**

序号	定额编号	项目名称	计量单位	工程量	综合单价/元	合价/元
1	15-34	1 m 长吊筋	10 m^2	4.198	60.54	254.15
2	$15\text{-}34_{换}$	0.6 m 长吊筋	10 m^2	2.400	52.11	125.06
3	15-8	不上人型轻钢龙骨(复杂)	10 m^2	6.598	639.81	4221.47
4	15-46	纸面石膏板天棚面层	10 m^2	7.398	306.47	2267.27
合计						6867.95

注：$15\text{-}34_{换}$＝60.54－15.8＋(0.6－0.25)/0.75×15.8＝52.11 元/10 m^2(吊筋按比例调整)

【案例 2-3-3】 某装饰企业承担某大厦中第 1～3 层的内装饰，如图 2-3-3 所示，其中，天棚为装配式 U 型(不上人型)轻钢龙骨，方格为 400 mm×600 mm，吊筋用 ϕ8 mm，面层用纸面石膏板，第 1、2 层层高为 4.2 m，第 3 层层高为 5.0 m，天棚面的阴、阳角线暂不考虑，混凝土楼板每层均为 100 mm 厚，平面尺寸及简易做法如图 2-3-4 所示(三层天棚做法均一样，地面到天棚底面最低处均为 3 m)。试用计价定额计算该企业完成第 1～3 层的天棚龙骨面层(不包括粘贴胶带及油漆)工程量、综合单价和合价。

解：(1)列项

1.4 m 长吊筋($15\text{-}34_{换1}$)、1.9 m 长吊筋($15\text{-}34_{换2}$)、0.6 m 长吊筋($15\text{-}34_{换3}$)、1.1 m 长吊筋($15\text{-}34_{换4}$)、U 型(不上人型)轻钢龙骨(复杂)($15\text{-}8_{换}$)、纸面石膏板天棚面层(凹凸)($15\text{-}46_{换}$)。

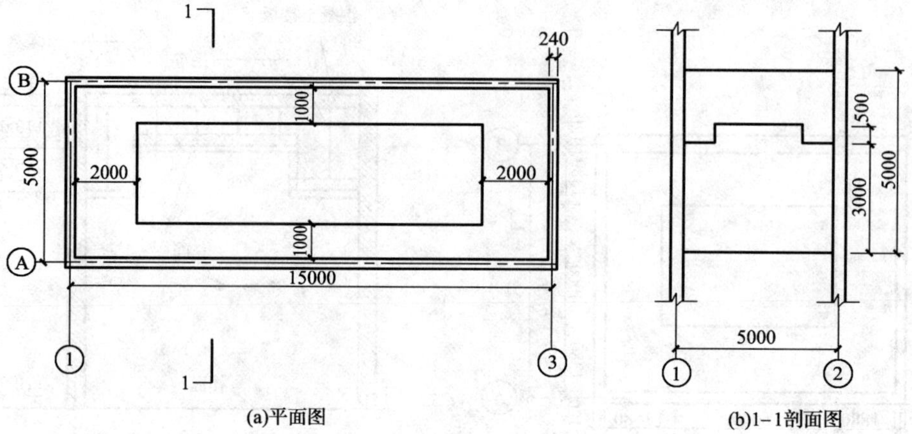

图 2-3-4　天棚做法(2)

(2)计算工程量

1.4 m 长吊筋：(11－0.24)×(3－0.24)＝29.70 m^2

1.9 m 长吊筋：(15－0.24)×(5－0.24)－29.70＝40.56 m^2

0.6 m 长吊筋：(11－0.24)×(3－0.24)×2＝59.40 m^2

1.1 m 长吊筋：(15－0.24)×(5－0.24)×2－59.4＝81.12 m^2

U 型(不上人型)轻钢龙骨(复杂)：(15－0.24)×(5－0.24)×3＝210.77 m^2

纸面石膏板天棚面层(凹凸)：14.76×4.76×3＋[(11－0.24)＋(3－0.24)]×2×0.50×3＝251.33 m^2

(3)套用计价定额

计算结果见表 2-3-3。

表 2-3-3　　计算结果

序号	定额编号	项目名称	计量单位	工程量	综合单价/元	合价/元
1	$15\text{-}34_{换1}$	1.4 m 长吊筋	10 m^2	2.970	71.07	211.08
2	$15\text{-}34_{换2}$	1.9 m 长吊筋	10 m^2	4.056	81.61	331.01
3	$15\text{-}34_{换3}$	0.6 m 长吊筋	10 m^2	5.940	54.22	322.07
4	$15\text{-}34_{换4}$	1.1 m 长吊筋	10 m^2	8.112	64.75	525.25
5	$15\text{-}8_{换}$	U 型(不上人型)轻钢龙骨(复杂)	10 m^2	21.077	676.24	14253.11
6	$15\text{-}46_{换}$	纸面石膏板天棚面层(凹凸)	10 m^2	25.133	329.24	8274.79
合计						23917.31

注：$15\text{-}34_{换1}$＝10.52×(1＋42%＋15%)＋46.13－15.8＋(1.4－0.25)/0.75×15.8＝71.07 元/10 m^2

$15\text{-}34_{换2}$＝10.52×1.57＋46.13－15.8＋(1.9－0.25)/0.75×15.8＝81.61 元/10 m^2

$15\text{-}34_{换3}$＝10.52×1.57＋46.13－15.8＋(0.6－0.25)/0.75×15.8＝54.22 元/10 m^2

$15\text{-}34_{换4}$＝10.52×1.57＋46.13－15.8＋(1.1－0.25)/0.75×15.8＝64.75 元/10 m^2

$15\text{-}8_{换}$＝(178.5＋3.4)×1.57＋390.66＝676.24 元/10 m^2

$15\text{-}46_{换}$＝113.9×1.57＋150.42＝329.24 元/10 m^2

【案例 2-3-4】 求图 2-3-5 所示现浇混凝土板天棚抹混合砂浆的工程量、综合单价和合价(天棚与墙面相交处抹小圆角)。

解：(1)列项

天棚抹混合砂浆($15\text{-}87_{换}$)。

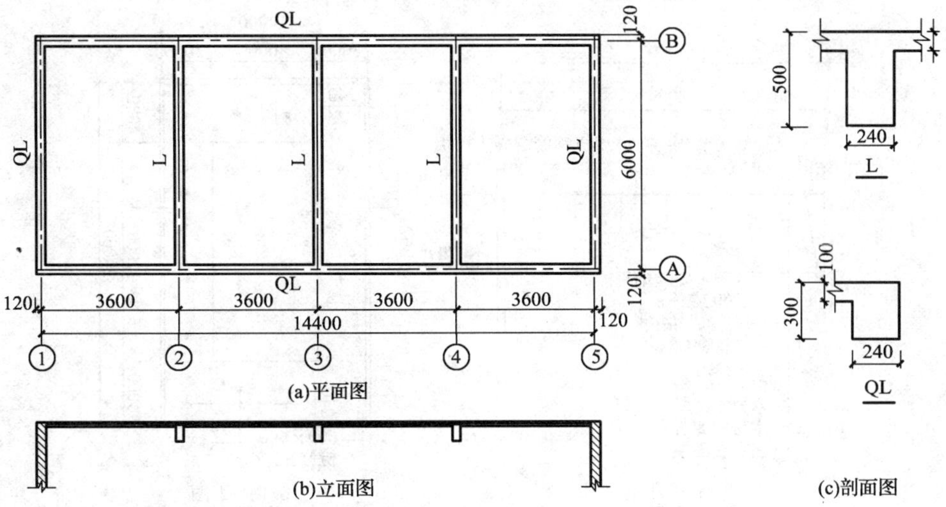

图 2-3-5　天棚做法(3)

(2)计算工程量

天棚面积:(14.4－0.24)×(6－0.24)＝81.56 m^2

梁面积:(0.5－0.1)×(6－0.24)×6＝13.824 m^2

小计:95.384 m^2

(3)套用计价定额

计算结果见表 2-3-4。

表 2-3-4　　**计算结果**

序号	定额编号	项目名称	计量单位	工程量	综合单价/元	合价/元
1	$15\text{-}87_{换}$	天棚抹混合砂浆	10 m^2	9.538	192.49	1835.97
合计						1835.97

注:$15\text{-}87_{换}$＝191.05＋0.005×253.85＋0.001×122.64×1.37＝192.49 元/10 m^2(抹小圆角)

【案例 2-3-5】 某大厦装修,第 2 层顶棚如图 2-3-6 所示,ϕ10 mm 吊筋电焊在第 2 层板底的预埋铁件上,吊筋平均高度按 1.8 m 计算。大中龙骨均为木龙骨,经过计算,设计总用量为4.167 m^3,面层龙骨为 400 mm×400 mm,中龙骨下钉胶合板(3 mm)面层,地面至天棚面高为 3.7 m,拱高 1.3 m,转角处的天棚面层标高均为 3.7 m。拱形面层的面积暂按水平投影面积增加 25%计算。综合人工单价为 60 元/工日,管理费费率 42%,利润率 15%,其他按计价定额规定不作调整。请按有关规定和已知条件,按计价定额计算该顶棚的工程量、综合单价和合价。

解:(1)列项

ϕ10 mm 吊筋($15\text{-}35_{换}$)、拱形部分龙骨($15\text{-}4_{换1}$)、其余部分龙骨($15\text{-}4_{换2}$)、拱形部分面层($15\text{-}44_{换1}$)、其余部分面层($15\text{-}44_{换2}$)。

(2)工程量计算

ϕ10 mm 吊筋:19.76×13.76＝271.90 m^2

拱形部分龙骨:8×12＝96 m^2

其余部分龙骨:271.9－96＝175.90 m^2

拱形部分面层:96×1.25＝120.00 m^2

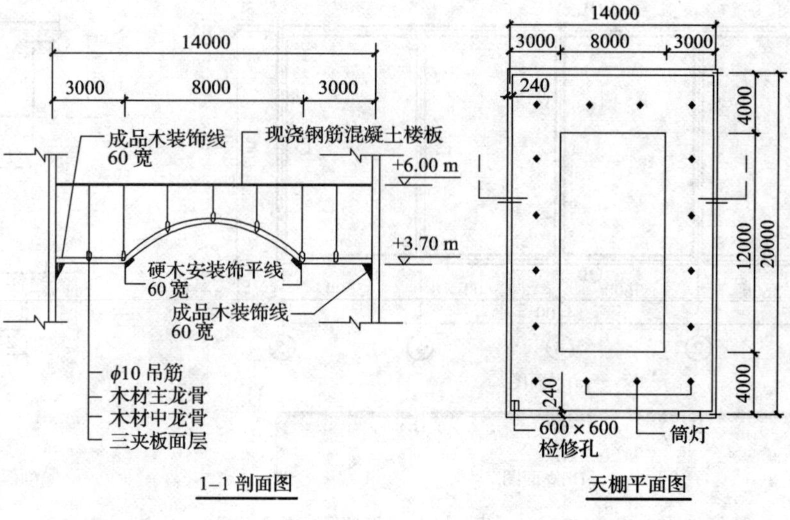

图 2-3-6　第 2 层顶棚

其余部分面层：271.9－96＝175.90 m^2

(3)套用计价定额

计算结果见表 2-3-5。

表 2-3-5　　计算结果

序号	定额编号	项目名称	计量单位	工程量	综合单价/元	合价/元
1	$15\text{-}35_{换}$	ϕ10 mm 吊筋	10 m^2	27.190	133.39	3626.87
2	$15\text{-}4_{换1}$	拱形部分龙骨	10 m^2	9.600	619.04	5942.78
3	$15\text{-}4_{换2}$	其余部分龙骨	10 m^2	17.590	391.19	6881.03
4	$15\text{-}44_{换1}$	拱形部分面层	10 m^2	12.000	310.36	3724.32
5	$15\text{-}44_{换2}$	其余部分面层	10 m^2	17.590	251.96	4431.98
合计						24606.98

注：$15\text{-}35_{换}$＝10.52×1.57＋[90.65－24.62＋(1.8－0.25)/0.75×24.6]＝133.39 元/10 m^2

$15\text{-}4_{换1}$＝(0.162×1600＋7.21)＋(1.71×60×1.2×1.8＋1.66×1.8)×1.57＝619.04 元/10 m^2(复杂、圆弧)

$15\text{-}4_{换2}$＝(0.162×1600＋7.21)＋(1.71×60×1.2＋1.66)＝391.19 元/10 m^2(复杂钢吊筋)

$15\text{-}44_{换1}$＝135.15＋1.24×60×1.5×1.57＝310.36 元/10 m^2

$15\text{-}44_{换2}$＝135.15＋1.24×60×1.57＝251.96 元/10 m^2(凹凸)

木龙骨体积含量：4.167×1.06×10/271.9＝0.162 m^3/10 m^2

项目分析

为教学方便所套用计价定额以 2014 年计价定额为准且按土建三类工程考虑。

(1)列项

吊筋 1(0.6 m)($15\text{-}34_{换1}$)、吊筋 2(0.8 m)($15\text{-}34_{换2}$)、吊筋 3(0.9 m)($15\text{-}34_{换3}$)、轻钢龙骨(15-8)、纸面石膏板(15-46)、铝塑板天棚(15-54)、铝合金方槽吊顶(C)、灯片(搁放型)(15-73)。

(2)计算工程量

吊筋 1(0.6 m)：(1.265×2＋0.25)×3.16×2＝17.57 m^2

吊筋 2(0.8 m)：1×3.16×3＝9.48 m^2

吊筋 3(0.9 m)：4.56×9.76－17.57－9.48＝17.46 m^2

轻钢龙骨：4.56×9.76＝44.51 m^2

纸面石膏板：

17.46＋0.1×(0.38×2＋0.6×4＋0.35×6＋0.3×3＋1.265×4＋0.25×2)×2＋17.57＋0.2×(0.38×2＋0.6×4＋1.265×2＋0.25)×2×2＝42.13 m^2

铝塑板天棚：(1×3.16－0.3×2.4)×3＝7.32 m^2

铝合金方槽吊顶：(1.265×2＋0.25)×3.16×2＝17.57 m^2

灯片(搁放型)：0.3×2.4×3＝2.16 m^2

(3)套用计价定额

计算结果见表 2-3-6。

表 2-3-6　　计算结果

序号	定额编号	项目名称	计量单位	工程量	综合单价/元	合价/元
1	15-34$_{\text{换}1}$	吊筋 1(0.6 m)	10 m^2	1.757	46.62	81.91
2	15-34$_{\text{换}2}$	吊筋 2(0.8 m)	10 m^2	0.948	47.69	45.21
3	15-34$_{\text{换}3}$	吊筋 3(0.9 m)	10 m^2	1.746	48.22	84.19
4	15-8	轻钢龙骨	10 m^2	4.451	639.87	2848.06
5	15-46	纸面石膏板	10 m^2	4.213	306.47	1291.16
6	15-54	铝塑板天棚	10 m^2	0.732	1123.81	822.63
7	C	铝合金方槽吊顶	10 m^2	1.757	45.08	79.21
8	15-73	灯片(搁放型)	10 m^2	0.216	731.95	158.10
合计						5410.47

注：15-34$_{\text{换}1}$＝60.54－15.8＋(0.6－0.25)/0.75×4.02＝46.62 元/10 m^2

15-34$_{\text{换}2}$＝60.54－15.8＋(0.8－0.25)/0.75×4.02＝47.69 元/10 m^2

15-34$_{\text{换}3}$＝60.54－15.8＋(0.9－0.25)/0.75×4.02＝48.22 元/10 m^2

15-42$_{\text{换}}$＝248.66－126＋10.5×12＝248.66 元/10 m^2

思考与拓展

一、填空题

天棚抹灰面积按________面积计算。

二、判断题

1. 带梁的天棚，梁的两侧抹灰面积并入天棚抹灰面积计算。　(　　)
2. 密肋梁和井字梁天棚抹灰面积按展开面积计算。　(　　)
3. 天棚龙骨工程量按主墙间的净面积计算，不扣除间壁墙、检查口、柱、垛、管道等所占的面积。　(　　)
4. 天棚装饰面积不扣除窗帘盒所占面积。　(　　)
5. 天棚装饰面积不扣除独立柱所占面积。　(　　)

三、单项选择题

1. 天棚吊筋的安装人工 0.67 工日/10 m^2 已经包括在相应计价定额的(　　)中。

A. 吊筋子目人工　　B. 龙骨子目人工　　C. 面层子目人工　　D. 天棚子目人工

2. 计价定额吊筋高度按(　　)(面层至混凝土板底表面)计算,高度不同的按每增、减 10 cm(不足 10 cm 四舍五入)进行调整,但吊筋根数不得调整。

A. 0.8 m　　B. 1 m　　C. 1.2 m　　D. 1.5 m

3. 木龙骨中已包含木吊筋的内容。设计采用钢吊筋,应扣除定额中(　　)含量,钢吊筋按天棚吊筋子目执行。

A. 木吊筋　　B. 木吊筋+木龙骨　　C. 大龙骨　　D. 木吊筋+大龙骨

4. 塑料扣板面层子目中已包括(　　)在内。

A. 木吊筋　　B. 木龙骨　　C. 钢吊筋　　D. 轻钢龙骨

四、项目训练与提高

请按计价定额完成附录 1 中某剧团观众厅的天棚工程列项、工程量及综合单价和合价。

项目 4 计算门窗工程费

能力目标

1. 会应用《江苏省建筑与装饰工程计价定额》中第十六章“门窗工程”中的工程量计算规则和方法；

2. 会计算门窗工程量并计价；

3. 能结合实际施工图进行门窗工程量计算并计价。

知识支撑点

1. 门窗工程的构造组成及施工工艺；

2. 购入构件成品安装、铝合金门窗制作安装、木门窗制作安装、装修木门扇、门窗五金配件安装工程量计算规则；

3.《江苏省建筑与装饰工程计价定额》中关于购入构件成品安装、铝合金门窗制作安装、木门窗制作安装、装修木门扇、门窗五金配件安装套价的规定。

职业资格标准链接

1. 了解门窗装饰工程项目的定额子目划分与组成；

2. 熟悉门窗装饰工程中定额子目的设置及工作内容、工程量计算规则；

3. 掌握门窗装饰工程定额项目的正确套用与换算。

项目背景

图 2-1-1～图 2-1-10 所示为某市人力资源市场一层大厅，请列出门窗工程的相关项目，计算工程量，并求其综合单价及合价。

一、门窗工程构造及施工工艺

(一)木门窗

木门窗主要由门框、门扇、亮子、五金配件等部分组成。木门的构造如图 2-4-1 所示。

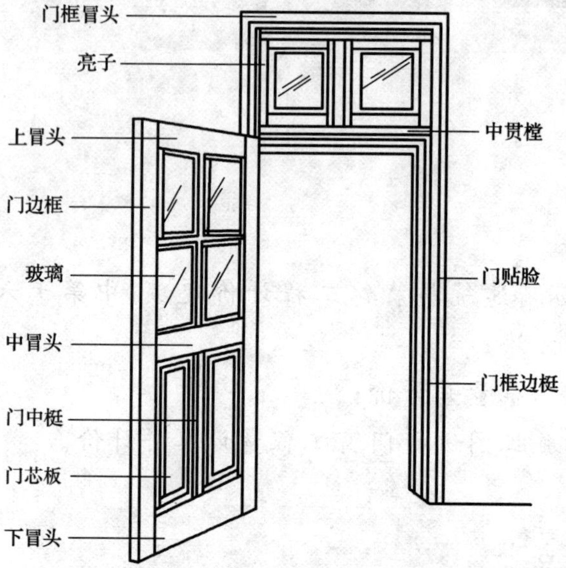

图 2-4-1 木门的构造

1. 门框

(1)门框

门框又叫门樘,以此连接门洞墙体或柱身及楼地面与顶底门过梁,用以安装门扇与亮子。门框一般由竖向的边梃、中梃及横向的上槛、中贯樘及下槛组成。

门框与墙体的结合处,应留有一定的空隙,并充分考虑门框两侧墙体抹灰等装饰处理层的厚度,其固定点的空隙用木片或硬质塑料垫实。

(2)门框安装位置

门框在墙体的位置分为墙中(也称立中)、偏里和偏外(也称偏口)等。

2. 门扇

门扇根据其构造和立面造型不同,可分为各类木装饰门。

(1)夹板门

夹板门扇骨架由(32～35)mm×(34～60)mm 方木构成纵横肋条,两面贴面板和饰面层,如贴各类装饰板、防火板、微薄木拼花拼色、镶嵌玻璃、装饰造型线条等。

(2)镶板门

镶板门也称框式门,其门扇由框架配上玻璃或木镶板构成。镶板门框架由上、中、下冒头和边梃组成,框架内嵌装玻璃的称为实木框架玻璃门。镶板门的构造如图 2-4-2(a)所示。

(3)拼板门

拼板门较多地用于外门或贮藏室、仓库。制作时先做木框，将木拼板镶入。木拼板可以用 15 mm 厚的木板，两侧留槽，用三夹板条穿入。

(4)实木门

实木门是由胡桃木、柚木或其他实木制成的高档门扇，其高贵稳重、典雅大方。

(5)贴板门

贴板门可用方木做成骨架或采用木工板，外贴板材，利用板材位置的凹凸变化或色彩变化形成装饰图案，应用广泛。贴板门的构造如图 2-4-2(b)所示。

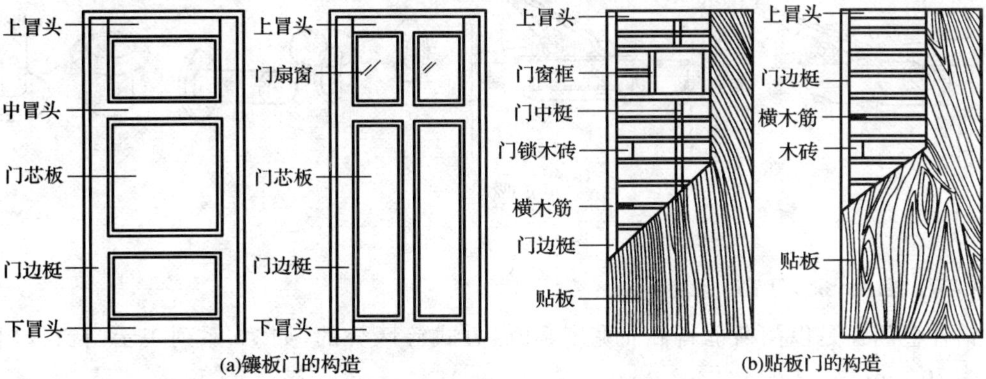

图 2-4-2　木门扇的构造

(6)镶嵌门

镶嵌门以木材做主要材料形成框架，再用其他材料镶嵌其中，如铁艺、钢饰及各种彩色玻璃、磨砂玻璃、裂纹玻璃等，以达到独特的装饰效果。

3. 木窗扇

木窗扇安装玻璃时，一般将玻璃放在外侧，用小钉将玻璃卡牢，再用油灰嵌固；对于不受雨水侵蚀的木窗扇，也可用小木条镶嵌。

4. 亮子

亮子又叫腰头，指门的上部类似窗的部件。亮子的主要功能为通风采光，扩大门的面积，满足门的造型设计需要。亮子中一般都镶嵌玻璃，其玻璃的种类常与相应门扇中镶嵌的玻璃一致。

5. 门帘

门帘的作用是遮挡视线或隔绝冷热空气在门口处流动。门帘一般设置于门扇开启的另一侧，以不影响门扇的开启与闭合运动。门帘一般垂直悬挂于门帘箱中。门帘的材料有织物、穿线珠索、塑料网片等。

6. 门帘箱

门帘箱是门帘的安装部件，设置于门洞口的上部，其长度大于门洞的宽度，其宽度应确保遮盖住门帘的悬吊装置，其高度应不低于门框上槛的顶面位置。

7. 门套

门套是门框的延续装饰部件，设置在门洞的左右两侧及顶部位置。门套可以采用木材、石材、有色金属、面砖等材料制成。

8. 五金配件

五金配件有合页、拉手、插销、门锁、闭门器和门吸等，拉手和门吸如图 2-4-3 所示。

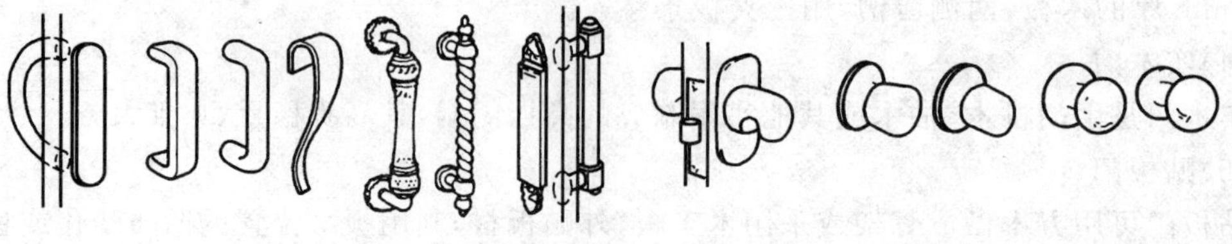

(a)拉手

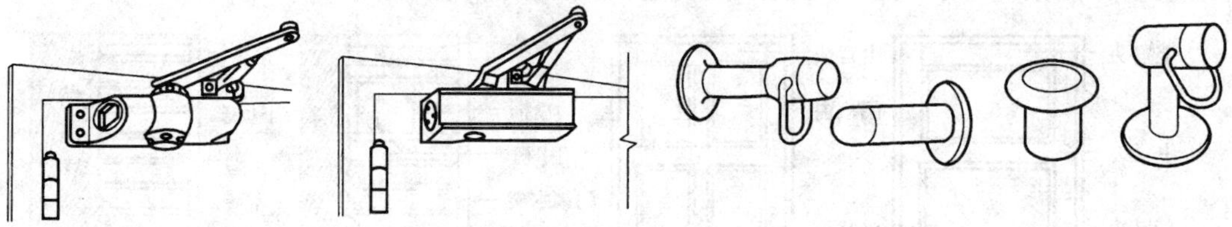

(b)门吸

图 2-4-3 拉手和门吸

（二）铝合金门窗

铝合金门窗是以门窗框料截面宽度、开启方式等区分的，如 70 系列表示门窗框料截面宽度为 70 mm。

铝合金门窗选用的玻璃厚度一般为 5 mm 或 6 mm；窗纱应选用铝纱或不锈钢纱；密封条可选用橡胶条或橡塑条；密封材料可选用硅酮胶、聚硫胶、聚氨酯胶、丙烯酸酯胶等。铝合金推拉窗构造如图 2-4-4 所示。

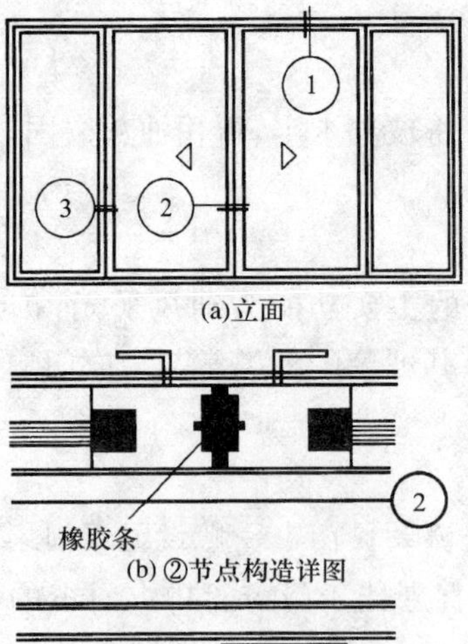

(a)立面

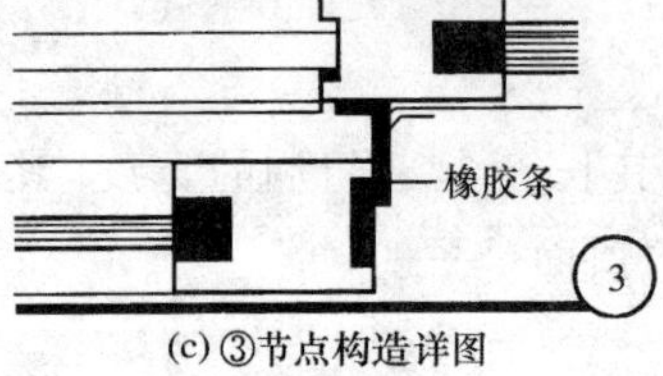

(b) ②节点构造详图

(c) ③节点构造详图

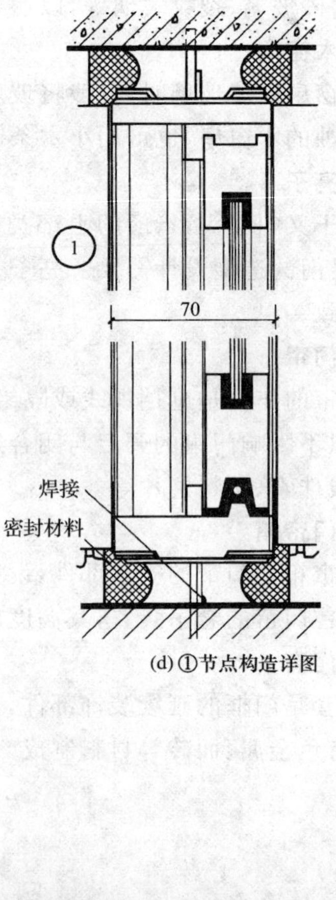

(d) ①节点构造详图

图 2-4-4 铝合金推拉窗构造

（三）塑料门窗

塑料门窗是由硬 PVC 塑料门窗组装而成的。塑料门窗具有防火、阻燃、耐候性好、抗老化、防腐、防潮、隔热、隔声、耐低温（−30～50 ℃的环境下不变色，不降低原有性能）、抗风压能力强、色泽优美等特性。塑料门窗构造如图 2-4-5 所示。

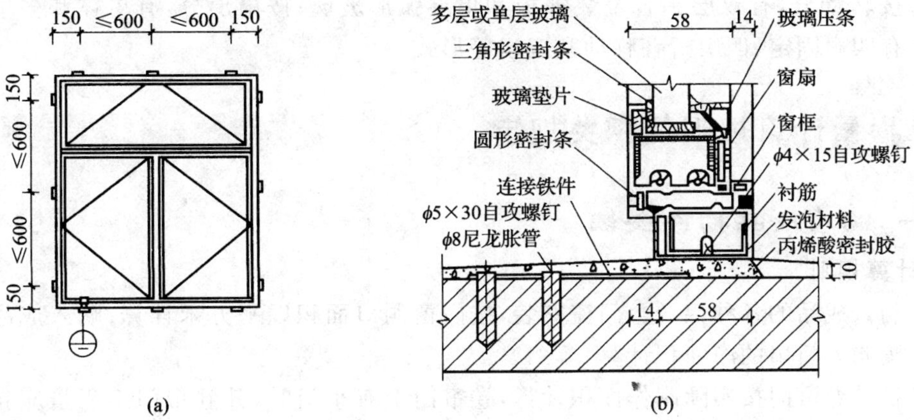

图 2-4-5　塑料门窗构造

（四）玻璃装饰门

玻璃装饰门是用 12 mm 以上厚度的玻璃板直接做门扇的玻璃门，一般由活动门扇和固定玻璃两部分组成。玻璃一般为厚平板白玻璃、雕花玻璃、钢化玻璃及彩印图案玻璃等。

（五）自动门

自动门的结构精巧、布局紧凑、运行噪声小、开闭平稳、运行可靠。按门体材料分，有铝合金门、不锈钢门、无框全玻璃门和异型薄壁铜管门；按扇形分，有两扇形、四扇形、六扇形等；按探测传感器分，有超声波传感器、红外线探头、微波探头、遥控探测器、毡式传感器、开关式传感器和拉线开关或手动按钮式传感器自动门等；按开启方式分，有推拉式、中分式、折叠式、滑动式和平开式自动门等。无框全玻璃门构造如图 2-4-6 所示。

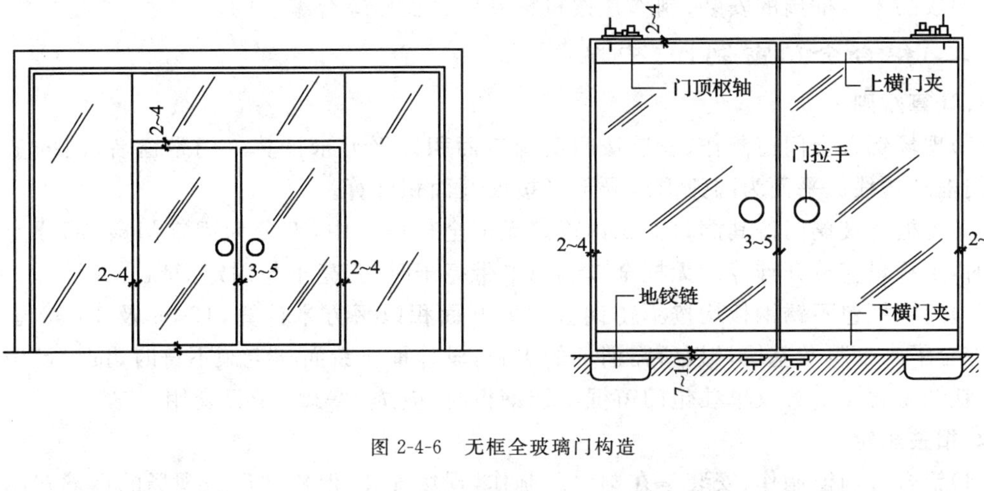

图 2-4-6　无框全玻璃门构造

（六）旋转门

旋转门采用合成橡胶密封固定玻璃，活扇与转壁之间采用聚丙烯毛刷条，具有良好的密闭、抗震和耐老化性能。按型材结构分，有铝结构和钢结构两种。铝结构采用铝合金型材制作；钢结构采用不锈钢或20碳素结构钢无缝异型管制作。按开启方式分，有手推式和自动式两种；按转壁分，有双层铝合金装饰板和单层弧形玻璃；按扇形分，有单体和多扇形组合体，扇体有四扇固定、四扇折叠移动和三扇等形式。

二、工程量计算规则及相关规定

（一）购入成品构件安装

1. 计算规则

（1）购入成品的各种铝合金门窗安装，按门窗洞口面积以平方米计算；购入成品的木门扇安装，按购入门扇的净面积计算。

（2）各种卷帘门按实际制作面积计算，卷帘门上有小门时，其卷帘门工程量应扣除小门面积。卷帘门上的小门按扇计算，套用16-30子目。卷帘门上电动提升装置以套计算，16-29子目仅适用于电动提升装置，不适用于手动提升装置。手动提升装置的材料、安装人工已包括在定额内，不另增加。

2. 相关规定

（1）构入成品安装子目中包含了现场搬运、安装框扇、校正、周边塞口和清扫等工作内容。

（2）购入成品铝合金门窗的五金费已包括在铝合金单价中，套用“单独安装”子目时，不得另外再套用计价定额16-321～16-324子目。该子目适用于铝合金门窗制作兼安装。购入成品铝合金单价中未包括地弹簧、管子拉手、锁等特殊五金，实际发生时另按“门、窗五金配件安装”相关子目执行。“门、窗五金配件安装”子目中，五金配件规格、品种与设计不符时，均应调整。

（3）成品木门框扇的安装、制作是按机械和手工操作综合编制的。

（二）铝合金门窗制作、安装

1. 计算规则

（1）现场铝合金门窗制作、安装按门窗洞口面积以平方米计算。门带窗者，门的工程量算至门框外边线。平面为圆弧形或异形者按展开面积计算。

（2）无框全玻璃门按其洞口面积计算。无框全玻璃门中，部分为固定门扇、部分为开启门扇时，工程量应分开计算。无框全玻璃门上带亮子时，其亮子与固定门扇合并计算。

（3）门窗框包不锈钢板均按不锈钢板的展开面积以平方米计算，16-53及16-56子目中均已综合了木框料及基层衬板所需消耗的工料，设计框料断面与定额不符时，按设计用量加5%损耗调整含量。若仅单独包门窗框不锈钢板时，应按14-202子目套用。

2. 相关规定

（1）铝合金门窗制作、安装是在构件厂制作，现场安装，但构件厂至现场的运输费应按当地交通部门的规定运费执行（运费不计入取费基价）。

(2)铝合金门窗制作型材分为普通铝合金型材和断桥隔热铝合金型材两种，应按设计分别套用相应子目，计价定额仅为暂定。

(3)各种铝合金型材含量的取定详见计价定额附表“铝合金门窗用料表”，表中加括号的用量即定额的取定含量。设计型材的含量与定额不符时，应按设计用量加 6% 损耗调整。

(4)铝合金门窗的五金配件应按“门、窗五金配件安装”另列项目计算。

(5)门窗框与墙或柱的连接是按镀锌铁脚、尼龙膨胀螺栓连接考虑的，与设计不同时，定额中的铁脚、螺栓应扣除，其他连接件另外增加。

(6)“门窗框包不锈钢板”包括门骨架在内，应按其骨架的品种分别套用相应定额。

(三)木门窗制作、安装

1. 计算规则

(1)各类木门窗(包括纱门、纱窗)制作、安装工程量均按门窗洞口面积以平方米计算。

(2)门连窗的工程量应分别计算，套用相应门、窗定额，窗的宽度算至门框外侧。

(3)普通窗上部带有半圆窗的工程量应按普通窗和半圆窗分别计算，其分界线以普通窗和半圆窗之间的横框上边线为分界线。

(4)无框窗扇按扇的外围面积计算。

(5)门窗扇包镀锌铁皮，按门窗洞口面积以平方米计算；门窗框包镀锌铁皮、钉橡皮条、钉毛毡按图示门窗洞口尺寸以延长米计算。

2. 相关规定

(1)一般木门制作、安装及成品木门框、扇的制作和安装是按机械和手工操作综合编制的。

(2)均以一、二类木种为准，如采用三、四类木种，分别乘以如下系数：木门窗制作人工和机械费乘以系数 1.3，木门窗安装人工乘以系数 1.15。木材木种划分见表 2-4-1。

表 2-4-1　　木材木种划分表

一类	红松、水桐木、樟子松
二类	白松、白杉(方杉、冷杉)、杨木、铁杉、柳木、花旗松、椴木
三类	青松、黄花松、秋子松、马尾松、东北榆木、柏木、苦楝木、梓木、黄菠萝、椿木、楠木(桢楠、润楠)、柚木、樟木、山毛榉、栓木、白木、云香木、枫木
四类	栎木(柞木)、檫木、色木、槐木、荔木、麻栗木(麻栎、青冈)、桦木、荷木、水曲柳、柳桉、华北榆木、核桃楸、克隆、门格里斯

(3)木材规格是按已成型的两个切断面规格料编制的，两个切断面以前的锯缝损耗按总说明规定应另外计算。

(4)注明的木材断面或厚度均以毛料为准，如设计图纸注明的断面或厚度为净料时，应增加断面刨光损耗：一面刨光增加 3 mm，两面刨光增加 5 mm，圆木按直径增加 5 mm。

(5)木材是以自然干燥条件下的木材编制的，需要烘干时，其烘干费用及损耗由各市确定。

(6)门、窗框扇断面除注明者外，均是按《木窗图集》(苏 J73-2)常用项目的Ⅲ级断面编制的，其具体取定尺寸见表 2-4-2。

表 2-4-2 门、窗框扇断面取定尺寸表

门窗	门窗类型	边框断面(含刨光损耗)		扇立梃断面(含刨光损耗)	
		定额取定断面/mm	截面面积/cm^2	定额取定断面/mm	截面面积/cm^2
门	半截玻璃门	55×100	55	50×100	50
	冒头板门	55×100	55	45×100	45
	双面胶合板门	55×100	55	38×60	22.80
	纱门			35×100	35
	全玻自由门	70×140(Ⅰ级)	98	50×120	60
	拼板门	55×100	55	50×100	50
	平开、推拉木门			60×120	72
窗	平开窗	55×100	55	45×65	29.25
	纱窗			35×65	22.75
	工业木窗	55×120(Ⅱ级)	66		

设计框扇断面与计价定额不同时，应按比例换算。框料以边立框断面为准(框裁口处如为钉条者，应加贴条断面)，扇料以立梃断面为准。换算有两种方法：

第一种：设计断面积(净料加刨光损耗)/定额断面积×相应子目表材积；

第二种：(设计断面积－定额断面积)×相应子目框扇每增减 10 cm^2 的材积。

上两式断面积均以 10 cm^2 为计量单位。

(7)胶合板门的基价是按四八尺(1.22 m×2.44 m)编制的，剩余的边角料残值已考虑回收，如建设单位供应胶合板，按两倍门扇数量张数供应，每张裁下的边角料全部退还给建设单位(但残值回收取消)。若使用三七尺(0.91 m×2.13 m)胶合板，定额基价应按括号内的含量换算，并相应扣除定额中的胶合板边角料残值回收值。

(8)门窗制作安装的五金、铁件配件按“门窗五金配件安装”相应项目执行，安装人工已包括在相应定额内。设计门、窗玻璃品种、厚度与定额不符时，单价应调整，数量不变。

(9)木质送、回风口的制作、安装按百叶窗定额执行。

(10)设计门窗对艺术造型有特殊要求时，因设计差异变化较大，其制作、安装均应按实际情况另行处理。

(四)装饰木门扇

1.计算规则

装饰木门扇、木门扇上包金属面或软包面均以木门扇净面积计算。无框全玻璃门上亮子与门扇之间的钢骨架横撑(外包不锈钢板)，按横撑包不锈钢板的展开面积计算。

2.相关规定

(1)细木工板实心门扇制作的四周按硬木封边条考虑，若设计不用硬木封边条，扣除硬木封边条，每 10 m^2 扣除人工 0.48 工日、圆锯机 0.08 台班、压刨床 0.02 台班。

(2)实心门中设计镶嵌铜条或花线，按设计用量加 5%损耗，单价按实际计算。设计不是整片开洞而是拼贴者，每 10 m^2 扣除普通切片板含量 11.00 m^2。

(3)木材面贴切片板子目(定额 16-294 子目)是按普通切片板上整片开洞再镶贴花式切片板编制的；设计不是整片开洞而是拼贴者，每 10 m^2 面积扣除普通切片夹板 11.00 m^2 和 0.76 工日。

(4)在不锈钢板面上钉大泡钉，软包面上包皮纽扣，每 10 m^2 增加 3.33 工日。

(五)门窗五金配件安装

门窗五金配件安装包括三部分:门窗特殊五金、铝合金窗五金配件、木门窗五金配件。

1. 计算规则

(1)门窗特殊五金配件按只、副、套、把计算。

(2)铝合金窗、木门窗五金配件按樘计算。

2. 相关规定

(1)门窗特殊五金配件子目包括了定位、打眼、安装、调试和清理等全部操作过程。

(2)定额中收录了轻型地弹簧安装的子目,如设计用重型地弹簧,人工乘以系数1.2,地弹簧单价换算。

(3)电子磁卡门地锁、无框门加地锁安装,按地弹簧安装定额执行,地弹簧扣除,地锁另加。

(4)移门导轨子目中一扇门为一组(包括滑轮两只,导轨 1.5 m)。

(5)计价定额中管子拉手(定额 16-319)子目适用于大拉手,如拉手长度在 400 mm 以内、直径在 50 mm 以内,子目人工乘以系数 0.8。

典型案例分析

【案例 2-4-1】 已知某铝合金卷帘门的宽度为 3000 mm,安装于洞口高度为 2700 mm 的门口,卷筒上高度为 600 mm,卷帘门上有一活动小门,小门尺寸 600 mm×2000 mm,提升装置为电动,其他同计价定额。试计算该卷帘门工程量、综合单价和合价。

解:(1)列项

铝合金卷帘门安装(16-20)、卷帘门电动装置安装(16-29)、铝合金活动小门安装(16-30)。

(2)计算工程量

铝合金卷帘门安装:$3.0\times(2.7+0.6)-0.6\times2=8.7\ m^2$

卷帘门电动装置安装:1 套

铝合金活动小门安装:1 扇

(3)套用计价定额

计算结果见表 2-4-3。

表 2-4-3 计算结果

序号	定额编号	项目名称	计量单位	工程量	综合单价/元	合价/元
1	16-20	铝合金卷帘门安装	10 m^2	0.87	2361.68	2054.66
2	16-29	卷帘门电动装置安装	套	1	2053.12	2053.12
3	16-30	铝合金活动小门安装	扇	1	297.97	297.97
合计						4405.75

答:该卷帘门的合价为 4405.75 元。

【案例 2-4-2】 某阳台用断桥隔热铝合金连窗门(图 2-4-7),门为单扇全玻平开,外框为 38 系列(型材用量按计价定额),中空玻璃 5+6A+5 白玻;窗为双扇推拉窗,外框为 90 系列 1.5 mm 厚设计用量 16.40 kg,中空玻璃 5+6A+5 白玻;门安装球形执手锁。计算该铝合金连窗门的制作安装费。

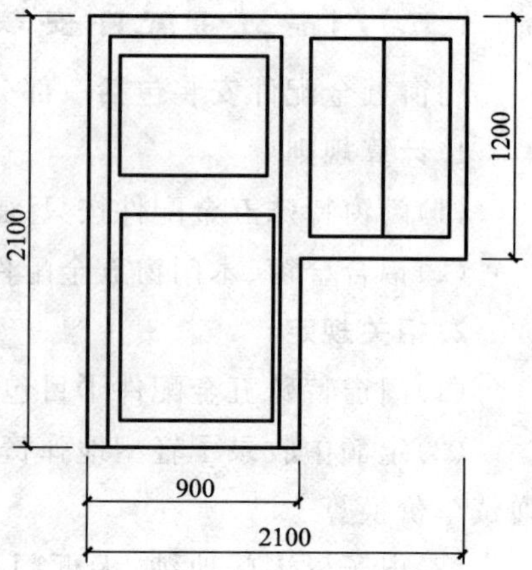

图 2-4-7 连窗门

解:(1)列项

铝合金单扇全玻平开门(16-40)、铝合金双扇推拉窗($16\text{-}46_{换}$)、铝合金窗五金配件(16-321)、铝合金门铰链(16-314)、执手锁(16-312)。

(2)计算工程量

铝合金单扇全玻平开门:$0.9\times2.1=1.89\ m^2$

铝合金双扇推拉窗:$1.2\times(2.1-0.9)=1.44\ m^2$

铝合金窗五金配件:1 樘

铝合金门铰链:2 副

执手锁:1 把

(3)套用计价定额

计算结果见表 2-4-4。

表 2-4-4 **计算结果**

序号	定额编号	项目名称	计量单位	工程量	综合单价/元	合价/元
1	16-40	铝合金单扇全玻平开门	10 m²	0.189	4808.95	908.89
2	$16\text{-}46_{换}$	铝合金双扇推拉窗	10 m²	0.144	5329.22	767.41
3	16-321	铝合金窗五金配件	樘	1	46.10	46.10
4	16-314	铝合金门铰链	副	2	32.41	64.82
5	16-312	执手锁	把	1	96.34	96.34
合计						1883.56

注:$16\text{-}46_{换}=4593.20-2100.9+120.72\times23.5=5329.22$ 元/10 m²

($16.40/1.44\times10\times1.06=120.72$ kg/10 m²)

答:该铝合金连窗门的制作安装费为 1883.56 元。

【案例 2-4-3】 已知某一层建筑的 M1 为有腰单扇无纱五冒头镶板门,规格为 900 mm×2100 mm,框设计断面 60 mm×120 mm,共 10 樘,现场制作安装,门扇规格与计价定额相同,框设计断面均指净料,全部安装球形执手锁,用计价定额计算门的工程量、综合单价和合价。

分析:木门框归框算,扇归扇算,制作归制作算,安装归安装算,五金配件在门之外另算,执手锁为特殊五金配件,不包含在一般五金配件子目内。

解:(1)列项

镶板门框制作($16\text{-}161_{换}$)、镶板门扇制作(16-162)、镶板门框安装(16-163)、镶板门扇安装(16-164)、门普通五金配件(16-339)、球形执手锁(16-312)。

(2)计算工程量

镶板门框制作、安装,镶板门扇制作、安装:$0.9\times2.1\times10=18.9\ m^2$

门普通五金配件、球形执手锁:10 樘、10 把

(3)套用计价定额

计算结果见表 2-4-5。

表 2-4-5　　计算结果

序号	定额编号	项目名称	计量单位	工程量	综合单价/元	合价/元
1	16-161换	镶板门框制作	10 m²	1.89	637.04	1204.01
2	16-162	镶板门扇制作	10 m²	1.89	814.24	1538.91
3	16-163	镶板门框安装	10 m²	1.89	63.45	119.92
4	16-164	镶板门扇安装	10 m²	1.89	229.20	433.19
5	16-339	门普通五金配件	樘	10	72.15	721.50
6	16-312	球形执手锁	把	10	96.34	963.40
合计						4980.93

注:16-161换＝507.84－299.20＋(63×125)/(55×100)×0.187×1600＝637.04 元/10 m²

答:该门的合价为 4980.93 元。

【案例 2-4-4】 已知某一层建筑的 M1 为无腰单扇无纱胶合板门,规格为 900 mm×2100 mm,胶合板甲供四八尺胶合板,框、扇设计断面(净料)均与计价定额相同,共 20 樘,现场制作安装,计算门的工程量、综合单价和合价。

分析:计价定额中胶合板门的基价是按四八尺(1.22 m×2.44 m)编制的,剩余的边角料残值已考虑回收,如建设单位供应胶合板,按两倍门扇数量张数供应,每张裁下的边角料全部退还给建设单位(但残值回收取消)。

解:(1)列项

胶合板门框制作(16-197)、胶合板门扇制作(16-198换)、胶合板门框安装(16-199)、胶合板门扇安装(16-200)、门普通五金配件(16-337)。

(2)计算工程量

胶合板门框制作、安装,胶合板门扇制作、安装:0.9×2.1×20＝37.8 m²

门普通五金配件:20 樘

(3)套用计价定额

计算结果见表 2-4-6。

表 2-4-6　　计算结果

序号	定额编号	项目名称	计量单位	工程量	综合单价/元	合价/元
1	16-197	胶合板门框制作	10 m²	3.78	428.62	1620.18
2	16-198换	胶合板门扇制作	10 m²	3.78	1028.60	3888.11
3	16-199	胶合板门框安装	10 m²	3.78	68.01	257.08
4	16-200	胶合板门扇安装	10 m²	3.78	201.38	761.22
5	16-337	门普通五金配件	樘	20	40.71	814.20
合计						7340.79

注:16-198换＝981.28＋47.32＝1028.60 元/10 m²

答:该门的合价为 7340.79 元。

项目分析

为教学方便所套用计价定额以2014年计价定额为准且按土建三类工程考虑。

(1)列项

12 mm厚无框钢化玻璃电子感应门安装(16-17)、12 mm厚无框钢化玻璃亮子(16-52)、12 mm厚无框钢化玻璃电子感应门的钢骨架横撑(16-54)。

(2)计算工程量

12 mm厚无框钢化玻璃电子感应门安装:1樘

12 mm厚无框钢化玻璃亮子:$0.35\times3.2=1.12\ m^2$

12 mm厚无框钢化玻璃电子感应门的钢骨架横撑:$3.2\times0.25=0.80\ m^2$

(3)套用计价定额

计算结果见表2-4-7。

表2-4-7　　计算结果

序号	定额编号	项目名称	计量单位	工程量	综合单价/元	合价/元
1	16-17	12 mm厚无框钢化玻璃电子感应门安装	樘	1	17821.62	17821.62
2	16-52	12 mm厚无框钢化玻璃亮子	10 m^2	0.112	1631.85	182.77
3	16-54	12 mm厚无框钢化玻璃电子感应门的钢骨架横撑	10 m^2	0.080	3626.77	290.14
合计						18294.53

思考与拓展

一、判断题

1. 门窗工程定额中木材采用的是三类木种。　　(　　)
2. 门窗工程定额中的框料断面以净料为准。　　(　　)
3. 连窗门的工程量可以合并计算。　　(　　)
4. 计价定额中木门框安装是按框与墙内预埋木砖连接考虑的。　　(　　)

二、项目训练与提高

请按计价定额完成附录1中某剧团观众厅的门窗工程列项、工程量及综合单价和合价。

项目5
计算油漆、涂料、裱糊工程费

能力目标

1. 会应用《江苏省建筑与装饰工程计价定额》中第十七章"油漆、涂料、裱糊工程"中的工程量计算规则和方法；

2. 会计算油漆、涂料、裱糊工程量并计价；

3. 能结合实际施工图进行油漆、涂料、裱糊工程量计算并计价。

知识支撑点

1. 油漆、涂料、裱糊工程施工工艺；

2. 木材面油漆、金属面油漆、抹灰面油漆、涂料工程量计算规则；

3.《江苏省建筑与装饰工程计价定额》中关于油漆、涂料、裱糊工程套价的规定。

职业资格标准链接

1. 了解油漆装饰工程项目的定额子目划分与组成；

2. 熟悉油漆装饰工程中定额子目的设置及工作内容，工程量计算规则；

3. 掌握油漆装饰工程定额项目的正确套用与换算。

项目背景

图2-1-1～图2-1-10所示为某市人力资源市场一层大厅，请列出油漆、涂料、裱糊工程的相关项目，计算工程量，并求其综合单价和合价（灯带处方木骨架防火漆三遍，面层上防火漆两遍，其余处乳胶漆两遍，天棚墙面板缝贴自黏胶带54.77 m）。

一、油漆、涂料、裱糊工程施工工艺

(一)木料表面涂刷操作工艺

木料表面涂刷溶剂型混色油漆,按质量要求分为普通、中级和高级三级。

(1)普通涂刷工艺流程

清扫、起钉子、除油污等 → 铲去脂囊、修补平整 → 磨砂纸 → 节疤处点漆片 1~2 遍 → 干性油打底,局部刮腻子、磨光 → 腻子处涂干性油 → 第一遍油漆 → 复补腻子 → 磨光 → 第二遍油漆

(2)中级涂刷工艺流程

清扫、起钉子、除油污等 → 铲去脂囊、修补平整 → 磨砂纸 → 节疤处点漆片 1~2 遍 → 干性油打底,局部刮腻子、磨光 → 第一遍满刮腻子 → 磨光 → 刷底漆 → 第一遍油漆 → 复补腻子 → 磨光 → 湿布擦净 → 第二遍油漆 → 磨光 → 湿布擦净 → 第三遍油漆

(3)高级涂刷工艺流程

清扫、起钉子、除油污等 → 铲去脂囊、修补平整 → 磨砂纸 → 节疤处点漆片 1~2 遍 → 干性油打底,局部刮腻子、磨光 → 第一遍满刮腻子 → 磨光 → 第二遍满刮腻子 → 磨光 → 刷底漆 → 第一遍油漆 → 复补腻子 → 磨光 → 湿布擦净 → 第二遍油漆 → 磨光 → 湿布擦净 → 第三遍油漆

(二)金属表面涂刷操作工艺

金属表面涂刷溶剂型混色油漆,按质量要求分为普通、中级和高级三级。

(1)普通涂刷工艺流程

除锈、清扫、磨砂纸 → 涂刷防锈漆 → 局部刮腻子 → 磨光 → 第一遍油漆 → 第二遍油漆

(2)中级涂刷工艺流程

除锈、清扫、磨砂纸 → 涂刷防锈漆 → 局部刮腻子 → 磨光 → 第一遍满刮腻子 → 磨光 → 第一遍油漆 → 复补腻子 → 磨光 → 第二遍油漆 → 磨光 → 湿布擦净 → 第三遍油漆

(3)高级涂刷工艺流程

除锈、清扫、磨砂纸 → 涂刷防锈漆 → 局部刮腻子 → 磨光 → 第一遍满刮腻子 → 磨光 → 第二遍满刮腻子 → 磨光 → 第一遍油漆 → 复补腻子 → 磨光 → 第二遍油漆 → 磨光 → 湿布擦净 → 第三遍油漆 → 磨光 → 湿布擦净 → 第四遍油漆

二、工程量计算规则及相关规定

(一)计算规则

(1)天棚、墙、柱、梁面的喷(刷)涂料和抹灰面乳胶漆

工程量按实喷(刷)面积计算,但不扣除 0.3 m^2 以内的孔洞面积。

(2)木材面油漆

各种木材面的油漆工程量按构件的工程量乘以相应系数计算,其具体系数如下:

①套用单层木门定额的项目工程量乘以下列系数,见表 2-5-1。

表 2-5-1　　套用单层木门定额工程量系数表

项目名称	系数	工程量计算方法
单层木门	1.00	按洞口面积计算
带上亮木门	0.96	
双层(一玻一纱)木门	1.36	
单层全玻门	0.83	
单层半玻门	0.90	
不包括门套的单层门扇	0.81	
凹凸线条几何图案造型单层木门	1.05	
木百叶门	1.50	
半木百叶门	1.25	
厂库房木大门、钢木大门	1.30	
双层(单裁口)木门	2.00	

注:①门、窗贴脸,披水条,盖口条的油漆已包括在相应定额内,不予调整。

②双扇木门按相应单扇木门项目乘以系数 0.9。

③厂库房木大门、钢木大门上的钢骨架、零星铁件油漆已包含在系数内,不另计算。

②套用单层木窗定额的项目工程量乘以下列系数,见表 2-5-2。

表 2-5-2　　套用单层木窗定额的项目工程量系数表

项目名称	系数	工程量计算方法
单层玻璃窗	1.00	按洞口面积计算
双层(一玻一纱)窗	1.36	
双层(单裁口)窗	2.00	
三层(二玻一纱)窗	2.60	
单层组合窗	0.83	
双层组合窗	1.13	
木百叶窗	1.50	
不包括窗套的单层木窗扇	0.81	

③套用木扶手定额的项目工程量乘以下列系数，见表 2-5-3。

表 2-5-3 套用木扶手定额工程量系数表

项目名称	系数	工程量计算方法
木扶手(不带托板)	1.00	按延长米计算
木扶手(带托板)	2.60	
窗帘盒(箱)	2.04	
窗帘棍	0.35	
装饰线缝宽在 150 mm 内	0.35	
装饰线缝宽在 150 mm 外	0.52	
封檐板、顺水板	1.74	

④套用其他木材面定额的项目工程量乘以下列系数，见表 2-5-4。

表 2-5-4 套用其他木材面定额工程量系数表

项目名称	系数	工程量计算方法
纤维板、木板、胶合板天棚	1.00	长×宽
木方格吊顶天棚	1.20	
鱼鳞板墙	2.48	
暖气罩	1.28	
木间壁、木隔断	1.90	外围面积 长(斜长)×高
玻璃间壁露明墙筋	1.65	
木栅栏、木栏杆(带扶手)	1.82	
零星木装修	1.10	展开面积

⑤套用木墙裙定额的项目工程量乘以下列系数，见表 2-5-5。

表 2-5-5 套用木墙裙定额工程量系数表

项目名称	系数	工程量计算方法
木墙裙	1.00	净长×高
凹凸线条几何图案的木墙裙	1.05	

⑥踢脚线按延长米计算，如踢脚线与墙裙油漆材料相同，应合并在墙裙工程量中。

⑦橱、台、柜工程量按展开面积计算。零星木装修和梁、柱饰面按展开面积计算。

⑧窗台板、筒子板(门、窗套)，不论有无拼花图案和线条，均按展开面积计算。

⑨套用木地板定额的项目工程量乘以下列系数，见表 2-5-6。

表 2-5-6 套用木地板定额工程量系数表

项目名称	系数	工程量计算方法
木地板	1.00	长×宽
木楼梯(不包括底面)	2.30	水平投影面积

(3)抹灰面与构件面油漆、涂料、刷浆

①抹灰面的油漆、涂料、刷浆工程量等于抹灰的工程量。

②混凝土板底、预制混凝土构件仅油漆、涂料、刷浆的工程量按下列方法计算，套用抹灰面定额工程量计算表，见表 2-5-7。

表 2-5-7　套抹灰面定额工程量计算表

项目名称		系数	工程量计算方法
槽形板、混凝土折板底面		1.30	长×宽
有梁板底(含梁底、侧面)		1.30	
混凝土板式楼梯底(斜板)		1.18	水平投影面积
混凝土板式楼梯底(锯齿形)		1.50	
混凝土花格窗、栏杆		2.00	长×宽
遮阳板、栏板		2.10	长×宽(高)
混凝土预制构件	屋架、天窗架	40 m^2	每 m^3 构件
	柱、梁、支撑	12 m^2	
	其他	20 m^2	

(4)金属面油漆

①套用单层钢门窗定额的项目工程量乘以下列系数，见表 2-5-8。

表 2-5-8　套用单层钢门窗定额工程量系数表

项目名称	系数	工程量计算方法
单层钢门窗	1.00	洞口面积
双层钢门窗	1.50	
单层钢门窗带纱门窗扇	1.10	
钢百叶门窗	2.74	
百叶半截钢门窗	2.22	
满钢门或包铁皮门	1.63	
钢折叠门	2.30	框(扇)外围面积
射线防护门	3.00	
厂库房平开、推拉门	1.70	
间壁	1.90	长×宽
平板屋面	0.74	斜长×宽
瓦垄板屋面	0.89	
镀锌铁皮排水、伸缩缝盖板	0.78	展开面积
吸气罩	1.63	水平投影面积

②其他金属面油漆，按构件油漆部分表面积计算。

③套用金属面定额的项目：原材料每米重量 5 kg 以内为小构件，防火涂料用量乘以系数 1.02，人工乘以系数 1.1；网架上刷防火涂料时，人工乘以系数 1.4。

(5)刷防火涂料

①隔壁、护壁木龙骨按其面层正立面投影面积计算。

②柱木龙骨按其面层外围面积计算。

③天棚龙骨按其水平投影面积计算。

④木地板中木龙骨及木龙骨带毛地板按地板面积计算。

⑤隔壁、护壁、柱、天棚面层及毛地板刷防火涂料，执行其他木材面刷防火涂料相应子目。

(6)裱糊饰面按设计图示尺寸以面积计算。

（二）相关规定

(1)计价定额中涂料、油漆工程均采用手工操作，喷塑、喷涂、喷油采用机械喷枪操作，实际施工操作方法不同时，均按计价定额执行。

(2)油漆项目中，已包括钉眼刷防锈漆的工、料，并综合了各种油漆的颜色，设计油漆颜色与定额不符时，人工、材料均不调整。

(3)计价定额已综合考虑分色及门窗内外分色的因素，如需做美术图案者，可按实际计算。

(4)计价定额中规定的喷、涂刷的遍数，如与设计不同时，可按每增一遍相应定额子目执行。石膏板面套用抹灰面定额。

(5)计价定额对硝基清漆磨退出亮子目未具体要求刷理遍数，但应达到漆膜面上的白雾消除、出亮。

(6)彩色聚氨酯漆已经综合考虑不同色彩的因素，均按计价定额执行。

(7)计价定额抹灰面乳胶漆、裱糊墙纸饰面是根据现行工艺，将墙面封油刮腻子、清油封底、乳胶漆涂刷及墙纸裱糊分列子目，计价定额乳胶漆、裱糊墙纸子目已包括再次复补腻子。

(8)浮雕喷涂料小点、大点规格划分如下：小点指点面积在 1.2 cm^2 以下，大点指点面积在 1.2 cm^2 以上(含 1.2 cm^2)。

(9)木材面油漆设计有漂白处理时，由甲乙双方另行协商。

典型案例分析

【案例 2-5-1】 某工程长宽轴线尺寸为 6000 mm×3600 mm，墙体厚度为 240 mm，板底高度为 3.2 m，有一门(1000 mm×2700 mm，内平)一窗(1500 mm×1800 mm)，窗台高1 m，三合板木墙裙(无造型高 1 m)上润油粉，刷硝基清漆六遍。墙面、天棚批白水泥腻子三遍，刷乳胶漆三遍。试计算该项目工程量、综合单价和合价。

解：(1)列项

墙裙刷硝基清漆(17-79)、天棚刷乳胶漆($17\text{-}177_{换}$)、墙面刷乳胶漆(17-177)。

(2)计算工程量

墙裙刷硝基清漆：

[(6.00－0.24＋3.60－0.24)×2－1.00]×1.00×1.00(系数)＝17.24 m^2

天棚刷乳胶漆：5.76×3.36＝19.35 m^2

墙面刷乳胶漆：

(5.76＋3.36)×2×2.20－1.00×(2.70－1.00)－1.50×1.80＝35.73 m^2

(3)套用计价定额

计算结果见表 2-5-9。

表 2-5-9　计算结果

序号	定额编号	项目名称	计量单位	工程量	综合单价/元	合价/元
1	17-79	墙裙刷硝基清漆	10 m^2	1.724	1096.69	1890.69
2	$17\text{-}177_{换}$	天棚刷乳胶漆	10 m^2	1.935	273.66	529.53
3	17-177	墙面刷乳胶漆	10 m^2	3.573	255.26	912.04
合计						3332.26

注：$17\text{-}177_{换}$＝255.26＋134.3×0.1×(1＋25%＋12%)＝273.66 元/10 m^2

【案例 2-5-2】 某天棚工程有纸面石膏板面层 1600 m^2，纸面石膏板面层刷乳胶漆，工作内容为：板缝自黏胶带 800 m、清油封底、满批白水泥腻子两遍、刷乳胶漆两遍，其他同计价定额，试计算该油漆工程的综合单价和合价。

解：(1)列项

清油封底(17-174)，板缝自黏胶带(17-175)，满批白水泥腻子、刷乳胶漆各两遍($17\text{-}177_{换}$)。

(2)计算工程量

满刮腻子两遍：1600 m^2；清油封底：1600 m^2；板缝自黏胶带：800 m；刷乳胶漆两遍：1600 m^2。

(3)套用计价定额

计算结果见表 2-5-10。

表 2-5-10　　计算结果

序号	定额编号	项目名称	计量单位	工程量	综合单价/元	合价/元
1	17-174	清油封底	10 m^2	160	43.68	6988.8
2	17-175	板缝自黏胶带	10 m	80	77.11	6168.8
3	$17\text{-}177_{换}$	满批白水泥腻子、刷乳胶漆各两遍	10 m^2	160	192.88	30860.8
合计						44018.4

注：$17\text{-}177_{换}=255.26-(0.32+0.165)\times85\times1.37\times1.1+134.3\times0.1\times1.37-(8.3+0.35+0.71+4.82)\times30\%-1.2\times12=192.88$ 元/10 m^2

答：该油漆工程的合价为 44018.4 元。

【案例 2-5-3】 现有 10 樘单层带上亮木门，洞口尺寸 900 mm×2100 mm，刷硝基清漆，工作内容为：润油粉、刮腻子、刷硝基清漆、磨退出亮，其他同计价定额。试用计价定额计算该门油漆工程的工程量、综合单价和合价。

解：(1)列项

单层带上亮木门刷硝基清漆(17-76)。

(2)计算工程量

单层带上亮木门刷硝基清漆：$0.9\times2.1\times0.96\times10=18.14$ m^2

(3)套用计价定额

计算结果见表 2-5-11。

表 2-5-11　　计算结果

序号	定额编号	项目名称	计量单位	工程量	综合单价/元	合价/元
1	17-76	单层带上亮木门刷硝基清漆	10 m^2	1.814	1409.45	2556.74
合计						2556.74

答：该门的油漆工程的合价为 2556.74 元。

项目分析

为教学方便所套用计价定额以2014年计价定额为准且按土建三类工程考虑。

(1)列项

天棚墙面板缝贴自黏胶带(17-175)、内墙面乳胶漆(17-177)、纸面石膏板乳胶漆(17-177)、方木骨架防火漆(17-109、17-111)。

(2)计算工程量

天棚墙面板缝贴自黏胶带:54.77 m

内墙面乳胶漆:$1.45\times2.23=3.234\ m^2$

纸面石膏板乳胶漆:

$17.46+0.1\times(0.38\times2+0.6\times4+0.35\times6+0.3\times3+1.265\times4+0.25\times2)\times2+17.57+0.2\times(0.38\times2+0.6\times4+1.265\times2+0.25)\times2\times2=42.13\ m^2$

方木骨架防火漆:$9.73\times4.26-0.8\times0.15\times4=40.97\ m^2$

(3)套用计价定额

计算结果见表2-5-12。

表2-5-12 计算结果

序号	定额编号	项目名称	计量单位	工程量	综合单价/元	合价/元
1	17-175	天棚墙面板缝贴自黏胶带	10 m	5.477	77.11	422.33
2	17-177	内墙面乳胶漆	10 m^2	0.323	255.26	82.45
3	17-177	纸面石膏板乳胶漆	10 m^2	4.213	255.26	1075.41
4	17-109	方木骨架防火漆	10 m^2	4.097	245.04	1003.93
5	17-111	方木骨架防火漆	10 m^2	4.097	102.96	421.83
合计						3005.95

思考与拓展

一、填空题

楼地面、天棚面、墙柱面的刷涂料、油漆工程量按________计算。

二、判断题

1. 隔壁、护壁龙骨刷防火涂料,按所刷木材面的面积计算工程量。 ( )
2. 油漆的颜色与定额不符时不调整。 ( )
3. 油漆的遍数与定额不符时不调整。 ( )
4. 门窗的贴脸油漆应单独列项。 ( )
5. 窗帘棍油漆套用木扶手油漆定额。 ( )
6. 木隔断油漆套用其他木材面油漆定额。 ( )

三、项目训练与提高

请按计价定额完成附录1中某剧团观众厅的油漆、涂料、裱糊工程列项、工程量及综合单价和合价。

项目6

计算其他零星工程费

能力目标

1. 会应用《江苏省建筑与装饰工程计价定额》中第十八章“其他零星工程”中的工程量计算规则和方法；

2. 会计算其他零星工程量并计价；

3. 能结合实际施工图进行其他零星工程量计算并计价。

知识支撑点

1. 其他零星工程构造及施工工艺；

2. 压条、装饰线条、窗帘盒、窗帘轨、窗台板、门窗套制作安装，天棚面零星项目墙、地面成品防护等项目工程量计算规则；

3.《江苏省建筑与装饰工程计价定额》中关于其他零星工程套价的规定。

职业资格标准链接

1. 熟悉单独装饰工程其他零星工程定额子目的设置及工作内容，工程量计算规则，说明中的有关规定及系数，有关子目的附注内容；

2. 掌握单独装饰工程其他零星工程定额子目的正确套用与换算方法，补充定额的编制生成。

项目背景

图2-1-1～图2-1-10所示为某市人力资源市场一层大厅，请列出零星工程的相关项目，计算工程量，并求其综合单价和合价。

一、其他零星工程构造及施工工艺

1. 门窗套

门窗套将门窗洞口的周边包护起来，避免该处磕碰损伤，且易于清洁。门窗套一般采用与门窗扇相同的材料，如木门窗采用木门窗套，铝合金门窗采用铝合金门窗套。为取得特定的装饰效果，也可用陶质板材或石质板材做门窗套。

门窗套通常由贴脸板和筒子板组成。木质贴脸板一般厚 15～20 mm，宽 30～75 mm，截面形式多样。在门窗框与墙面接缝处用贴脸板盖缝收头，沿门窗框另一边钉筒子板，门窗洞另一侧和上方也设筒子板。

2. 窗帘盒

窗内需要悬挂窗帘时，通常设置窗帘盒遮蔽窗帘棍和窗帘上部的栓环。窗帘盒可以仅在窗洞上方设置，也可以沿墙面通长设置。制作窗帘盒的材料有木材和金属板材，形状可做成直线形或曲线形。

在窗洞上方局部设置窗帘盒时，窗帘盒的长度应为窗洞宽度加 400 mm 左右，即窗洞每侧伸出 200 mm 左右，使窗帘拉开后不减小采光面积。窗帘盒的深度视窗帘的层数而定，一般为 200 mm 左右。

窗帘盒三面用 25 mm×(100～150)mm 板材镶成，通过铁件固定在过梁上部的墙身上。窗帘棍为木、铜、铁等材料，一般用角钢或钢板伸入墙内。

二、工程量计算规则及相关规定

（一）招牌、灯箱

1. 工程量计算规则

招牌、灯箱的面层按展开面积以平方米(m^2)计算。

2. 相关规定

(1)计价定额中除铁件、钢骨架已包括刷防锈漆一遍外，其余均未包括油漆、防火漆的工料，如设计涂刷油漆、防火漆，按油漆相应子目套用。

(2)计价定额中招牌不区分平面型、箱体型、简单型、复杂型。各类招牌、灯箱的钢骨架基层制作、安装套用相应子目，按吨计量。

(3)招牌、灯箱内灯具未包括在内。

（二）美术字安装

1. 工程量计算规则

美术字按每个字面积在 0.2 m^2 内、0.2 m^2 外 0.5 m^2 内、0.5 m^2 外三个子目划分，美术字不论安装在何种墙面或部位，均按字的个数计算。

2. 相关规定

美术字安装均以成品安装为准，不区分字体均执行计价定额。即使是外文或拼音字母，也应以中文意译的单字或单词进行计量，不应以字符计量。

（三）压条、装饰线条

1. 工程量计算规则

（1）单线木压条、木花式线条、木曲线条、金属装饰条及多线木装饰条、石材线等的安装均按外围延长米以 100 m 为单位计算。

（2）石材及块料磨边、胶合板刨边、打硅酮密封胶均按延长米以 10 m 为单位计算。

2. 相关规定

（1）计价定额装饰线条安装为线条成品安装，计价定额均以安装在墙面上为准。设计安装在天棚面层时，按以下规定执行（但墙、天棚交界处的角线除外）：钉在木龙骨基层上，其人工按相应定额乘以系数 1.34 计算；钉在钢龙骨基层上乘以系数 1.68 计算；钉木装饰线条图案者人工乘以系数 1.50（木龙骨基层上）及 1.80（钢龙骨基层上）计算。设计装饰线条成品规格与定额不同时应换算，但含量不变。

（2）石材装饰线条均以成品安装为准。石材装饰线条磨边、异型加工均包括在成品线条的单价中，不再另计。

（3）计价定额中的石材磨边是按在工厂无法加工而必须在现场制作加工考虑的，实际由外单位加工时，应另行计算。

（四）镜面玻璃、卫生间配件

1. 工程量计算规则

（1）石材洗漱台板工程量按展开面积计算。

（2）浴帘杆、浴缸拉手及毛巾架按副计算。

（3）无基层成品镜面玻璃、有基层成品镜面玻璃，均按玻璃外围面积计算，镜框线条另计。

2. 相关规定

（1）镜面玻璃如设计车边，相关费用应计入主材价格中。

（2）石材洗漱台钢材含量按实际用量调整。

（五）窗帘盒、窗帘轨、窗台板、门窗套制作安装

1. 工程量计算规则

（1）门窗套、筒子板按面层展开面积计算。窗台板按平方米（m^2）计算，如图纸未注明窗台板长度时，可按窗框外围两边共加 100 mm 计算；窗口凸出墙面的宽度，按抹灰面另加 30 mm 计算。

（2）窗帘盒及窗帘轨按延长米计算，如设计图纸未注明尺寸，可按窗洞尺寸加 30 cm 计算。

2. 相关规定

（1）明窗帘盒的子目按细木工板基层展开宽度 500 mm 考虑（其中顶板 200 mm，挂板 300 mm），不同规格按比例换算。

（2）无论是明窗帘盒还是暗窗帘盒，当其形状为弧线形时，按人工乘以系数 1.20 计算，其他不变。

（3）暗窗帘盒的子目按展开宽度 400 mm 考虑，不同规格按比例换算。

（4）窗台板采用木板时，计价定额是按 28 mm 厚考虑的，板厚不同时按比例换算。

(六)木盖板、暖气罩

1. 工程量计算规则

木盖板、暖气罩按外框投影面积计算。

2. 相关规定

木盖板厚度以 40 mm 为准(板材 0.44 m^3),当设计厚度不同时,板材可以换算,其他不变。

(七)天棚面零星项目

1. 工程量计算规则

(1)石膏浮雕灯盘、角花安装按个数计算。

(2)检修孔、灯孔、开洞按个数计算。

(3)灯带按延长米计算,灯槽按中心线延长米计算。

2. 相关规定

(1)格式灯孔、筒灯孔中的轻钢龙骨含量按设计图示尺寸调整。

(2)平顶灯带(计价定额 18-64 子目)适用于直线形灯带,如采用曲线形,按人工乘以系数 1.5 计算,其他不变。

(3)回光灯槽(计价定额 18-65 子目)中增加的龙骨已在复杂天棚中考虑,该子目适用于直线形灯槽,如采用曲线形,按人工乘以系数 1.5 计算,其他不变。

(八)窗帘等装饰布制作安装

1. 工程量计算规则

(1)窗帘布、窗纱布、垂直窗帘的工程量按展开面积计算。

(2)窗水波幔帘按延长米计算。

2. 相关规定

(1)窗帘分为购入成品窗帘安装和窗帘制作安装两类。

(2)窗帘制作安装包括窗帘布加工成型、安装等全部操作过程。

(九)成品保护

1. 工程量计算规则

石材防护剂按实际涂刷面积计算,成品保护层按相应子目工程量计算,台阶、楼梯按水平投影面积计算。

2. 相关规定

(1)成品保护是指对已做好的项目面层上覆盖保护层,保护层的材料不同不得换算,实际施工中未覆盖的,不得计算成品保护。

(2)成品保护根据不同的部位(地面、台阶、幕墙、铝合金门窗、墙面、金属饰面)分套不同的子目,如楼梯进行成品保护套用台阶子目,按基价乘以系数 0.9 执行。

(十)隔断

1. 工程量计算规则

(1)半玻璃隔断是指上部为玻璃隔断,下部为其他墙体,其工程量按半玻璃设计边框外边线以平方米(m^2)计算。

(2)全玻璃隔断是指其高度自下横档底算至上横档顶面，宽度按两边立框外边以平方米(m^2)计算。

(3)玻璃砖隔断，按玻璃砖格式框外围面积计算。

(4)浴厕木隔断，其高度自下横档底算至上横档顶面以平方米(m^2)计算。门扇面积并入隔断面积内计算。

(5)塑钢隔断，按框外围面积计算。

2. 相关规定

(1)铝合金玻璃隔断的铝合金型材是按 76.30 mm×44.50 mm、间距 1000 mm×500 mm 计算的，设计规格不符时，含量按比例换算，其他不变。

(2)全玻璃隔断的隔断玻璃边框木材断面按 125 mm×75 mm 计算，断面不同，按比例换算。

(3)浴厕隔断的木材应按设计用量加 5%损耗按实调整。

(十一)货架、柜橱类

货架、柜橱类均以正立面的高(包括脚的高度在内)乘以宽以平方米(m^2)计算。

收银台以个计算，其他以延长米计算。

典型案例分析

【案例 2-6-1】 图 2-6-1 所示天棚采用 ϕ8 mm 钢吊筋，装配式 U 形轻钢龙骨，纸面石膏板面层，方格尺寸为 400 mm×600 mm，天棚与墙相接处采用 60 mm×60 mm 红松阴角线，凹凸处阴角采用 15 mm×15 mm 阴角线，线条均为成品，安装完成后采用清漆油漆两遍。计算线条安装的工程量、综合单价和合价(按土建三类计取管理费和利润)。

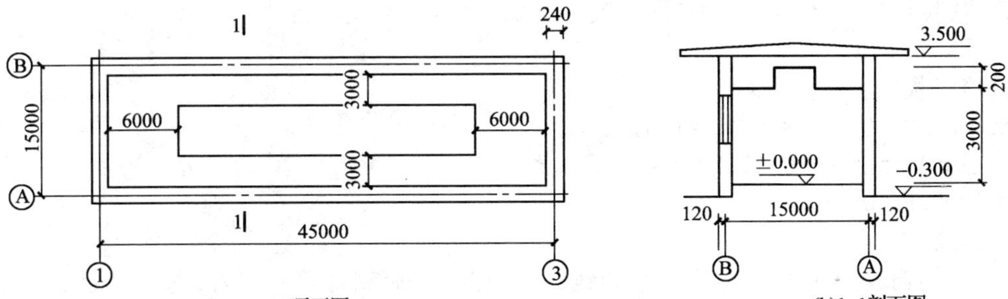

图 2-6-1 某工程顶面和剖面图

解：(1)列项

油漆(17-23-28)、15 mm×15 mm 阴角线(18-$19_{换}$)、60 mm×60 mm 阴角线(18-21)。

(2)计算工程量

油漆：(83.04＋119.04)×0.35＝70.728 m

15 mm×15 mm 阴角线：[(45－0.24－6×2)＋(15－0.24－3×2)]×2＝83.04 m

60 mm×60 mm 阴角线：[(45－0.24)＋(15－0.24)]×2＝119.04 m

(3)套用计价定额

计算结果见表 2-6-1。

表 2-6-1　　计算结果

序号	定额编号	项目名称	计量单位	工程量	综合单价/元	合价/元
1	17-23-28	油漆	10 m	7.0728	132.23	935.24
2	$18\text{-}19_{换}$	15 mm×15 mm 阴角线	100 m	0.8304	622.76	517.14
3	18-21	60 mm×60 mm 阴角线	100 m	1.1904	966.70	1150.76
合计						2603.14

注：$18\text{-}19_{换}$=458.84+0.68×175.95×1.37=622.76 元/100 m(钉在钢龙骨上)。

答：该线条安装工程的合价为 2603.14 元。

【案例 2-6-2】 已知有 1 个门 M1 尺寸为 1200 mm×2000 mm，8 个窗 C1 尺寸为 1200 mm×1500 mm×80 mm。图 2-6-2 所示为门窗内部装饰详图(土建三类)，门做门套和贴脸，窗在内部做窗套和贴脸，贴脸采用 50 mm×5 mm 成品木线条(3 元/m)，45°斜角连接，门窗套采用细木工板底、普通切片三夹板面，门窗套与贴脸采用清漆油漆两遍。计算门窗内部装饰的工程量、综合单价和合价。

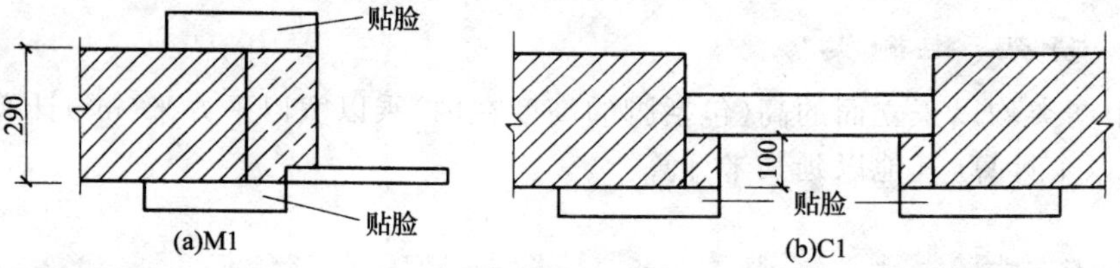

图 2-6-2　门窗内部装饰详图

解：(1)列项

贴脸($18\text{-}13_{换}$)、窗套(18-45)、门套($18\text{-}48_{换}$)、油漆(17-24-29)。

(2)计算工程量

①贴脸

M1 贴脸：(外围延长米)[1.2+0.05×2+(2+0.05)×2]×2=10.8 m

C1 贴脸：(1.2+0.05×2+1.5+0.05×2)×2×8=46.4 m

小计：57.2 m

②筒子板

M1：(1.2+2×2)×0.29=1.51 m^2

C1：(1.2+1.5)×0.1×2×8=4.32 m^2

小计：5.83 m^2

③油漆

5.83(门窗套不论有无拼花图案和线条，均按展开面积计算)+57.2×0.05=8.69 m^2

(3)套用计价定额

计算结果见表 2-6-2。

表 2-6-2　　计算结果

序号	定额编号	项目名称	计量单位	工程量	综合单价/元	合价/元
1	$18\text{-}13_{换}$	贴脸	100 m	0.572	589.72	337.32
2	18-45	窗套	10 m^2	0.432	1461.83	631.51
3	$18\text{-}48_{换}$	门套	10 m^2	0.151	1688.42	254.95
4	17-24-29	油漆	10 m^2	0.869	379.13	329.46
合计						1553.24

注：$18\text{-}13_{换}$=643.72−378+108×3=589.72 元/100 m

$18\text{-}48_{换}$=1839.72−151.30=1688.42 元/10 m^2

答：该门窗内部装饰的合价为 1553.24 元。

【案例 2-6-3】 某单位一小会议室吊顶如图 2-6-3 所示。采用不上人型轻钢龙骨，龙骨间距 400 mm×600 mm，面层为纸面石膏板，清油封底，刮白水泥腻子三遍，刷白色乳胶漆三遍，与墙连接处用 100 mm×30 mm 石膏阴角线交圈，刷白色乳胶漆，窗帘盒用木工板制作，展开宽度为 500 mm，回光灯槽用木工板制作。窗帘盒、回光灯槽处清油封底并做乳胶漆（做法同上），纸面石膏板贴自黏胶带按 1.5 m/m² 考虑，暂不考虑防火漆。计算该分项工程的综合单价和合价（不考虑材差及费率调整）。

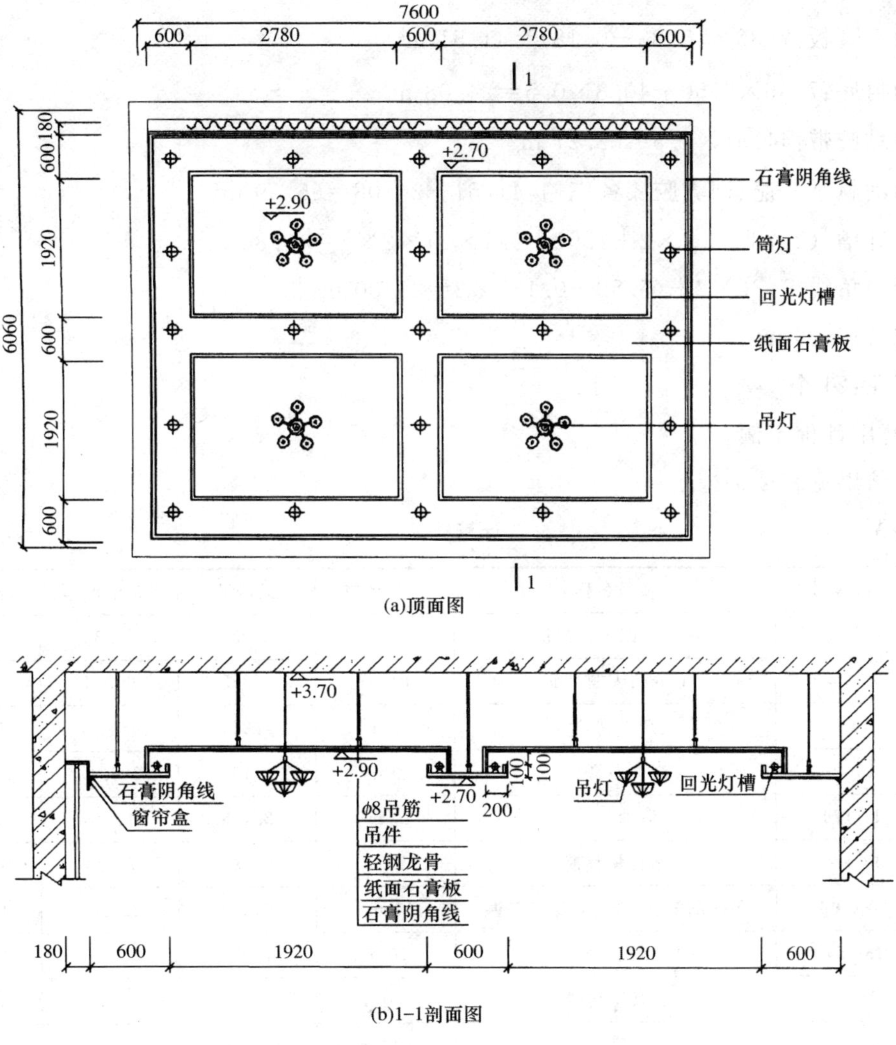

图 2-6-3　某单位一小会议室吊顶图

分析：(1)按计价定额计算时，考虑该天棚高差 200 mm：$S_1/(S_1+S_2)=13.33/(13.33+29.51)\times100\%=31.12\%>15\%$，该天棚为复杂型天棚。

(2)按计价定额计算吊筋时要按距楼板的高度不同分别套用。

(3)按计价定额计算石膏阴角线刷乳胶漆工程量时应并入天棚中，不另计算。

解：(1)列项

0.8 m 凹天棚吊筋（15-34$_{换}$），1 m 凸天棚吊筋（15-34），复杂天棚龙骨（15-8），纸面石膏板(15-46)，清油封底(17-174)，贴自黏胶带(17-175)，天棚刮腻子、刷乳胶漆各三遍($17\text{-}179_{换}$)，回光灯槽($18\text{-}65_{换}$)，石膏阴角线(18-26)，窗帘盒($18\text{-}66_{换}$)，筒灯孔(18-63)。

(2)计算工程量

0.8 m凹天棚吊筋：$(2.78+0.2\times2)\times(1.92+0.2\times2)\times4=29.51\ m^2$

1 m凸天棚吊筋：$7.36\times5.82-29.51=13.33\ m^2$

复杂天棚龙骨：$7.36\times5.82=42.84\ m^2$

纸面石膏板：$7.36\times(5.82-0.18)=41.51\ m^2$

清油封底：$7.36\times0.50+40.8\times0.5=24.08\ m^2$

贴自黏胶带：$41.51\times1.5=62.27$ m

天棚刮腻子三遍、刷乳胶漆各三遍：$41.51+24.08=65.59\ m^2$

回光灯槽：$(2.78+0.1\times2+1.92+0.1\times2)\times2\times4=40.80$ m

石膏阴角线：$7.36\times2+(5.82-0.18)\times2=26.00$ m

窗帘盒：7.36 m

筒灯孔：21 个

(3)套用计价定额

计算结果见表 2-6-3。

表 2-6-3　　　　　　　　　　计算结果

序号	定额编号	项目名称	计量单位	工程量	综合单价/元	合价/元
1	$15\text{-}34_{换}$	0.8 m凹天棚吊筋	10 m^2	2.951	56.33	166.23
2	15-34	1 m凸天棚吊筋	10 m^2	1.333	60.54	80.70
3	15-8	复杂天棚龙骨	10 m^2	4.284	639.87	2741.20
4	15-46	纸面石膏板	10 m^2	4.151	306.47	1272.16
5	17-174	清油封底	10 m^2	2.408	43.68	105.18
6	17-175	贴自黏胶带	10 m	6.227	77.11	480.16
7	$17\text{-}179_{换}$	天棚刮腻子、刷乳胶漆各三遍	10 m^2	6.559	296.83	1946.91
8	$18\text{-}65_{换}$	回光灯槽	10 m	4.080	277.12	1130.65
9	18-26	石膏阴角线	100 m	0.2600	1455.35	378.39
10	$18\text{-}66_{换}$	窗帘盒	100 m	0.0736	5110.43	376.13
11	18-63	筒灯孔	10 个	2.1	28.99	60.88
合计						8738.59

注：$15\text{-}34_{换}=60.54+(0.55/0.75-1)\times15.8=56.33$ 元/10 m^2

$18\text{-}65_{换}=461.87\times0.3/0.5=277.12$ 元/10 m

$18\text{-}66_{换}=4088.34\times0.5/0.4=5110.43$ 元/100 m

答：该分项工程的合价为 8738.59 元。

项目分析

为教学方便所套用计价定额以2014年计价定额为准且按土建三类工程考虑。

(1)列项

石材装饰线(18-29)。

(2)计算工程量

石材装饰线：$1+0.8\times2+2.65+0.43\times2+0.9+0.7+0.8\times2+1+0.26=10.57$ m

(3)套用计价定额

计算结果见表2-6-4。

表2-6-4　计算结果

序号	定额编号	项目名称	计量单位	工程量	综合单价/元	合价/元
1	18-29	石材装饰线	100 m	0.1057	11109.56	1174.28

思考与拓展

一、判断题

1. 明窗帘盒按设计长度以延长米计算，暗窗帘盒按展开面积计算。　(　　)

2. 美术字安装按字的外围最大矩形面积以个计算。　(　　)

二、单项选择题

1. 木龙骨纸面石膏板天棚上钉成品木装饰条，人工按相应定额乘以系数(　　)。

A. 1.34　　B. 1.68　　C. 1.5　　D. 1.8

2. 下列按长度计算的有(　　)。

A. 门窗套　　B. 窗台板　　C. 贴脸　　D. 筒子板

三、项目训练与提高

请按计价定额完成附录1中某剧团观众厅的零星工程列项、工程量及综合单价和合价。

项目 7

计算高层施工人工降效费

能力目标

1. 会应用《江苏省建筑与装饰工程计价定额》中第十九章"建筑物超高增加费"中的工程量计算规则和方法；

2. 会进行高层施工人工降效计算条件的判别；

3. 能结合实际施工图进行高层施工人工降效单价的确定。

知识支撑点

1. 高层施工人工降效的计算条件；

2. 高层施工人工降效的计算规则；

3.《江苏省建筑与装饰工程计价定额》中关于高层施工人工降效套价的规定。

职业资格标准链接

1. 熟悉单独装饰工程高层施工人工降效费的计算方式和计算程序；

2. 掌握单独装饰工程高层施工人工降效费的计算方法，定额措施项目的正确选用与换算。

项目背景

假设第七层有个背景墙如图 2-7-1 所示，请按计价定额完成该背景墙的装饰工程列项、工程量及综合单价和合价。

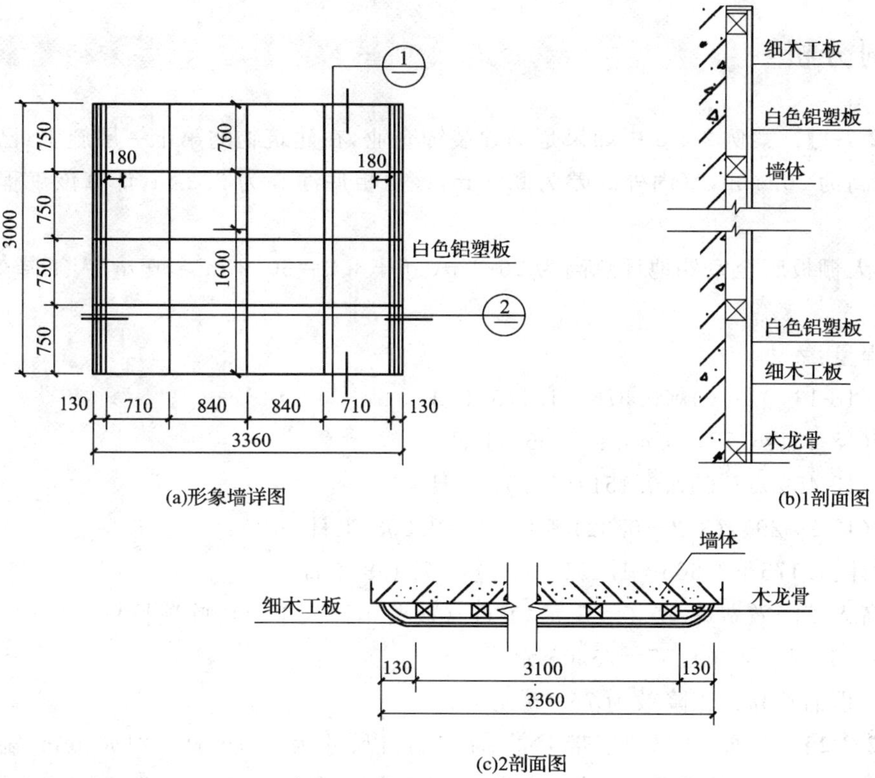

图 2-7-1　第七层的背景墙

工程量计算规则及相关规定

1. 工程量计算规则

(1)单独装饰工程超高部分人工降效以超过 20 m 或 6 层部分的人工费分段计算。

(2)计价定额中的计算表(表 2-7-1)所列建筑物高度为 200 m,超过此高度按比上个计算段的比例基数递增 2.5%推算。

表 2-7-1　　**计算表**　　%

定额编号		19-19	19-20	19-21	19-22	19-23	19-24
项目	计算基础	建筑物高度在 m(层数)以内					
		20～30	30～40	40～50	50～60	60～70	70～80
		(7～10)	(11～13)	(14～16)	(17～19)	(20～22)	(23～25)
人工	人工费	5	7.5	10	12.5	15	17.5

2. 单独装饰工程超高人工降效

由于在 20 m 以上施工时,人工耗用比 20 m 以下的人工要高些,故每增加 10 m 高度,相应计算段人工增加一定比例。

(1)高度和层数,只要其中一个指标达到规定,即可套用该项目。

(2)当同一个楼层中的楼面和天棚不在同一计算段内时,按天棚面标高段为准计算。

(3)装饰工程的高层施工人工降效费作为单价措施项目费计入计价程序。

典型案例分析

【案例 2-7-1】 案例 2-6-2 中如果是单独装饰企业，在建筑物的第十一层施工，已知该层楼面相对标高为 26.4 m，室内外高差为 0.6 m，该层板底净高为 3.2 m，计算该工程的超高人工降效。

解：(1)天棚板底至室外地坪总高为 26.4＋0.6＋3.2＝30.2 m＞30 m，人工降效按 19-20 计算。

(2)工程量：

①贴脸(18-13$_{换}$)：2.04×0.576＝1.175 工日

②窗套(18-45)：6.17×0.432＝2.665 工日

③门套(18-48$_{换}$)：7.65×0.151＝1.155 工日

④油漆(17-24-29)：(3.2－0.32)×0.869＝2.503 工日

工日小计：1.175＋2.665＋1.155＋2.503＝7.498 工日

(3)超高人工降效费(一类工：85 元/工日)(该费用计入单价措施项目)：

7.498×85×7.5%×1.57＝75.05 元

答：该工程的超高人工降效为 75.05 元。

【案例 2-7-2】 现有 10 樘单层带上亮木门，洞口尺寸为 900 mm×2100 mm，刷硝基清漆，工作内容为：润油粉、刮腻子、刷硝基清漆、磨退出亮，在第十二层施工，楼面标高为 30.2 m，天棚结构板底标高为 33.6 m，室内外高差为 0.60 m，其他同计价定额。试计算该门油漆工程的超高人工降效。

解：(1)列项

单层带上亮木门刷硝基清漆(19-20)、超高人工降效(17-76)。

(2)计算工程量

单层带上亮木门刷硝基清漆：0.9×2.1×0.96×10＝18.14 m^2

(3)超高人工降效(17-76)

766.7×7.5%×1.37×1.814＝142.90 元

答：该门油漆工程的超高人工降效为 142.90 元(该费用计入单价措施项目费)。

项目分析

为教学方便所套用计价定额以 2014 年计价定额为准且按土建三类工程考虑。

(1)列项

木龙骨(14-168)、细木工板(14-185)、白色铝塑板(14-199)。

(2)计算工程量

木龙骨：3.36×3.0＝10.08 m^2

细木工板：3.36×3.0＝10.08 m^2

白色铝塑板：3.36×3.0＝10.08 m^2

(3)超高人工降效(19-19)

(14-168):1.008×181.9×5%×1.37=12.56 元

(14-185):1.008×101.15×5%×1.37=6.98 元

(14-199):1.008×136.85×5%×1.37=9.45 元

小计:28.99 元(作为单价措施项目费计入计价程序)。

思考与拓展

一、填空题

建筑物设计室外地坪至檐口高度超过________时,应计算超高费。

二、判断题

单独装饰工程超高部分人工降效主要是考虑建筑物高度增加所带来的人工、机械的效率降低的补偿。（　　）

三、单项选择题

1. 单独装饰工程超高部分人工降效计取高度以超过(　　)为界。

A. 20 m　　B. 30 m　　C. 40 m　　D. 50 m

2. 单独装饰工程超高部分人工降效以超高部分的(　　)分段计算。

A. 人工费　　B. 材料费　　C. 机械费　　D. 人工费+材料费+机械费

3. 单独装饰工程计取超高费高度以(　　)为准。

A. 室外地坪至楼面高度　　B. 室外地坪至天棚高度

C. 室内地面至楼面高度　　D. 室内地面至天棚高度

四、项目训练与提高

设附录1装饰图的局长办公室及党委会议室在第七层,计算其超高人工降效费。

项目 8 计算脚手架工程费

能力目标

1. 会应用《江苏省建筑与装饰工程计价定额》中第二十章“脚手架工程”中的工程量计算规则和方法；

2. 会计算脚手架工程量并计价；

3. 能结合实际施工图进行脚手架工程量计算并计价。

知识支撑点

1. 抹灰脚手架、满堂脚手架工程量计算规则；

2.《江苏省建筑与装饰工程计价定额》中关于抹灰脚手架、满堂脚手架套价的规定。

职业资格标准链接

1. 熟悉单独装饰工程脚手架措施项目的种类及包含的费用内容，脚手架措施项目的计算方式和计算程序；

2. 掌握单独装饰工程脚手架工程措施项目的计算方法，定额措施项目的正确选用与换算。

项目背景

图 2-1-1～图 2-1-10 所示为某市人力资源市场一层大厅，请列出脚手架工程的相关项目，计算工程量并求其综合单价和合价。

工程量计算规则及相关规定

(一)工程量计算规则

1. 抹灰脚手架

(1)钢筋混凝土单梁、柱、墙，按以下规定计算脚手架：

①单梁：以梁净长乘以地坪(或楼面)至梁顶面高度计算。

②柱：以柱结构外围周长加 3.60 m 乘以柱高计算。

③墙：以墙净长乘以地坪(或楼面)至板底高度计算。

(2)墙面抹灰：以墙净长乘以净高计算。柱和墙相连时，柱面突出墙面部分并入墙面工程量内计算。

(3)当有满堂脚手架可以利用时，不再计算墙、柱、梁面抹灰脚手架。

(4)天棚抹灰高度在 3.60 m 以内，按天棚抹灰面(不扣除柱、梁所占的面积)以平方米计算。

2. 满堂脚手架

天棚抹灰高度超过 3.60 m，按室内净面积计算满堂脚手架，不扣除柱、垛、附墙烟囱所占面积。

(1)基本层：高度在 8 m 以内，计算基本层。

(2)增加层：高度超过 8 m，每增加 2 m 计算一层增加层，计算公式如下：

$$增加层数=[室内净高(m)-8\ m]/2\ m$$

余数在 0.6 m 以内，不计算增加层；余数超过 0.6 m，按增加一层计算。

(3)满堂脚手架高度以室内地坪面(或楼面)至天棚面或屋面板的底面为准(斜的天棚或屋面板按平均高度计算)。

(二)相关规定

(1)外墙镶(挂)贴脚手架定额适用于单独外装饰工程脚手架搭设。

(2)高度在 3.60 m 以内的墙面、天棚、柱、梁抹灰(包括钉间壁、钉天棚)用的脚手架工程费套用 3.60 m 以内的抹灰脚手架。当室内(包括地下室)净高超过 3.60 m 时，天棚抹灰(包括钉天棚)应按满堂脚手架计算，但其内墙抹灰不再计算脚手架。高度在 3.60 m 以上的内墙面抹灰(包括钉间壁)，当无满堂脚手架可以利用时，可按墙面垂直投影面积计算抹灰脚手架。

(3)建筑物室内天棚面层净高在 3.60 m 以内，吊筋与楼层的连接点高度超过 3.60 m，应按满堂脚手架相应定额综合单价乘以系数 0.60 计算。

(4)墙、柱梁面刷浆、油漆的脚手架按抹灰脚手架相应定额乘以系数 0.10 计算。室内天棚净高超过 3.60 m 的板下勾缝、刷浆、油漆可另行计算一次脚手架工程费，按满堂脚手架相应项目乘以系数 0.10 计算。

(5)天棚、柱、梁、墙面不抹灰但满批腻子时，脚手架执行同抹灰脚手架。

(6)建筑物外墙设计采用幕墙装饰，不需要砌筑墙体，根据施工方案需要搭设外围防护脚手架的，且幕墙施工不利用外防护架，应按砌墙脚手架相应子目另计防护脚手架。

(三)檐高超过 20 m 脚手架材料增加费的工程量计算规则

建筑物檐高超过 20 m,即可计算脚手架材料增加费;建筑物檐高超过 20 m,脚手架材料增加费以建筑物超过 20 m 部分建筑面积计算。

(四)檐高超过 20 m 脚手架材料增加费的相关规定

(1)计价定额中脚手架是按建筑物檐高在 20 m 以内编制的,檐高超过 20 m 时应计算脚手架材料增加费。

(2)檐高超过 20 m 脚手架材料增加费内容包括脚手架使用周期延长摊销费、脚手架加固费两部分。脚手架材料增加费包干使用,无论实际发生多少,均按计价定额执行,不调整。

(3)檐高超过 20 m 脚手架材料增加费按下列规定计算:

①檐高超过 20 m 的建筑物,应根据脚手架计算规则按全部外墙脚手架面积计算。

②同一建筑物中有 2 个或 2 个以上的不同檐口高度时,应分别按不同高度竖向切面的外脚手架面积套用相应子目。

典型案例分析

【案例 2-8-1】 某二类建筑工程二楼会议室平面图如图 2-8-1 所示,楼层层高 4 m,楼板厚度 200 mm,采用吸音板天棚,天棚面距楼面 3.2 m,请计算该会议室钉天棚脚手架项目的综合单价和合价。

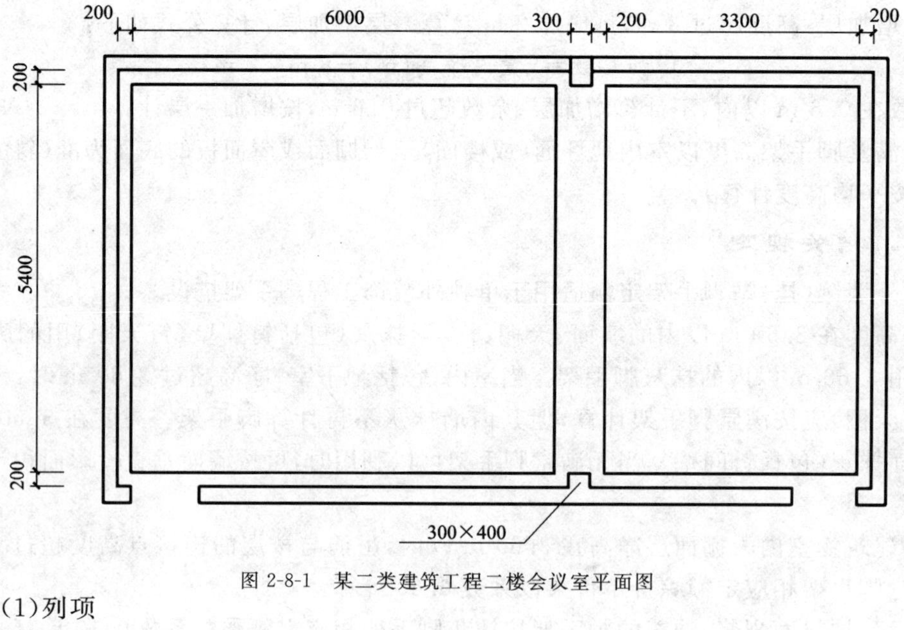

图 2-8-1 某二类建筑工程二楼会议室平面图

解:(1)列项

满堂脚手架(20-20换)。

(2)计算工程量

满堂脚手架:$(5.4+0.2\times2)\times(6.0+0.3+3.3+0.2\times3)=59.16\ m^2$

(3)套用计价定额

计算结果见表 2-8-1。

注意:二类工程、层高超过 3.6 m,但天棚面高度未超过 3.6 m。

表 2-8-1　　计算结果

序号	定额编号	项目名称	计量单位	工程量	综合单价/元	合价/元
1	$20\text{-}20_{换}$	满堂脚手架	10 m^2	5.916	95.78	566.63
合计						566.63

注：$20\text{-}20_{换}$＝[156.85＋(82＋10.88)×(28%－25%)]×0.6＝95.78 元/10 m^2

答：该会议室钉天棚脚手架项目的合价为 566.63 元。

【案例 2-8-2】 某六层建筑，每层高度均大于 2.2 m，平面呈矩形，轴线尺寸 84000 mm×12000 mm，墙厚 240 mm，女儿墙高 500 mm。图 2-8-2 所示为房屋分层高度，该房屋外墙需镶贴块料面层，搭设钢管扣件式外脚手架。计算该建筑的脚手架材料增加费。

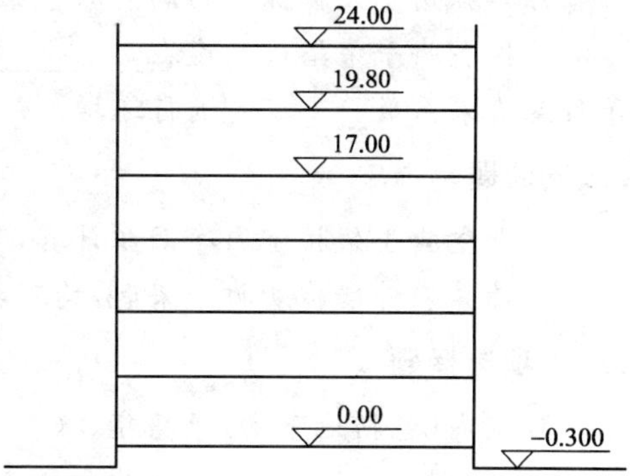

图 2-8-2　房屋分层高度

解：(1)列项

檐高：24＋0.3＝24.3 m，选用建筑物檐高 30 m 以内(20-85)。

(2)计算工程量：

工程量：[(84＋0.24)＋(12＋0.24)]×2×(24＋0.3＋0.5)＝4785.41 m^2

(3)套用计价定额

计算结果见表 2-8-2。

表 2-8-2　　计算结果

序号	定额编号	项目名称	计量单位	工程量	综合单价/元	合价/元
1	20-85	建筑物高度 30 m 以内脚手架材料增加费	10 m^2	478.541	11.93	5708.99
合计						5708.99

答：该建筑的脚手架材料增加费为 5708.99 元。

项目分析

为教学方便所套用计价定额以 2014 年计价定额为准且按土建三类工程考虑。

(1)列项

满堂脚手架(20-20)。

(2)计算工程量

满堂脚手架：4.56×9.76＝44.51 m^2

(3)套用计价定额

计算结果见表 2-8-3。

表 2-8-3　　计算结果

序号	定额编号	项目名称	计量单位	工程量	综合单价/元	合价/元
1	20-20	满堂脚手架	10 m^2	4.451	156.85	698.14
合计						698.14

思考与拓展

一、填空题

1.单独用于天棚抹灰的满堂脚手架按相应定额子目乘系数________。

2.抹灰脚手架搭设高度在________m以上,高度每增加________m,按12 m以内定额子目基价乘系数________进行递增。

二、判断题

1.满堂脚手架按室内净面积计算,不扣除柱、垛所占面积。（ ）

2.计算内外墙抹灰脚手架时,均不扣除门窗洞口、空圈洞口所占面积。（ ）

三、单项选择题

1.室内(包括地下室)净高超过( )时,天棚抹灰(包括钉天棚)应按满堂脚手架计算。

A. 3 m　B. 3.6 m　C. 5 m　D. 8 m

2.凡工业与民用建筑、构筑物所需搭设的脚手架均按计价定额执行,适用于檐高20 m以内的建筑物,前后檐高不同,按( )的高度计算。

A.较高　B.较低　C.平均　D.分别

3.建筑物檐高超过20 m,但其最高一层或其中一层楼面未超过20 m,则该楼层脚手架材料增加费( )。

A.不能计算超高增加费

B.按整层计算超高增加费

C.计算20 m以上部分每增高1 m增加费

D.既按整层计算超高增加费,又计算20 m部分每增高1 m增加费

四、项目训练与提高

请按计价定额完成附录1某剧团观众厅的脚手架工程列项、工程量及综合单价和合价。

项目 9
计算单独装饰工程垂直运输费

能力目标

1. 会应用《江苏省建筑与装饰工程计价定额》中第二十三章“垂直运输费”中的工程量计算规则和方法；

2. 会计算单独装饰工程垂直运输费；

3. 能结合实际施工图进行单独装饰工程垂直运输费计算。

知识支撑点

1. 单独装饰工程垂直运输费工程量计算规则；

2.《江苏省建筑与装饰工程计价定额》中关于单独装饰工程垂直运输费套价的规定。

职业资格标准链接

1. 熟悉单独装饰工程垂直运输费的计算方式和计算程序；

2. 掌握单独装饰工程垂直运输费的计算方法，定额措施项目的正确选用与换算。

项目背景

第七层的背景墙如图 2-7-1 所示，由装饰企业通过卷扬机进行垂直运输施工，请计算其垂直运输费。

工程量计算规则及相关规定

(一)工程量计算规则

(1)单独装饰工程垂直运输机械台班,区分不同施工机械、垂直运输高度、层数,按定额工日分别计算。

(2)施工塔吊、电梯基础,塔吊及电梯与建筑物连接件,按施工电梯的不同型号以台计算。

(二)相关规定

(1)檐高是指设计室外地坪至檐口的高度,突出主体建筑物顶的女儿墙、电梯间、楼梯间、水箱等不计入檐口高度以内;层数是指地面以上建筑物的高度。

(2)计价定额项目划分是以建筑物檐高、层数两个指标界定的,只要其中一个指标达到计价定额规定,即可套用该定额子目。

(3)檐高 3.60 m 内的单层建筑物和围墙,不计算垂直运输机械台班。

(4)垂直运输高度小于 3.60 m 的一层地下室,不计算垂直运输机械台班。

(5)由于装饰工程的特点,一个单位工程的装饰可能由几个施工单位分块承包施工,既要考虑垂直运输高度又要兼顾操作面的因素,故采用分段计算。例如,第七～十层为甲单位承包施工的一个施工段;第十一～十三层为乙单位承包施工的一个施工段。

材料从地面运到各个高度施工段的垂直运输费不一样,因而需要划分几个定额步距来计算,否则就会产生不合理现象。故计价定额按此原则制定子目的划分,同时还应注意该项费用是以相应施工段工程量所含工日为计量单位的计算方式。

(6)施工电梯与建筑物连接铁件檐高超过 30 m 时才计算,30 m 以上每增高 10 m 按 0.04 t计算(计算高度=建筑物檐高)。

典型案例分析

【案例 2-9-1】 某装饰施工企业施工第十层的住宅装饰工程,卷扬机施工,按计价定额计算分部分项工程人工工日合计 200 个工日,其余同计价定额,计算该装饰工程的垂直运输费。

分析:计价定额项目划分是以建筑物檐高、层数两个指标界定的,只要其中一个指标达到规定,即可套用该定额子目。案例中未给檐高,按层数套用定额子目。

解:(1)列项

垂直运输费(23-31$_{换}$)。

(2)计算工程量

垂直运输费:200 工日

(3)套用计价定额

计算结果见表 2-9-1。

表 2-9-1　计算结果

序号	定额编号	项目名称	计量单位	工程量	综合单价/元	合价/元
1	23-31$_{换}$	垂直运输费	10 工日	20	51.22	1024.4
合计						1024.4

注：$23\text{-}31_{换}$ = 50.57 + 32.63 × (42% − 40%) = 51.22 元/10 工日

答：该工程垂直运输费为 1024.4 元。

【案例 2-9-2】 某装饰公司施工某住宅第九～十一层的装饰工程，卷扬机施工，按计价定额计算分部分项工程人工工日分别为：第九层 90 个工日，第十层 120 个工日，第十一层 220 个工日，其他同计价定额。计算该装饰工程的垂直运输费。

解：(1)列项

垂直运输费($23\text{-}31_{换}$、$23\text{-}32_{换}$)。

(2)计算工程量

垂直运输费($23\text{-}31_{换}$)：210 工日(第九～十层)

垂直运输费($23\text{-}32_{换}$)：220 工日(第十一层)

(3)套用计价定额

计算结果见表 2-9-2。

表 2-9-2　　计算结果

序号	定额编号	项目名称	计量单位	工程量	综合单价/元	合价/元
1	$23\text{-}31_{换}$	垂直运输费	10 工日	21	51.22	1075.62
2	$23\text{-}32_{换}$	垂直运输费	10 工日	22	52.35	1151.7
合计						2227.32

注：$23\text{-}31_{换}$ = 50.57 + 32.63 × (42% − 40%) = 51.22 元/10 工日

$23\text{-}32_{换}$ = 51.68 + 33.34 × (42% − 40%) = 52.35 元/10 工日

答：该装饰工程垂直运输费为 2227.32 元。

项目分析

2014 年计价定额中管理费费率为 40%，故应换算管理费。

(1)列项

垂直运输费($23\text{-}31_{换}$)。

(2)计算工程量

垂直运输费：2.38 + 1.32 + 1.62 = 5.32 工日

(3)套用计价定额

计算结果见表 2-9-3。

表 2-9-3　　计算结果

序号	定额编号	项目名称	计量单位	工程量	综合单价/元	合价/元
1	$23\text{-}31_{换}$	垂直运输费	10 工日	0.532	51.22	27.25
合计						27.25

注：$23\text{-}31_{换}$ = 50.57 + 32.63 × (42% − 40%) = 51.22 元/10 工日

答：该背景墙的垂直运输费为 27.25 元。

思考与拓展

一、填空题

建筑物檐高在________米以内，不计算垂直运输机械台班。

二、判断题

计取建筑物的垂直运输机械的工程量为建筑面积。（ ）

三、单项选择题

1. 檐高是指（ ）的高度。

A. 设计室外地坪至檐口 B. 设计室内地坪至檐口

C. 实际室外地坪至檐口 D. 实际室内地坪至檐口

2. 垂直运输高度小于（ ）的一层地下室，不计算垂直运输机械台班。

A. 3 m B. 3.6 m C. 5 m D. 8 m

3. 檐高（ ）内的单层建筑物和围墙，不计算垂直运输机械台班。

A. 3 m B. 3.6 m C. 5 m D. 8 m

4. 单独装饰工程垂直运输费项目划分是以建筑物檐高、层数两个指标界定的，（ ）即可套用该定额子目。

A. 两个指标同时达到 B. 优选檐高指标

C. 优选层数指标 D. 只要一个指标达到

5. 单独装饰工程垂直运输费的工程量是（ ）。

A. 天数 B. 台班数 C. 工日数 D. 元

四、项目训练与提高

请按计价定额计算附录1装饰图中某剧团观众厅的垂直运输费。

项目 10
计算其他措施项目费

能力目标

1. 会应用《江苏省建设工程费用定额》(2014)(以下简称费用定额)中的规定结合实际工程进行其他措施项目的计算系数取定;

2. 能结合实际施工图进行其他措施项目费计算。

知识支撑点

1. 费用定额中关于其他措施项目包含的内容;

2. 费用定额中关于其他措施项目费计算基础;

3. 费用定额中关于其他措施项目费取费费率。

职业资格标准链接

1. 熟悉单独装饰工程其他措施项目费的计算方式和计算程序;

2. 掌握单独装饰工程其他措施项目费的计算方法,取费基础与取费系数的正确运用与计算。

项目背景

假定某市人力资源市场一层大厅装修工程的分部分项工程费为50万,措施项目费中临时设施费取1%,安全文明施工措施费中基本费率为1.6%,省级标化增加费为0.4%,试完成该市人力资源市场一层大厅装修图的其他措施项目费计算。

其他措施项目主要包括：环境保护费、临时设施费、夜间施工增加、工程按质论价、赶工措施、现场安全文明措施、特殊条件下施工增加和其他项目费。

按相关规定，其他措施项目可分为以下两种：

(1)不可竞争费，例如，现场安全文明施工措施费。

(2)可竞争费，即除不可竞争费以外的其他费用。

其他措施项目费计算规则及相关规定

其他措施项目费主要按照计算规则给出的系数由合同双方约定进行计算，计算基础是：分部分项工程费+单价措施项目费－工程设备费。

其他措施项目费的内容和费率由合同双方约定，但计算基础应同上。

典型案例分析

【案例 2-10-1】 某装饰施工企业单独施工江苏省市区内的教学楼地砖地面及踢脚线工程，采用卷扬机施工，合同人工单价为 90 元/工日，该楼面位于第十一层，其构造为：20 mm 厚 1∶3 水泥砂浆找平层，刷素水泥浆一道，5 mm 厚 1∶2 水泥砂浆粘贴 600 mm×600 mm 地砖(市价 25 元/块)，踢脚线高度 150 mm，其余材料同计价定额中的价格，地砖地面工程量为 1500 m^2，踢脚线长度 500 m，用计价定额计算工程造价(已知：临时设施费费率为 1%，社会保险费费率为 2.2%，公积金费率为 0.38%，税率为3.447%)。

解：(1)列项

地砖地面(13-83$_{换}$)、地砖踢脚线(13-95$_{换}$)、垂直运输费(23-31$_{换}$)、超高人工降效(19-19)、临时设施费。

(2)计算工程量

地砖地面：1500 m^2

地砖踢脚线：500 m

垂直运输费：3.31×150+0.98×50=545.50 工日

(3)套用计价定额

计算结果见表 2-10-1。

表 2-10-1　　计算结果

序号	定额编号	项目名称	计量单位	工程量	综合单价/元	合价/元
1	13-83$_{换}$	地砖地面	10 m^2	150	1260.60	189090
2	13-95$_{换}$	地砖踢脚线	10 m	50	259.70	12985
小计						202075
3	23-31$_{换}$	垂直运输费	10 工日	54.55	51.22	2794.05
4	19-19	超高人工降效	元	545.5×90	7.5%	3682.13
5		临时设施费	项	202075+2794.05+3682.13	0.01	2085.51
小计						8561.69

注：13-83$_{换}$=10.20×69.44+588.53－510+(3.31×90+3.68)×(1+42%+15%)=1260.60 元/10 m^2

地砖每平方米价格=25/(0.6×0.6)=69.44 元/m^2

13-95$_{换}$=89.69－76.50+1.53×69.44+(0.98×90+1.14)×1.57=259.70 元/10 m

23-31$_{换}$=50.57+32.63×(42%－40%)=51.22 元/10 工日

(4)总造价计算程序

见表 2-10-2。

表 2-10-2　　**总造价计算程序**

序号	费用名称		计算公式和结果/元
一	分部分项工程费		202075
二	措施项目费		8561.69
三	其他项目费		0
四	规　费		5434.43
	其中	社会保险费	(202075＋8561.69)×2.2%＝4634.01
		公积金	(202075＋8561.69)×0.38%＝800.42
五	税　金		(202075＋8561.69＋0＋5434.43)×3.447%＝7447.97
六	工程造价		223519.09

答:该工程造价为 223519.09 元。

【案例 2-10-2】　某会议室天棚吊顶,采用 ϕ8 mm 钢吊筋连接,装配式 U 型(不上人型)轻钢龙骨,纸面石膏板面层,面层规格为 400 mm×600 mm。如图 2-10-1 所示,最低天棚面层到吊筋安装点的高度为 1 m,石膏板面层刷乳胶漆两遍(不考虑自黏胶带),线条刷润油粉、刮腻子、聚氨酯清漆两遍(双组分混合型)。措施项目费仅考虑安全文明措施费、脚手架工程费,安全文明措施费费率 1%;人工工资单价、管理费费率、利润率按计价定额子目不做调整;规费中社会保险费费率为 2.2%,公积金费率为0.38%,税率为 3.447%。请按计价定额有关规定和已知条件,计算该项目的工程造价。

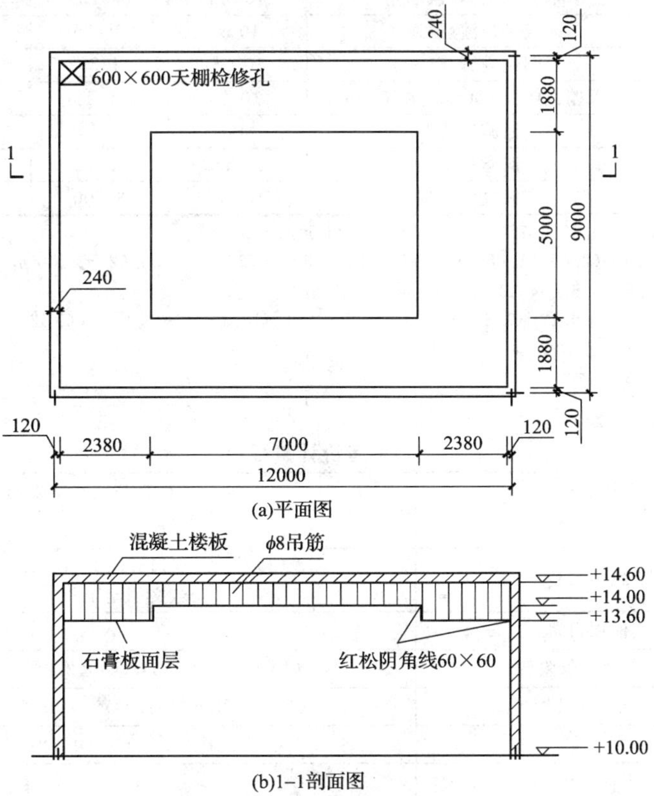

图 2-10-1　某会议室天棚吊顶平面和剖面图

解:(1)列项并计算工程量

ϕ8 mm 吊筋(高度 1.00 m):(12.00－0.24)×(9.00－0.24)－7.00×5.00＝68.02 m^2

ϕ8 mm 吊筋(高度 0.60 m):5.00×7.00＝35.00 m^2

装配式 U 型(不上人型)轻钢龙骨:11.76×8.76＝103.02 m^2

纸面石膏板面层(凹凸):103.02＋(7.00＋5.00)×2×0.4＝112.62 m^2

木装饰阴角线(天棚):(7.00＋5.00)×2＝24.00 m

木装饰阴角线(墙角):(11.76＋8.76)×2＝41.04 m

线条油漆(两遍):(24.00＋41.04)×0.35＝22.76 m

天棚刷乳胶漆(两遍):112.92 m^2

天棚检修孔 600 mm×600 mm:1 个

满堂脚手架:68.02 m^2

满堂脚手架:35.00 m^2

(2)套用计价定额

计算结果见表 2-10-3。

表 2-10-3 **计算结果**

序号	定额编号	项目名称	计量单位	工程量	综合单价/元	合价/元
1	一	分部分项工程费				13302.73
2	15-34	ϕ8 mm 吊筋(高度 1.00 m)	10 m^2	6.802	60.54	411.79
3	15-34$_{换}$	ϕ8 mm 吊筋(高度 0.60 m)	10 m^2	3.500	52.11	182.39
4	15-8	装配式 U 型(不上人型)轻钢龙骨	10 m^2	10.302	639.87	6591.94
5	15-46	纸面石膏板面层(凹凸)	10 m^2	11.262	306.47	3451.47
6	18-21$_{换}$	木装饰阴角线(天棚)	100 m	0.240	1130.62	271.35
7	18-21	木装饰阴角线(墙角)	100 m	0.4104	966.70	396.73
8	17-35-45	线条油漆(两遍)	10 m	2.276	162.90	370.76
9	17-179$_{换}$	天棚刷乳胶漆(两遍)	10 m^2	11.292	137.40	1551.52
10	18-60	天棚检修孔 600 mm×600 mm	10 个	0.1	747.77	74.78
11	二	措施项目费				1189.12
12	20-20$_{换}$	满堂脚手架	10 m^2	6.802	94.11	640.14
13	20-20	满堂脚手架	10 m^2	3.500	156.85	548.98

注:15-34$_{换}$＝60.54＋(0.35/0.75－1)×15.8＝52.11 元/10 m^2

18-21$_{换}$＝705.10＋(2.07×1.68×85＋15)×(1＋25%＋12%)＝1130.62 元/100 m

20-20$_{换}$＝156.85×0.6＝94.11 元/10 m^2

17-179$_{换}$＝296.83－(9.13＋0.38＋0.77＋5.3)×30%×3－1.2×12－(0.32×3＋0.165)×85×1.37＝137.40 元/10 m^2

(3)总造价计算程序

见表 2-10-4。

表 2-10-4 **总造价计算程序**

序号	费用名称		计算公式和结果/元	
一	分部分项工程费		13302.73	13302.73
二	措施项目费		1189.12(脚手架)＋(1189.12＋13302.73)×1%(安全文明施工)	1334.04
三	其他项目费		0	0
四	规费	社会保险费	(13302.73＋1334.04)×2.2%	322.01
		公积金	(13302.73＋1334.04)×0.38%	55.62
五	税　金		(一＋二＋三＋四)×3.447%	517.54
六	工程造价		一～五	15531.94

答:该天棚吊顶项目的工程造价为 15531.94 元。

项目分析

其他措施项目费取临时设施费和安全文明施工措施费两项，其中安全文明施工措施费包括基本费、省级标化增加费。

(1)列项

临时设施费、安全文明施工措施费。

(2)计价

临时设施费：500000×1%＝5000 元

安全文明施工措施费：500000×(1.6%＋0.4%)＝10000 元

答：该大厅的其他措施项目费为 15000 元。

思考与拓展

多项选择题

1. 下列属于措施项目费的是(　　)。

A. 生产工具用具使用费　　B. 管理费　　C. 环境保护费

D. 脚手架费　　E. 夜间施工增加费

2. 下面采用套用计价定额计价的措施项目费包括(　　)。

A. 现场安全文明施工措施费　　B. 夜间施工增加费　　C. 脚手架工程费

D. 工程按质论价费　　E. 垂直运输费

3. 下面属于不可竞争费的是(　　)。

A. 现场安全文明施工措施费　　B. 夜间施工增加费　　C. 垂直运输费

D. 劳动保险费　　E. 赶工措施费

学习情境三

应用工程量清单计价法编制装饰工程施工图预算

项目1　工程量清单编制

项目2　工程量清单计价

项目 1
工程量清单编制

能力目标

1. 会应用《建设工程工程量清单计价规范》(GB 50500—2013)附录 B 中的装饰工程清单工程量计算规则和方法；

2. 会进行装饰工程工程量计算；

3. 能结合实际施工图进行装饰工程工程量清单编制。

知识支撑点

1. 装饰工程清单工程量计算规则；

2. 装饰工程清单项目编码及特征描述方法。

职业资格标准链接

了解《建设工程工程量清单计价规范》(GB 50500—2013)的基本规定，熟悉房屋与建筑工程量计量规范的工程量计算规则；掌握项目特征的描述，工程量清单项目的编制。

项目背景

某人力资源市场一层大厅如图 2-1-1～图 2-1-10 所示，请编制装饰工程工程量清单。

一、《建设工程工程量清单计价规范》(GB 50500—2013)概况

根据《中华人民共和国招标投标法》和原建设部令第107号《建筑工程施工发包与承包计价管理办法》，2003年2月17日建设部119号令颁布了国家标准《建设工程工程量清单计价规范》(GB 50500—2003)，并于2003年7月1日正式实施。2008年7月9日住房和城乡建设部以63号公告，发布了《建设工程工程量清单计价规范》(GB 50500—2008)，自2008年12月1日起实施。这是我国工程造价计价方式适应社会主义市场经济发展的一次重大变革，也是我国工程造价计价工作为逐步实现"政府宏观调控、企业自主报价、市场形成价格"的目标而迈出坚实的一步。2013年7月起实施的《建设工程工程量清单计价规范》(GB 50500—2013)，标志着我国工程造价管理向精细化和科学化又迈进了一步。

(一)工程量清单的概念与作用

1. 工程量清单的概念

工程量清单是指载明建设工程的分部分项工程项目、措施项目、其他项目的名称和相应数量以及规费、税金项目等内容的清单明细，包括招标工程量清单和已标价工程量清单。招标工程量清单应由具有编制能力的招标人或受其委托、具有相应资质的工程造价咨询人编制。工程量清单依据《建设工程工程量清单计价规范》(GB 50500—2013)，国家或省级、行业建设行政主管部门颁发的计价依据和办法，招标文件的有关要求，设计文件，与建设工程项目有关的标准、规范、技术资料，招标文件及其补充通知、答疑纪要，施工现场情况、工程特点及常规施工方案相关资料进行编制。采用工程量清单方式招标时，招标工程量清单必须作为招标文件的组成部分，其准确性和完整性由招标人负责。

工程量清单应由分部分项工程量清单、措施项目清单、其他项目清单、规费项目清单、税金项目清单组成。

2. 工程量清单的作用

工程量清单是工程量清单计价的基础，其作用主要表现在：

(1)工程量清单是编制工程预算或招标人编制招标控制价的依据。

(2)工程量清单是供投标者报价的依据。

(3)工程量清单是确定和调整合同价款的依据。

(4)工程量清单是计算工程量以及支付工程款的依据。

(5)工程量清单是办理工程结算和工程索赔的依据。

(二)《建设工程工程量清单计价规范》(GB 50500—2013)的主要内容和术语

1.《建设工程工程量清单计价规范》(GB 50500—2013)的主要内容

《建设工程工程量清单计价规范》(GB 50500—2013)包括总则、术语、一般规定、招标工程量清单、招标控制价、投标报价、合同价款约定、工程计量、合同价款调整、合同价款中期支付、竣工结算与支付、合同解除的价款结算与支付、合同价款争议的解决、工程计价资料与档案、计价表格等十五章。

2.《建设工程工程量清单计价规范》(GB 50500—2013)的术语

(1)工程量清单

建设工程的分部分项工程项目、措施项目、其他项目的名称和相应数量以及规费、税金

项目等内容的明细清单。

(2)招标工程量清单

招标人依据国家标准、招标文件、设计文件以及施工现场实际情况编制的，随招标文件发布供投标报价的工程量清单，包括其说明和表格。

(3)已标价工程量清单

构成合同文件组成部分的投标文件中已标明价格，经算术性错误修正(如有)且承包人已确认的工程量清单，包括其说明和表格。

(4)综合单价

完成一个规定计量单位的分部分项工程量清单项目或措施清单项目所需的人工费、材料费、机械费和管理费、利润，以及一定范围内的风险费。

(5)工程量偏差

承包人按照合同签订时的图纸(含经发包人批准由承包人提供的图纸)实施，完成合同工程应予计量的实际工程量与招标工程量清单列出的工程量之间的偏差。

(6)暂列金额

招标人在工程量清单中暂定并包括在合同价款中的一笔款项。用于施工合同签订时尚未确定或者不可预见的所需材料、工程设备、服务的采购，施工中可能发生的工程变更、合同约定调整因素出现时的合同价款调整以及发生的索赔、现场签证确认等的费用。

(7)暂估价

招标人在工程量清单中提供的用于支付必然发生但暂时不能确定价格的材料、工程设备的单价以及专业工程的金额。

(8)计日工

在施工过程中，承包人完成发包人提出的工程合同范围以外的零星项目或工作，按合同中约定的单价计价的一种方式。

(9)总承包服务费

总承包人为配合协调发包人进行的专业工程分包，对发包人自行采购的工程设备、材料等进行保管以及施工现场管理、竣工资料汇总整理等服务所需的费用。

(10)安全文明施工费

承包人按照国家法律、法规等规定，在合同履行中为保证安全施工、文明施工，保护现场内外环境等所采用的措施而发生的费用。

(11)索赔

在工程合同履行过程中，合同当事人一方因非己方的原因而遭受损失，按合同约定或法律法规规定承担责任，从而向对方提出补偿的要求。

(12)现场签证

发包人现场代表与承包人现场代表就施工过程中涉及的责任事件所作的签认证明。

(13)提前竣工(赶工)费

承包人应发包人的要求而采取加快工程进度的措施，使合同工程工期缩短，由此产生的应由发包人支付的费用。

(14)误期赔偿费

承包人未按照合同工程的计划进度施工，导致实际工期超过合同工期与发包人批准的延长工期之和，承包人应向发包人赔偿损失的费用。

(15) 企业定额

施工企业根据本企业的施工技术和管理水平而编制的人工、材料和施工机械台班等消耗标准。

(16)规费

根据省级政府或省级有关部门规定施工企业必须缴纳的，应计入建筑安装工程造价的费用。

(17)税金

国家税法规定的应计入建筑安装工程造价内的营业税、城市维护建设税及教育费附加等。

(18)发包人

具有工程发包主体资格和支付工程价款能力的当事人以及取得该当事人资格的合法继承人。

(19)承包人

被发包人接受的具有工程施工承包主体资格的当事人以及取得该当事人资格的合法继承人。

(20)工程造价咨询人

取得工程造价咨询资质等级证书，接受委托从事建设工程造价咨询活动的当事人以及取得该当事人资格的合法继承人。

(21)招标代理人

取得工程招标代理资质等级证书，接受委托从事建设工程招标代理活动的当事人以及取得该当事人资格的合法继承人。

(22) 造价工程师

取得造价工程师注册证书，在一个单位注册、从事建设工程造价活动的专业人员。

(23)造价员

取得全国建设工程造价员资格证书，在一个单位注册、从事建设工程造价活动的专业人员。

(24)招标控制价

招标人根据国家或省级、行业建设主管部门颁发的有关计价依据和办法，以及拟定的招标文件和招标工程量清单编制的招标工程的最高投标限价。

(25)投标价

投标人投标时报出的工程合同价。

(26)签约合同价(合同价款)

发、承包双方在施工合同中约定的工程造价，即包括了暂列金额、暂估价、计日工的合同总金额。

(27)竣工结算价

发、承包双方依据国家有关法律、法规和标准规定，按照合同约定确定的，包括在履行合同过程中按合同约定进行的工程变更、索赔和价款调整，是承包人按合同约定完成了全部承包工作后，发包人应付给承包人的合同总金额。

（三）工程量清单计价的基本原理

1. 工程量清单计价的概念

工程量清单计价是指投标人完成由招标人提供的工程量清单所需的全部费用，包括分部分项工程费、措施项目费、其他项目费和规费、税金。工程量清单计价的基本原理是以招标人提供的工程量清单为依据，投标人根据自身的技术、财务、管理能力进行投标报价，招标人根据具体的评标细则进行优选，这种计价方式是市场定价体系的具体表现形式。工程量清单计价采取综合单价计价。

2. 工程量清单计价的基本方法和程序

工程量清单计价的基本过程可描述为：在统一的工程量清单计算规则的基础上，制定工程量清单项目设置规则，根据具体工程的施工图纸计算出各清单项目的工程量，再根据各种渠道所获得的工程造价信息和经验数据计算得到工程造价。这一基本计价过程如图 3-1-1 所示。

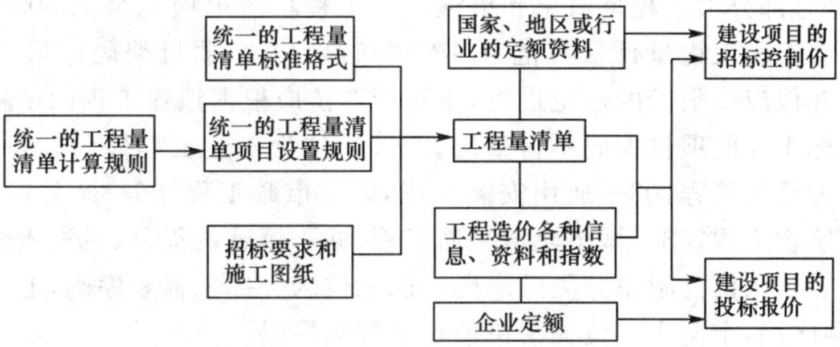

图 3-1-1 工程造价工程量清单计价过程示意图

从工程造价工程量清单计价过程示意图中可以看出，其编制过程可以分为两个阶段：工程量清单的编制阶段和利用工程量清单来编制招标控制价或投标报价阶段。投标报价是在业主提供的工程量计算结果的基础上，根据企业自身所掌握的各种信息、资料，结合企业定额编制出来的。

$$分部分项工程费=\sum分部分项工程量\times相应分部分项综合单价$$

其中分部分项工程费综合单价由人工费、材料费、机械费、管理费、利润等组成，同时考虑风险费。

$$措施项目费=\sum各措施项目费$$

措施项目综合单价的构成与分部分项工程单价构成类似。

$$其他项目费=暂列金额+暂估价+计日工+总承包服务费$$

$$单位工程报价=分部分项工程费+措施项目费+其他项目费+规费+税金$$

$$单项工程报价=\sum单位工程报价$$

$$建设项目总报价=\sum单项工程报价$$

二、工程量清单编制要点

（一）分部分项工程量清单的编制

1. 编制工程量清单的依据

(1)《房屋建筑与装饰工程工程量计量规范》(GB 50854—2013)和《建设工程工程量清

单计价规范》(GB 50500—2013)。

(2)国家或省级、行业建设主管部门颁发的计价依据和办法。

(3)建设工程设计文件。

(4)与建设工程项目有关的标准、规范、技术资料。

(5)招标文件及其补充通知、答疑纪要。

(6)施工现场情况、工程特点及常规施工方案。

(7)其他相关资料。

2. 分部分项工程量清单包括的内容

分部分项工程量清单应包括项目编码、项目名称、项目特征、计量单位和工程量。GB 50500—2013 规定:分部分项工程量清单必须根据相关工程现行国家计量规范规定的项目编码、项目名称、项目特征、计量单位和工程量计算规则进行编制。

(1)项目编码

项目编码是分部分项工程量清单和措施项目工程量清单项目名称的阿拉伯数字标识。《房屋建筑与装饰工程工程量计量规范》(GB 50854—2013)项目编码应采用十二位阿拉伯数字表示,一至九位应按附录的规定设置,十至十二位应根据拟建工程的工程量清单项目名称设置,同一招标工程的项目编码不得重码。一、二位为专业工程代码(01—房屋建筑与装饰工程,02—仿古建筑工程,03—通用安装工程,04—市政工程,05—园林绿化工程,06—矿山工程,07—构筑物工程,08—城市轨道交通工程,09—爆破工程;以后进入国标的专业工程代码以此类推),三、四位为附录分类顺序码,五、六位为分部工程顺序码,七、八、九位为分项工程项目名称顺序码,十至十二位为清单项目名称顺序码。

当同一标段(或合同段)的一份工程量清单中含有多个单位工程且工程量清单是以单位工程为编制对象时,应特别注意对项目编码十至十二位的设置不得有重号的规定。例如,一个标段(或合同段)的工程量清单中含有三个单位工程,每一单位工程中都有项目特征相同的实心砖墙砌体,在工程量清单中又需反映三个不同单位工程的实心砖墙砌体工程量时,则第一个单位工程的实心砖墙的项目编码应为 010401003001,第二个单位工程的实心砖墙的项目编码应为 010401003002,第三个单位工程的实心砖墙的项目编码应为 010401003003,并分别列出各单位工程实心砖墙的工程量。

(2)项目名称

GB 50500—2013 规定:分部分项工程量清单的项目名称应按附录的项目名称结合拟建工程项目实际情况综合确定。

若编制工程量清单出现附录中未包括的项目,编制人应作补充,并报省级或行业工程造价管理机构备案,省级或行业工程造价管理机构应汇总报住房和城乡建设部标准定额研究所。

补充项目的编码由专业工程码与 B 和三位阿拉伯数字组成,并应从×B001 起按顺序编制,同一招标工程的项目不得重码。工程量清单中需附有补充项目的名称、项目特征、计量单位、工程量计算规则、工程内容。

(3)项目特征

项目特征是构成分部分项工程量清单项目、措施项目自身价值的本质特征。分部分项工程量清单项目特征应按附录中规定的项目特征,结合技术规范、标准图集、施工图纸,按照工程结构、使用材质及规格或安装位置等予以详细而准确的表述和说明。凡项目特征中未描述到的其他独有特征，由清单编制人视项目具体情况确定，以准确描述清单项目为准。

在进行项目特征描述时，可掌握以下要点：

a. 必须描述的内容

涉及正确计量的内容：如门窗洞口尺寸或框外围尺寸。

涉及结构要求的内容：如混凝土构件的混凝土的强度等级。

涉及材质要求的内容：如油漆的品种、管材的材质等。

涉及安装方式的内容：如管道工程中的钢管的连接方式。

b. 可不描述的内容

对计量计价没有实质影响的内容：如对现浇混凝土柱的高度、断面大小等特征可以不描述。应由投标人根据施工方案确定的内容：如对石方的预裂爆破的单孔深度及装药量的特征规定。应由投标人根据当地材料和施工要求确定的内容：如对混凝土构件中的混凝土拌合料使用的石子种类及粒径、砂的种类的特征规定。应由施工措施解决的内容：如对现浇混凝土板、梁的标高的特征规定。

c. 可不详细描述的内容

无法准确描述的内容：如土壤类别，可考虑将土壤类别描述为综合，并注明由投标人根据地勘资料自行确定土壤类别，决定报价。施工图纸、标准图集标注明确的内容：对这些项目可描述为见××图集××页号及节点大样等。

清单编制人在项目特征描述中应注明由投标人自定的内容：如土方工程中的取土运距、弃土运距等。

(4)计量单位

分部分项工程量清单的计量单位应按附录规定的计量单位确定。

计量单位应采用基本单位，除各专业另有特殊规定外，均按以下单位计算：

a. 以重量计算的项目——吨或千克(t 或 kg)。

b. 以体积计算的项目——立方米(m^3)。

c. 以面积计算的项目——平方米(m^2)。

d. 以长度计算的项目——米(m)。

e. 以自然计量单位计算的项目——个、套、块、樘、组、台……

f. 没有具体数量的项目——系统、项……

各专业有特殊计量单位的，另外加以说明。当计量单位有两个或两个以上时，应根据所编工程量清单项目的特征要求，选择最适宜表现该项目特征并方便计量的单位。

(5)工程内容

工程内容是指完成该清单项目可能发生的具体工程，可供招标人确定清单项目和投标人投标报价参考。以建筑工程的砖墙为例，可能发生的具体工程有砂浆制作、材料运输、砌砖、勾缝等。

工程内容中未列全的其他具体工程，由投标人按照招标文件或施工图纸要求编制，以完成清单项目为准，综合考虑到报价中。

(6)工程数量的计算

GB 50500—2013 规定：分部分项工程量清单应根据相关工程现行国家计量规范规定的工程量计算规则计算。

3. 分部分项工程量清单的标准格式

分部分项工程量清单是指表明拟建工程的全部分项实体工程名称和相应数量，编制时应避免漏项、错项，分部分项工程量清单与计价定额格式见表3-1-1。在分部分项工程量清单的编制过程中，由招标人负责前六项内容填列，金额部分在招标控制价或投标报价时填列。

表3-1-1　　分部分项工程量清单与计价表

工程名称：　　标段：　　第　页共　页

序号	项目编码	项目名称	项目特征	计量单位	工程量	金额/元		
						综合单价	合价	其中：暂估价
本页小计								
合　计								

4. 分部分项工程量清单的编制应注意的问题

(1)分部分项工程量清单的项目名称应按附录的项目名称结合拟建工程的项目实际综合确定。编制分部分项工程量清单时，以附录中的分项工程项目名称为基础，考虑该项目的规格、型号、材质等特征要求，结合拟建工程的实际情况，使其工程量清单项目名称具体化，能够反映影响工程造价的主要因素。

(2)项目编码按照计量规则的规定，编制具体项目编码。即在计量规则九位全国统一编码之后，增加三位具体项目编码。

(3)项目名称按照计量规则的项目名称，结合项目特征中的描述，根据不同特征组合确定该具体项目名称。项目名称应表达详细、准确。

(4)计量单位按照计量规则中的相应计量单位确定。

(5)工程量按照计量规则中的工程量计算规则计算，其精确度按下列规定：如以t为单位，保留小数点后三位，第四位小数四舍五入；以m^3、m^2、m为单位，应保留两位小数，第三位小数四舍五入；以个、项等为单位的，应取整数。

(二)措施项目清单编制

1. 措施项目清单的编制规则

措施项目分为总价措施项目和单价措施项目。总价措施项目是指在现行工程量清单计价规范中无工程量计算规则，以总价计算的措施项目。措施项目清单应根据拟建工程的实际情况列项。总价措施项目可按总价措施项目一览表选择列项，单价措施项目可按现行工程量清单计价规范列项。若出现计价规范未列的项目，可根据工程实际情况进行补充。

措施项目清单的发生与使用时间、施工方法或者两个以上的工序相关，并大都与实际完成的实体工程量的大小关系不大，如大中型机械进出场及安拆、安全文明施工和安全防护、临时设施等，但是有些非实体项目是可以计算工程量的项目，典型的是混凝土浇筑的模板工程，与完成的工程实体具有直接关系，并且是可以精确计量的项目，用分部分项工程量清单的方式采用综合单价，更有利于措施项目费的确定和调整。措施项目中可以计算工程量的项目清单宜采用分部分项工程量清单的方式编制，列出项目编码、项目名称、项目特征、计量单位和工程量计算规则；不能计算工程量的项目清单，以项为计量单位进行编制。若出现清单计价规范中未列的项目，可根据工程实际情况补充。

2. 措施项目清单的标准格式

措施项目清单的标准格式，见表 3-1-2 和表 3-1-3。

表 3-1-2　　**总价措施项目清单与计价表**

工程名称：　　标段：　　第　页共　页

序号	项目名称	计算基础	费率/%	金额/元
1	安全文明施工费			
2	夜间施工费			
3	二次搬运费			
4	冬雨季施工			
5	大型机械设备进出场及安拆费			
6	施工排水			
7	施工降水			
8	地上、地下设施，建筑物的临时保护设施			
9	已完工程及设备保护			
10	各专业工程的措施项目			
11				
12				
合　计				

表 3-1-3　　**单价措施项目清单与计价表**

工程名称：　　标段：　　第　页共　页

序号	项目编码	项目名称	项目特征	计量单位	工程量	金额/元	
						综合单价	合价
本页小计							
合　计							

注：本表适用于以综合单价形式计价的措施项目。

3. 措施项目清单编制的注意问题

措施项目清单的编制要考虑多种因素，除工程本身的因素外还涉及水文、气象、环境、安全等因素。措施项目清单应根据拟建工程的实际情况列项。

(1)措施项目清单的编制依据有：拟建工程的施工组织设计、拟建工程的施工技术方案、与拟建工程相关的工程施工规范和工程验收规范、招标文件、设计文件。

(2)措施项目清单设置时应注意以下问题：

①参考拟建工程的施工组织设计，以确定环境保护、安全文明施工、材料的二次搬运等

项目。

②参阅施工技术方案，以确定夜间施工、大型机械设备进出场及安拆、混凝土模板与支架、脚手架、施工排水、施工降水、垂直运输机械等项目。

③参阅相关的工程施工规范和工程验收规范，以确定施工技术方案没有表述，但是为了实现施工规范与工程验收规范要求而必须发生的技术措施。

④确定招标文件中提出的某些必须通过一定的技术措施才能实现的要求。

⑤确定设计文件中一些不足以写进技术方案，但是要通过一定的技术措施才能实现的内容。

（三）其他项目清单编制

GB 50500—2013 规定，其他项目清单包括的内容有：暂列金额、暂估价（包括材料（工程设备）暂估价、专业工程暂估价）、计日工、总承包服务费。工程建设标准的高低、工程的复杂程度、工程的工期长短、工程的组成内容、发包人对工程管理的要求都直接影响其他项目清单的具体内容，可以按照表 3-1-4 的格式编制其他项目清单，出现未包含在表格中的内容的项目，可根据工程实际情况补充。

表 3-1-4　　其他项目清单与计价汇总表

工程名称：　　　　标段：　　　　第　页共　页

序号	项目名称	计量单位	金额/元	备注
1	暂列金额			
2	暂估价			
2.1	材料（工程设备）暂估价		—	
2.2	专业工程暂估价			
3	计日工			
4	总承包服务费			
合　计				

注：材料暂估单价进入清单项目综合单价，此处不汇总。

（1）暂列金额是招标人在工程量清单中暂定并包括在合同价款中的一笔款项，用于施工合同签订时尚未确定或者不可预见的所需材料、设备、服务的采购，施工中可能发生的工程变更、合同约定调整因素出现时的工程价款调整以及发生的索赔、现场签证确认等的费用，可采用表 3-1-5 的格式。

表 3-1-5　　暂列金额明细表

工程名称：　　　　标段：　　　　第　页共　页

序号	项目名称	计量单位	暂定金额/元	备注
合　计				—

注：此表由招标人填写，也可只列暂定金额总额，投标人应将上述暂列金额计入投标总价中。

（2）暂估价是招标人在工程量清单中提供的用于支付必然发生但暂时不能确定的材料的单价以及专业工程的金额的格式，见表 3-1-6、表 3-1-7。

表 3-1-6　　**材料暂估单价表**

工程名称：　　　　标段：　　　　第　页共　页

序号	材料名称、规格、型号	计量单位	综合单价/元	备注

注：1. 此表由招标人填写，并在备注栏说明暂估价的材料拟用在哪些清单项目上，投标人应将上述材料暂估单价计入工程量清单综合单价报价中。

2. 材料包括原材料、燃料、构配件以及按规定应计入建筑安装工程造价的设备。

表 3-1-7　　**专业工程暂估价表**

工程名称：　　　　标段：　　　　第　页共　页

序号	工程名称	工程内容	金额/元	备注
	合　计			—

注：此表由招标人填写，投标人应将上述专业工程暂估价计入投标总价中。

(3)计日工是在施工过程中，完成发包人提出的施工图纸以外的零星项目或工作，按合同中约定的综合单价计价，可采用表 3-1-8 的格式。

表 3-1-8　　**计日工表**

工程名称：　　　　标段：　　　　第　页共　页

编号	项目名称	计量单位	暂定数量	综合单价/元	合价/元
一	人　工				
1					
2					
	人工小计				
二	材　料				
1					
2					
	材料小计				
三	施工机械				
1					
2					
	施工机械小计				
	合　计				

注：此表项目名称、暂定数量由招标人填写，编制招标控制价时，综合单价由招标人按有关计价规定确定；投标时，综合单价由投标人自助报价，计入投标总价中。

(4)总承包服务费是总承包人为配合协调发包人进行的工程分包自行采购的设备、材料等进行管理、服务以及施工现场管理、竣工资料汇总整理等服务所需的费用，可采用表 3-1-9 的格式。

表 3-1-9　　总承包服务费计价表

工程名称：　　标段：　　第　页共　页

序号	工程名称	项目价值/元	服务内容	费率/%	金额/元
1	发包人发包专业工程				
2	发包人供应材料				
合　计					

注：此表由招标人填写，投标人应将上述专业工程暂估价计入投标总价中。

（四）规费、税金项目清单编制

1. 规费、税金项目清单包括的内容

GB 50500—2013 规定：规费项目清单应按照下列内容列项：工程排污费、社会保险费（包括养老保险费、失业保险费、医疗保险费）、住房公积金、工伤保险。出现规范未列的项目，应根据省级政府或省级有关权力部门的规定列项。税金项目清单应包括营业税、城市维护建设税、教育费附加税等。

2. 规费、税金项目清单的标准格式

规费、税金项目清单的标准格式见表 3-1-10。

表 3-1-10　　规费、税金项目清单与计价表

工程名称：　　标段：　　第　页共　页

序号	项目名称	计算基础	费率/%	金额/元
1	规费			
1.1	工程排污费			
1.2	社会保险费			
1.2.1	养老保险费			
1.2.2	失业保险费			
1.2.3	医疗保险费			
1.3	住房公积金			
1.4	工伤保险			
2	税金	分部分项工程费＋措施项目费＋其他项目费＋规费		
合　计				

三、装饰工程工程量清单项目设置及计算规则

（一）楼地面工程

楼地面工程适用于楼地面、楼梯、台阶等装饰工程。主要包括：整体面层及找平层、块料面层、橡塑面层、其他材料面层、踢脚线、楼梯装饰、台阶装饰、零星装饰等项目。

1. 整体面层及找平层(011101)

整体面层及找平层项目包括水泥砂浆楼地面（011101001）、现浇水磨石楼地面（011101002）、细石混凝土楼地面（011101003）、菱苦土楼地面（011101004）、自流坪楼地面（011101005）、平面砂浆找平层（011101006）6 个清单项目。

(1)项目特征

水泥砂浆楼地面的项目特征包括：a. 找平层厚度、砂浆配合比；b. 素水泥浆遍数；c. 面层厚度、砂浆配合比；d. 面层做法要求。

现浇水磨石楼地面项目特征包括：a. 找平层厚度、砂浆配合比；b. 面层厚度、水泥石子浆配合比；c. 嵌条材料种类、规格；d. 石子种类、规格、颜色；e. 颜料种类、颜色图案要求；f. 磨光、酸洗、打蜡要求。

细石混凝土楼地面项目特征包括：a. 找平层厚度、砂浆配合比；b. 面层厚度、混凝土强度等级。

菱苦土楼地面项目特征包括：a. 找平层厚度、砂浆配合比；b. 面层厚度；c. 打蜡要求。

自流坪楼地面项目特征包括：a. 找平层砂浆配合比、厚度；b. 界面剂材料种类；c. 中层漆材料种类、厚度；d. 面漆材料种类、厚度；e. 面层材料种类。

平面砂浆找平层项目特征包括：找平层厚度、砂浆配合比。

(2)计算规则

按设计图示尺寸以面积计算。扣除凸出地面构筑物、设备基础、室内管道、地沟等所占面积，不扣除间壁墙和 0.3 m^2以内的柱、垛、附墙烟囱及孔洞所占面积。门洞、空圈、暖气包槽、壁龛的开口部分不增加面积。

$$S=S(\text{即按设计图示尺寸以面积计算})(m^2)$$

(3)有关说明

编制工程量清单时，可以根据不同的工程内容分项，如：楼面与地面应分别列项；水磨石根据本色、彩色、有图案要求等不同分别列项。项目编码的最后三位顺序不作规定，由清单编制人自行编制，如：水泥砂浆地面(01001001)；水泥砂浆楼面(01001002)。

2. 块料面层(011102)

块料面层项目包括石材楼地面(011102001)、碎石材(011102002)、块料楼地面(01110200)3 个清单项目。

(1)项目特征

石材、碎石材、块料楼地面的项目特征包括：a. 找平层厚度、砂浆配合比；b. 结合层厚度、砂浆配合比；c. 面层材料品种、规格、颜色；d. 嵌缝材料种类；e. 防护材料种类；f. 酸洗、打蜡要求。

(2)计算规则

按设计图示尺寸以面积计算。门洞、空圈、暖气包槽、壁龛的开口部分并入相应工程量内。

(3)有关说明

区分项目特征分别列项：找平层的厚度及砂浆的配合比、结合层的厚度及砂浆配合比、面层材料的品种规格品牌颜色、嵌缝材料种类、防护层材料种类、酸洗打蜡要求等。

防护材料是指耐酸、耐碱、耐臭氧、耐老化、防火、防油渗等材料。

3. 橡塑面层(011103)

橡塑面层项目包括橡胶板楼地面(011103001)、橡胶卷材楼地面(011103002)、塑料板楼地面(011103003)、塑料卷材楼地面(011103004)4 个清单项目。

(1)项目特征

橡塑面层的项目特征包括：a. 材料种类；b. 面层材料品种、规格、颜色；c. 压线条种类。

(2)计算规则

橡塑面层工程量按设计图示尺寸以面积计算。门洞、空圈、暖气包槽、壁龛的开口部分面积并入相应的工程量内。

$$S=S(\text{即按设计图示尺寸以面积计算})(m^2)$$

(3)有关说明

压线条指地毯、橡胶板、橡胶卷材铺设的压线条,如铝合金、不锈钢、铜压线条等。

4. 其他材料面层(011104)

其他材料面层项目包括地毯楼地面(011104001)、竹木(复合)地板(011104002)、金属复合地板(011104003)、防静电活动地板(011104004)4 个清单项目。

(1)项目特征

地毯楼地面的项目特征包括:a. 面层材料品种、规格、颜色;b. 防护材料种类;c. 黏结材料种类;d. 压线条种类。

竹木(复合)地板、金属复合地板的项目特征包括:a. 龙骨材料种类、规格、铺设间距;b. 基层材料种类、规格;c. 面层材料品种、规格、颜色;d. 防护材料种类。

防静电活动地板的项目特征包括:a. 支架高度、材料种类;b. 面层材料品种、规格、颜色;c. 防护材料种类。

(2)计算规则

工程量按设计图示尺寸以面积计算。门洞、空圈、暖气包槽、壁龛的开口部分面积并入相应的工程量内。

$$S=S(\text{即按设计图示尺寸以面积计算})(m^2)$$

5. 踢脚线(011105)

踢脚线项目包括水泥砂浆踢脚线(011105001)、石材踢脚线(011105002)、块料踢脚线(011105003)、塑料板踢脚线(011105004)、木质踢脚线(011105005)、金属踢脚线(011105006)、防静电踢脚线(011105007)7 个清单项目。

(1)项目特征

水泥砂浆踢脚线的项目特征包括:a. 踢脚线高度;b. 底层厚度、砂浆配合比;c. 面层厚度、砂浆配合比。

石材、块料踢脚线的项目特征包括:a. 踢脚线高度;b. 粘贴层厚度、材料种类;c. 面层材料品种、规格、颜色;d. 防护材料种类。

塑料板踢脚线的项目特征包括:a. 踢脚线高度;b. 粘贴层厚度、材料种类;c. 面层材料品种、规格、颜色。

木质踢脚线、金属踢脚线、防静电踢脚线的项目特征包括:a. 踢脚线高度;b. 基层材料种类、规格;c. 面层材料品种、规格、颜色。

(2)计算规则

①以平方米计量,踢脚线工程量按设计图示长度乘以高度以面积计算。

$$S=L\times H(\text{即设计图示长度}\times\text{高度,以面积计算})(m^2)$$

②以米计量,按延长米计算。

6. 楼梯装饰(011106)

楼梯装饰项目包括石材楼梯面层(011106001)、块料楼梯面层(011106002)、拼碎材料楼梯面层(011106003)、水泥砂浆楼梯面层(011106004)、现浇水磨石楼梯面层(011106005)、地毯楼梯面层(011106006)、木板楼梯面层(011106007)、橡胶板楼梯面层(011106008)、塑料板楼梯面层(011106009)9个清单项目。

(1)项目特征

石材楼梯面层、块料楼梯面层、拼碎材料楼梯面层的项目特征包括：a. 找平层厚度、砂浆配合比；b. 粘贴层厚度、材料种类；c. 面层材料品种、规格、颜色；d. 防滑条材料种类、规格；e. 勾缝材料种类；f. 防护层材料种类；g. 酸洗、打蜡要求。

水泥砂浆楼梯面层的项目特征包括：a. 找平层厚度、砂浆配合比；b. 面层厚度、砂浆配合比；c. 防滑条材料种类、规格。

现浇水磨石楼梯面层的项目特征包括：a. 找平层厚度、砂浆配合比；b. 面层厚度、水泥石子浆配合比；c. 防滑条材料种类、规格；d. 石子种类、规格、颜色；e. 颜料种类、颜色；f. 磨光、酸洗、打蜡要求。

地毯楼梯面层的项目特征包括：a. 基层材料种类；b. 面层材料品种、规格、颜色；c. 防滑条材料种类、规格；d. 黏结材料种类；e. 固定配件材料种类、规格。

木板楼梯面层的项目特征包括：a. 基层材料种类、规格；b. 面层材料品种、规格、颜色；c. 黏结材料种类；d. 防护材料种类。

(2)计算规则

按设计图示尺寸以楼梯(包括踏步、休息平台及500 mm以内的楼梯井)水平投影面积计算。

楼梯与楼地面相连时，算至梯口梁内侧边沿；无梯口梁算至最上一层踏步边沿加300 mm。

7. 台阶装饰(编码:011107)

台阶装饰项目包括石材台阶面(011107001)、块料台阶面(011107002)、拼碎材料台阶面(011107003)、水泥砂浆台阶面(011107004)、现浇水磨石台阶面(011107005)、剁假石台阶面(011107006)6个清单项目。

(1)项目特征

①石材台阶面、块料台阶面、拼碎材料台阶面

a. 找平层厚度、砂浆配合比；b. 粘贴层材料种类；c. 面层材料品种、规格、颜色；d. 勾缝材料种类；e. 防滑条材料种类、规格；f. 防护材料种类。

②水泥砂浆台阶面

a. 找平层厚度、砂浆配合比；b. 面层厚度、砂浆配合比；c. 防滑条材料种类。

③现浇水磨石台阶面

a. 找平层厚度、砂浆配合比；b. 面层厚度、水泥石子浆配合比；c. 防滑条材料种类、规格；d. 石子种类、规格、颜色；e. 颜料种类、颜色；f. 磨光、酸洗、打蜡要求。

④剁假石台阶面

a. 找平层厚度、砂浆配合比；b. 面层厚度、砂浆配合比；c. 剁假石要求。

(2)计算规则

均按设计图示尺寸以台阶(包括最上层踏步边沿加300 mm)水平投影面积计算。计量单位为m^2。

8. 零星装饰(编码:011108)

零星装饰项目包括石材零星项目(011108001)、拼碎石材零星项目(011108002)、块料零

星项目(011108003)、水泥砂浆零星项目(011108004)4 个清单项目。

(1)项目特征

①石材零星项目、拼碎石材零星项目、块料零星项目

a. 工程部位;b. 找平层厚度、砂浆配合比;c. 贴结层厚度、材料种类;d. 面层材料品种、规格、颜色;e. 勾缝材料种类;f. 防护材料种类;g. 酸洗、打蜡要求。

②水泥砂浆零星项目

a. 工程部位;b. 找平层厚度、砂浆配合比;c. 面层厚度、砂浆配合比。

(2)计算规则

均按设计图示尺寸以面积计算。计量单位为 m^2。

(二) 墙、柱面装饰与隔断、幕墙工程

1. 墙面抹灰(编码:011201)

墙面抹灰项目包括墙面一般抹灰(011201001)、墙面装饰抹灰(011201002)、墙面勾缝(011201003)、立面砂浆找平层(011201004) 4 个清单项目。

(1)项目特征

①墙面一般抹灰、墙面装饰抹灰

a. 墙体类型;b. 底层厚度、砂浆配合比;c. 面层厚度、砂浆配合比;d. 装饰面材料种类;e. 分格缝宽度、材料种类。

②墙面勾缝

a. 勾缝类型;b. 勾缝材料种类。

③立面砂浆找平层

a. 基层类型;b. 找平层砂浆厚度、配合比。

(2)计算规则

按设计图示尺寸以面积计算。扣除墙裙、门窗洞口及单个 0.3 m^2 以外的孔洞面积,不扣除踢脚线、挂镜线和墙与构件交接处的面积,门窗洞口和孔洞的侧壁及顶面不增加面积。附墙柱、梁、垛、烟囱侧壁并入相应的墙面面积内。计量单位为 m^2。

①外墙抹灰面积按外墙垂直投影面积计算。

②外墙裙抹灰面积按其长度乘以高度计算。

③内墙抹灰面积按主墙间的净长乘以高度计算。

a. 无墙裙的,高度按室内楼地面至天棚底面计算。

b. 有墙裙的,高度按墙裙顶至天棚底面计算。

c. 有吊顶天棚抹灰,高度算至天棚底。

④内墙裙抹灰面按内墙净长乘以高度计算。

2. 柱、梁面抹灰(编码:011202)

柱、梁面抹灰项目包括柱、梁面一般抹灰(011202001),柱、梁面装饰抹灰(011202002),柱、梁面砂浆找平(011202003),柱面勾缝(011202004)4 个清单项目。

(1)项目特征

①柱、梁面一般抹灰,柱、梁面装饰抹灰

a. 柱(梁)体类型;b. 底层厚度、砂浆配合比;c. 面层厚度、砂浆配合比;d. 装饰面材料种类;e. 分格缝宽度、材料种类。

②柱、梁面砂浆找平

a. 柱(梁)体类型;b. 找平层的砂浆厚度、配合比。

③柱面勾缝

a. 勾缝类型;b. 勾缝材料种类。

(2)计算规则

柱面抹灰按设计图示柱断面周长乘以高度以面积计算。

梁面抹灰按设计图示梁断面周长乘以长度以面积计算。

柱面勾缝按设计图示柱断面周长乘以高度以面积计算。

3. 零星抹灰(编码:011203)

零星抹灰项目包括零星项目一般抹灰(011203001)、零星项目装饰抹灰(011203002)、零星项目砂浆找平(0110203003)3 个清单项目。

(1)项目特征

零星项目一般抹灰、零星项目装饰抹灰的项目特征包括:a. 基层类型、部位;b. 底层厚度、砂浆配合比;c. 面层厚度、砂浆配合比;d. 装饰面材料种类;e. 分格缝宽度、材料种类。

零星项目砂浆找平的项目特征包括:a. 基层类型、部位;b. 找平层的砂浆厚度、配合比。

(2)计算规则

按设计图示尺寸以面积计算。计量单位为 m^2。

4. 墙面块料面层(编码:011204)

墙面块料面层项目包括石材墙面(011204001)、拼碎石材墙面(011204002)、块料墙面(011204003)、干挂石材钢骨架(011204004)4 个清单项目。

(1)项目特征

①石材墙面、碎拼石材墙面、块料墙面

a. 墙体类型;b. 安装方式;c. 面层材料品种、规格、颜色;d. 缝宽、嵌缝材料种类;e. 防护材料种类;f. 磨光、酸洗、打蜡要求。

②干挂石材钢骨架

a. 骨架种类、规格;b. 防锈漆品种遍数。

(2)计算规则

石材墙面、碎拼石材墙面、块料墙面均按设计图示尺寸以镶贴表面积计算。计量单位为 m^2。

干挂石材钢骨架按设计图示尺寸以质量计算。计量单位为 t。

(3)有关说明

①墙体类型是指砖墙、石墙、混凝土墙、砌块墙及内墙、外墙等。

②块料饰面板是指石材饰面板、陶瓷面砖、玻璃面砖、金属饰面板、塑料饰面板、木质饰面板。

③挂贴是指对大规格的石材(大理石、花岗岩、青石)采用铁件先挂在墙面然后灌浆的方法固定。

④干挂的方法有两种:第一种是直接干挂法,通过不锈钢膨胀螺栓、不锈钢挂件、不锈钢连接件、不锈钢钢针等各种挂件固定外墙饰面板;第二种是间接干挂法,通过固定在墙、柱、梁上的龙骨,再通过各种挂件固定外墙饰面板。

⑤嵌缝材料是指砂浆、油膏、密封胶等材料。

⑥防护材料是指石材正面的防酸涂剂和石材背面的防碱涂剂等。

5. 柱、梁面镶贴块料(编码:011205)

柱、梁面镶贴块料项目包括石材柱面(011205001)、块料柱面(011205002)、碎拼石材柱面(011205003)、石材梁面(011205004)、块料梁面(011205005)5 个清单项目。

(1)项目特征

①石材柱面、块料柱面、碎拼石材柱面

a. 柱截面类型、尺寸;b. 安装方式;c. 面层材料品种、规格、颜色;d. 缝宽、嵌缝材料种类;e. 防护材料种类;f. 磨光、酸洗、打蜡要求。

②石材梁面、块料梁面

a. 安装方式;b. 面层材料品种、规格、颜色;c. 缝宽、嵌缝材料种类;d. 防护材料种类;e. 磨光、酸洗、打蜡要求。

(2)计算规则

均按设计图示尺寸以镶贴表面积计算。计量单位为 m^2。

6. 零星镶贴块料(编码:011206)

零星镶贴块料项目包括石材零星项目(011206001)、块料零星项目(011206002)、拼碎块零星项目(011206003)3 个清单项目。

(1)项目特征

a. 基层类型、部位;b. 安装方式;c. 面层材料品种、规格、颜色;d. 缝宽、嵌缝材料种类;e. 防护材料种类;f. 磨光、酸洗、打蜡要求。

(2)计算规则

均按设计图示尺寸以镶贴表面积计算。计量单位为 m^2。

7. 墙饰面(编码:011207)

墙饰面项目包括墙面装饰板(011207001)、墙面装饰浮雕(011207002) 2 个清单项目。

(1)项目特征

墙面装饰板的项目特征包括:a. 龙骨材料种类、规格、中距;b. 隔离层材料种类、规格;c. 基层材料种类、规格;d. 面层材料品种、规格、颜色;e. 压条材料种类、规格。墙面装饰浮雕的项目特征包括:a. 基层类型;b. 浮雕材料种类;c. 浮雕样式。

(2)计算规则

墙面装饰板:按设计图示墙净长乘以净高以面积计算。扣除门窗洞口及单个 0.3 m^2 以上的孔洞所占面积。计量单位为 m^2。

墙面装饰浮雕:按设计图示尺寸以面积计算。

8. 柱(梁)饰面(编码:011208)

柱(梁)饰面项目包括柱(梁)面装饰(011208001)、成品装饰柱(011208002) 2 个清单项目。

(1)项目特征

柱(梁)面装饰的项目特征包括:a. 龙骨材料种类、规格、中距;b. 隔离层材料种类;c. 基层材料种类、规格;d. 面层材料品种、规格、颜色;e. 压条材料种类、规格。

成品装饰柱的项目特征包括:a. 柱截面、高度尺寸;b. 柱材质。

(2)计算规则

柱(梁)面装饰:按设计图示饰面外围尺寸以面积计算。柱帽、柱墩并入相应柱饰面工程量内。计量单位为 m^2。

成品装饰柱:a. 以根计量,按设计数量计算;b. 以米计量,按设计长度计算。

9. 幕墙(编码:011209)

幕墙项目包括带骨架幕墙(0112090001)、全玻(无框玻璃)幕墙(0112090002)2 个清单项目。

(1)项目特征

①带骨架幕墙

a. 骨架材料种类、规格、中距;b. 面层材料品种、规格、颜色;c. 面层固定方式;d. 隔离带、框边封闭材料品种、规格;e. 嵌缝、塞口材料种类。

②全玻(无框玻璃)幕墙

a. 玻璃品种、规格、颜色;b. 黏结塞口材料种类;c. 固定方式。

(2)计算规则

带骨架幕墙按设计图示框外围尺寸以面积计算。与幕墙同种材质的窗所占面积不扣除。全玻幕墙按设计图示尺寸以面积计算。带肋全玻幕墙按展开面积计算。计量单位为 m^2。

10. 隔断(编码:011210)

隔断项目包括木隔断(011210001)、金属隔断(011210002)、玻璃隔断(01121003)、塑料隔断(01121004)、成品隔断(01121005)、其他隔断(01121006)6 个清单项目。

(1)项目特征

木隔断的项目特征包括:a. 骨架、边框材料种类、规格;b. 隔板材料品种、规格、颜色;c. 嵌缝、塞口材料品种;d. 压条材料种类。

金属隔断的项目特征包括:a. 骨架、边框材料种类、规格;b. 隔板材料品种、规格、颜色;c. 嵌缝、塞口材料品种。

玻璃隔断的项目特征包括:a. 边框材料种类、规格;b. 玻璃品种、规格、颜色;c. 嵌缝、塞口材料品种。

塑料隔断的项目特征包括:a. 边框材料种类、规格;b. 隔板材料品种、规格、颜色;c. 嵌缝、塞口材料品种。

成品隔断的项目特征包括:a. 隔断材料品种、规格、颜色;b. 配件品种、规格。

其他隔断的项目特征包括:a. 骨架、边框材料种类、规格;b. 隔板材料品种、规格、颜色;c. 嵌缝、塞口材料品种。

(2)计算规则

木隔断、金属隔断:按设计图示框外围尺寸以面积计算。不扣除单个 0.3 m^2 以内的孔洞所占面积。浴厕的材质与隔断相同时,门的面积并入隔断面积内。计量单位为 m^2。

玻璃隔断、塑料隔断:按设计图示框外围尺寸以面积计算。不扣除单个 0.3 m^2 以内的孔洞所占面积。

成品隔断:a. 以平方米计量,按设计图示框外围尺寸以面积计算;b. 以间计量,按设计间的数量计算。

其他隔断:按设计图示框外围尺寸以面积计算。不扣除单个 0.3 m^2 以内的孔洞所占面积。

(三)天棚工程

1. 天棚抹灰(编码:011301)

天棚抹灰项目包括天棚抹灰(011301001)1 个清单项目。

(1)项目特征

a. 基层类型;b. 抹灰厚度、材料种类;c. 砂浆配合比。

(2)计算规则

按设计图示尺寸以水平投影面积计算。不扣除间壁墙、垛、柱、附墙烟囱、检查口和管道所占面积,带梁天棚、梁两侧抹灰面积并入天棚面积内,板式楼梯底面抹灰按斜面积计算,锯齿形楼梯板底抹灰按展开面积计算。计量单位为 m^2。

2. 天棚吊顶(编码:011302)

天棚吊顶项目包括吊顶天棚(011302001)、格栅吊顶(011302002)、吊筒吊顶(011302003)、藤条造型悬挂吊顶(011302004)、织物软雕吊顶(011302005)、(装饰)网架吊顶(011302006)6 个清单项目。

(1)项目特征

吊顶天棚的项目特征包括:a. 吊顶形式、吊杆规格、高度;b. 龙骨材料种类、规格、中距;c. 基层材料种类、规格;d. 面层材料品种、规格、颜色;e. 压条材料种类、规格;f. 嵌缝材料种类;g. 防护材料种类。

格栅吊顶的项目特征包括:a. 龙骨材料种类、规格、中距;b. 基层材料种类、规格;c. 面层材料品种、规格、颜色;d. 防护材料种类。

吊筒吊顶的项目特征包括:a. 吊筒形状、规格、b. 吊筒材料种类;c. 防护材料种类。

藤条造型悬挂吊顶、织物软雕吊顶的项目特征包括:a. 骨架材料种类、规格;b. 面层材料品种、规格。

⑤(装饰)网架吊顶的项目特征包括:网架材料品种、规格。

(2)计算规则

①吊顶天棚按设计图示尺寸以水平投影面积计算。天棚面中的灯槽及跌级、锯齿形、吊挂式、藻井式天棚面积不展开计算。不扣除间壁墙、检查口、附墙烟囱、柱垛和管道所占面积,扣除单个 0.3 m^2 以外的孔洞、独立柱及与天棚相连的窗帘盒所占的面积。计量单位为 m^2。

②其他天棚按设计图示尺寸以水平投影面积计算。计量单位为 m^2。

3. 采光天棚(编码:011303)

采光天棚项目包括采光天棚(011303001)1 个清单项目。

(1)项目特征

a. 骨架类型;b. 固定类型,固定材料品种、规格;c. 面层材料品种、规格;d. 嵌缝、塞口材料种类。

(2)计算规则

按框外展开面积计算。

4. 天棚其他装饰(编码:011304)

天棚其他装饰项目包括灯带(槽)(011304001),送风口、回风口(011304002)2 个清单项目。

(1)项目特征

①灯带(槽)

a. 灯带形式、尺寸;b. 格栅片材料品种、规格;c. 安装固定方式。

②送风口、回风口

a. 风口材料品种、规格；b. 安装固定方式；c. 防护材料种类。

(2)计算规则

灯带(槽)按设计图示尺寸以框外围面积计算。计量单位为 m^2。送风口、回风口按设计图示数量计算。计量单位为个。

(四)门窗工程

1. 木门(编码:010801)

木门项目包括木质门(010801001)、木质门带套(010801002)、木质连窗门(010801003)、木质防火门(010801004)、木门框(011401005)、门锁安装(010801006)6 个清单项目。

(1)项目特征

木质门、木质门带套、木质连窗门、木质防火门的项目特征包括：a. 门代号及洞口尺寸；b. 镶嵌玻璃品种、厚度。

木门框的项目特征包括：a. 门代号及洞口尺寸；b. 框截面尺寸；c. 防护材料种类。

门锁安装的项目特征包括：a. 锁品种；b. 锁规格。

(2)计算规则

木质门、木质门带套、木质连窗门、木质防火门：均按设计图示数量或设计图示洞口尺寸以面积计算。计量单位为樘/m^2。

木门框：以樘或米计算。

门锁安装：以个或套按设计图示数量计算。

2. 金属门(编码:010802)

金属门项目包括金属(塑钢)门(010802001)、彩板门(010802002)、钢质防火门(010802003)、防盗门(010802004)4 个清单项目。

(1)项目特征

金属(塑钢)门的项目特征包括：a. 门代号及洞口尺寸；b. 门框或扇外围尺寸；c. 门框扇材质；d. 玻璃品种、厚度。

彩板门的项目特征包括：a. 门代号及洞口尺寸；b. 门框或扇外围尺寸。

钢质防火门、防盗门的项目特征包括：a. 门代号及洞口尺寸；b. 门框或扇外围尺寸 c. 门框扇材质。

(2)计算规则

按设计图示数量或设计图示洞口尺寸以面积计算。计量单位为樘/m^2。

3. 金属卷帘(闸)门(编码:010803)

金属卷帘(闸)门项目包括金属卷帘(闸)门(010803001)、防火卷帘(闸)门(010803002)2 个清单项目。

(1)项目特征

a. 门代号及洞口尺寸；b. 门材质；c. 启动装置品种、规格。

(2)计算规则

按设计图示数量或设计图示洞口尺寸以面积计算。计量单位为樘/m^2。

4. 厂库房大门、特种门(010804)

厂库房大门、特种门项目包括木板大门(010804001)、钢木大门(010804002)、全钢板大门(010804003)、防护铁丝门(010804004)、金属格栅门(010804005)、钢质花饰大门

(010804006)、特种门(010804007)7 个清单项目。

(1)项目特征

木板大门、钢木大门、全钢板大门、防护铁丝门的项目特征包括:a. 门代号及洞口尺寸;b. 门框或扇外围尺寸;c. 门框、扇材质;d. 五金种类、规格;e. 防护材料种类。

金属格栅门的项目特征包括:a. 门代号及洞口尺寸;b. 门框或扇外围尺寸;c. 门框、扇材质;d. 启动装置的品种、规格。

钢质花饰大门、特种门的项目特征包括:a. 门代号及洞口尺寸;b. 门框或扇外围尺寸;c. 门框、扇材质。

(2)计算规则

按设计图示数量或设计图示洞口尺寸以面积计算。计量单位为樘/m^2。

5. 其他门(编码:010805)

其他门项目包括电子感应门(010805001)、旋转门(010805002)、电子对讲门(010805003)、电动伸缩门(010805004)、全玻自由门(010805005)、镜面不锈钢饰面门(010805006)、复合材料门(010805007)7 个清单项目。

(1)项目特征

电子感应门、旋转门的项目特征包括:a. 门代号及洞口尺寸;b. 门框或扇外围尺寸;c. 门框、扇材质;d. 玻璃品种、厚度;e. 电子配件品种、规格、品牌。

电子对讲门、电动伸缩门的项目特征包括:a. 门代号及洞口尺寸;b. 门框或扇外围尺寸;c. 门材质;d. 玻璃品种、厚度;e. 电子配件品种、规格、品牌。

全玻自由门的项目特征包括:a. 门代号及洞口尺寸;b. 门框或扇外围尺寸;c. 框材质;d. 玻璃品种、厚度。

镜面不锈钢饰面门、复合材料门的项目特征包括:a. 门代号及洞口尺寸;b. 门框或扇外围尺寸;c. 框、扇材质;d. 玻璃品种、厚度。

(2)计算规则

按设计图示数量或设计图示洞口尺寸以面积计算。计量单位为樘/m^2。

6. 木窗(编码:010806)

木窗项目包括木质窗(010806001)、木飘(凸)窗(010806002)、木橱窗(010806003)、木纱窗(010806004)4 个清单项目。

(1)项目特征

木质窗、木飘(凸)窗的项目特征包括:a. 窗代号及洞口尺寸;b. 玻璃品种、厚度。

木橱窗的项目特征包括:a. 窗代号;b. 框截面及外围展开面积;c. 玻璃品种、厚度;d. 防护材料种类。

木纱窗的项目特征包括:a. 窗代号及框的外围尺寸;b. 窗纱材料品种规格。

(2)计算规则

按设计图示数量或设计图示洞口尺寸以面积计算。计量单位为樘/m^2。

7. 金属窗(编码:010807)

金属窗项目包括金属(塑钢、断桥)窗(010807001)、金属防火窗(010807002)、金属百叶窗(010807003)、金属纱窗(010807004)、金属格栅窗(010807005)、金属(塑钢、断桥)橱窗(010807006)、金属(塑钢、断桥)飘(凸)窗(010807007)、彩板窗(010807008)、复合材料窗(010807009)9 个清单项目。

(1)项目特征

金属(塑钢、断桥)窗、金属防火窗、金属百叶窗的项目特征包括:a.窗代号及洞口尺寸;b.框、扇材质;c.玻璃品种、厚度。

金属纱窗的项目特征包括:a.窗代号及框的外围尺寸;b.框材质;c.窗纱材料品种、规格。

金属格栅窗的项目特征包括:a.窗代号及洞口尺寸;b.框外围尺寸;c.框、扇材质。

金属(塑钢、断桥)橱窗的项目特征包括:a.窗代号;b.框外围展开面积;c.框、扇材质;d.玻璃品种、厚度;e.防护材料种类。

金属(塑钢、断桥)飘(凸)窗的项目特征包括:a.窗代号;b.框外围展开面积;c.框、扇材质;d.玻璃品种、厚度。

彩板窗、复合材料窗的项目特征包括:a.窗代号及洞口尺寸;b.框外围尺寸;c.框、扇材质;d.玻璃品种、厚度。

(2)计算规则

按设计图示数量或设计图示洞口尺寸以面积计算。计量单位为樘/m^2(特殊五金的计量单位为个或套)。

8.门窗套(编码:010808)

门窗套项目包括木门窗套(010808001)、木筒子板(010808002)、饰面夹板筒子板(010808003)、金属门窗套(010808004)、石材门窗套(010808005)、门窗木贴脸(010808006)、成品门窗套(010808007)7个清单项目。

(1)项目特征

木门窗套的项目特征包括:a.窗代号及洞口尺寸;b.门窗套展开宽度;c.基层材料种类;d.面层材料品种、规格;e.线条品种、规格;f.防护材料种类。

木筒子板、饰面夹板筒子板的项目特征包括:a.筒子板宽度;b.基层材料、种类;c.面层材料品种、规格;d.线条品种、规格;e.防护材料种类。

金属门窗套的项目特征包括:a.窗代号及洞口尺寸;b.门窗套展开宽度;c.基层材料种类,面层材料品种、规格;d.防护材料种类。

石材门窗套的项目特征包括:a.窗代号及洞口尺寸;b.门窗套展开宽度;c.粘贴层厚度、砂浆配合比;d.面层材料品种、规格;e.线条品种、规格。

门窗木贴脸的项目特征包括:a.门窗代号及洞口尺寸;b.贴脸板宽度;c.防护材料种类。

成品门窗套的项目特征包括:a.门窗代号及洞口尺寸;b.门窗套展开宽度;c.门窗套材料品种、规格。

(2)计算规则

木门窗套、木筒子板、饰面夹板筒子板、金属门窗套、石材门窗套:a.以樘计量,按设计图示数量计算;b.以平方米计量,按设计图示尺寸以展开面积计算;c.以米计量,按设计图示中心以延长米计算。

门窗木贴脸:a.以樘计量,按设计图示数量计算;b.以米计量,按设计图示中心以延长米计算。按设计图示尺寸以展开面积计算。计量单位为m^2。

成品门窗套:a.以樘计量,按设计图示数量计算;b.以平方米计量,按设计图示尺寸以展开面积计算;c.以米计量,按设计图示中心以延长米计算。

9. 窗台板(编码:010809)

窗台板项目包括木窗台板(010809001)、铝塑窗台板(010809002)、金属窗台板(010809003)、石材窗台板(010809004)4 个清单项目。

(1)项目特征

木窗台板、铝塑窗台板、金属窗台板的项目特征包括:a. 基层材料种类;b. 窗台面板材质、规格、颜色;c. 防护材料种类。

石材窗台板的项目特征包括:a. 粘贴层厚度、砂浆配合比;b. 窗台板材质、规格、颜色。

(2)计算规则

按设计图示尺寸以展开面积计算。计量单位为 m^2。

10. 窗帘、窗帘盒、窗帘轨(编码:010810)

窗帘、窗帘盒、窗帘轨项目包括窗帘(010810001),木窗帘盒(010810002),饰面夹板、塑料窗帘盒(010810003),铝合金窗帘盒(010810004),窗帘轨(010810005)5 个清单项目。

窗帘的项目特征包括:a. 窗帘材质;b. 窗帘高度、宽度;c. 窗帘层数;d. 带幔要求。

木窗帘盒,饰品夹板、塑料窗帘盒,铝合金窗帘盒的项目特征包括:a. 窗帘盒材质、规格;b. 防护材料种类。

窗帘轨的项目特征包括:a. 窗帘轨材质、规格;b. 轨的数量;c. 防护材料种类。

关于门窗工程的有关说明

①木门五金应包括:折页、插销、风钩、弓背拉手、搭扣、木螺丝、弹簧折页(自动门)、管子拉手(自由门、地弹门)、地弹簧(地弹门)、角铁、门轧头(地弹门、自由门)等。

②木窗五金应包括:折页、插销、风钩、木螺丝、滑轮滑轨(推拉窗)等。

③铝合金窗五金应包括:卡锁、滑轮、铰拉、执手、拉把、拉手、风撑、角码、牛角制等。

④铝合金门五金应包括:地弹簧、门锁、拉手、门插、门铰、螺丝等。

⑤其他门五金应包括:L 型执手插锁(双舌)、球形执手锁(单舌)、门轧头、地锁、防盗门扣、门眼(猫眼)、门碰珠、电子销(磁卡销)、闭门器、装饰拉手等。

(五)油漆、涂料、裱糊工程

1. 门油漆(编码:011401)

门油漆项目包括木门油漆(011401001)、金属门油漆(011401002)2 个清单项目。

(1)项目特征

a. 门类型;b. 门代号及洞口尺寸 c. 腻子种类;d. 刮腻子遍数;e. 防护材料种类;f. 油漆品种、刷漆遍数。

(2)计算规则

按设计图示数量或设计图示单面洞口面积计算。计量单位为樘/m^2。

2. 窗油漆(编码:011402)

窗油漆项目包括木窗油漆(011402001)、金属窗油漆(011402002)2 个清单项目。

(1)项目特征

a. 窗类型;b. 窗代号及洞口尺寸;c. 腻子种类;d. 刮腻子遍数;e. 防护材料种类;f. 油漆品种、刷漆遍数。

(2)计算规则

按设计图示数量或设计图示单面洞口面积计算。计量单位为樘/m^2。

3. 木扶手及其他板条线条油漆(编码:011403)

木扶手及其他板条线条油漆项目包括木扶手油漆(011403001),窗帘盒油漆(011403002),封檐板、顺水板油漆(011403003),挂衣板、黑板框油漆(011403004),挂镜线、窗帘棍、单独木线油漆(011403005)5 个清单项目。

(1)项目特征

a. 断面尺寸;b. 腻子种类;c. 刮腻子遍数;d. 防护材料种类;e. 油漆品种、刷漆遍数。

(2)计算规则

按设计图示尺寸以长度计算。计量单位为 m。

4. 木材面油漆(编码:011404)

木材面油漆项目包括木护墙、木墙裙油漆(011404001),窗台板、筒子板、盖板、门窗套、踢脚线油漆(011404002),清水板条天棚、檐口油漆(011404003),木方格吊顶天棚油漆(011404004),吸音板墙面、天棚面油漆(011404005),暖气罩油漆(011404006),其他木材面(011404007),木间壁、木隔断油漆(011404008),玻璃间壁露明墙筋油漆(011404009),木栅栏、木栏杆(带扶手)油漆(011404010),衣柜、壁柜油漆(011404011),梁柱饰面油漆(011404012),零星木装修油漆(011404013),木地板油漆(011404014),木地板烫硬蜡面(011404015)15 个清单项目。

(1)项目特征

木护墙、木墙裙油漆,窗台板、筒子板、盖板、门窗套、踢脚线油漆,清水板条天棚、檐口油漆,木方格吊顶天棚油漆,吸音板墙面、天棚面油漆,暖气罩油漆,其他木材面,木间壁、木隔断油漆,玻璃间壁露明墙筋油漆,木栅栏、木栏杆(带扶手)油漆,衣柜、壁柜油漆,梁柱饰面油漆,零星木装修油漆,木地板油漆的项目特征包括:a. 腻子种类;b. 刮腻子遍数;c. 防护材料种类;d. 油漆品种、刷漆遍数。

木地板烫硬蜡面的项目特征包括:a. 硬蜡品种;b. 面层处理要求。

(2)计算规则

木护墙、木墙裙油漆,窗台板、筒子板、盖板、门窗套、踢脚线油漆,清水板条天棚、檐口油漆,木方格吊顶天棚油漆,吸音板墙面、天棚面油漆,暖气罩油漆,其他木材面:按设计图示尺寸以面积计算。计量单位为 m^2。

木间壁、木隔断油漆,玻璃间壁露明墙筋油漆,木栅栏、木栏杆(带扶手)油漆均按设计图示尺寸以单面外围面积计算。计量单位为 m^2。

衣柜、壁柜油漆,梁柱面油漆,零星木装修油漆均按设计图示尺寸以油漆部分展开面积计算。计量单位为 m^2。

木地板油漆、木地板烫硬蜡面按设计图示尺寸以面积计算,空圈、暖气包槽、壁龛的开口部分并入相应的工程量内。计量单位为 m^2。

5. 金属面油漆(编码:011405)

金属面油漆项目包括金属面油漆(011405001)1 个清单项目。

(1)项目特征

a. 构件名称;b. 腻子种类;c. 刮腻子要求;d. 防护材料种类;e. 油漆品种、刷漆遍数。

(2)计算规则

按设计图示尺寸以质量计算或按设计展开面积计算。计量单位为 t/m^2。

6. 抹灰面油漆(编码:011406)

抹灰面油漆项目包括抹灰面油漆(011406001)、抹灰线条油漆(011406002)、满刮腻子(011406003)3 个清单项目。

(1)项目特征

抹灰面油漆的项目特征包括:a. 基层类型;b. 腻子种类;c. 刮腻子遍数;d. 防护材料种类;e. 油漆品种、刷漆遍数;f. 刷漆的部位。

抹灰线条油漆的项目特征包括:a. 线条宽度、道数;b. 腻子种类;c. 刮腻子遍数;d. 防护材料种类;e. 油漆品种、刷漆遍数。

满刮腻子的项目特征包括:a. 基层类型;b. 腻子种类;c. 刮腻子遍数。

(2)计算规则

抹灰面油漆按设计图示尺寸以面积计算,计量单位为 m^2;抹灰线条油漆按设计图示尺寸以长度计算,计量单位为 m;满刮腻子按设计图示尺寸以面积计算,计量单位为 m^2。

7. 喷刷、涂料(编码:011407)

喷刷、涂料项目包括墙面喷刷涂料(011407001),天棚喷刷涂料(011407002),空花格、栏杆刷涂料(011407003),线条刷涂料(011407004),金属构件刷防火涂料(011407005),木材构件喷刷防火涂料(011407006)6 个清单项目。

(1)项目特征

墙面喷刷涂料、天棚喷刷涂料的项目特征包括: a. 基层类型;b. 喷刷涂料的部位;c. 腻子种类;d. 刮腻子要求;e. 涂料品种、喷刷遍数。

空花格、栏杆刷涂料的项目特征包括: a. 腻子种类;b. 刮腻子遍数;c. 涂料品种、刷喷遍数。

线条刷涂料的项目特征包括: a. 基层清理;b. 线条宽度;c. 刮腻子遍数;d. 刷防护材料、油漆。

金属构件刷防火涂料、木材构件喷刷防火涂料的项目特征包括:a. 喷刷防火涂料构件名称;b. 防火等级要求;c. 涂料品种、刷喷遍数。

(2)计算规则

墙面喷刷涂料、天棚喷刷涂料:按设计图示尺寸以面积计算。计量单位为 m^2。

空花格、栏杆刷涂料:按设计图示尺寸以单面外围面积计算。计量单位为 m^2。

线条刷涂料:按设计图示尺寸以长度计算。计量单位为 m。

金属构件刷防火涂料:按设计图示尺寸以质量计算或按设计展开面积计算。计量单位为 m^2/t。

木材构件喷刷防火涂料:按设计图示尺寸以面积计算。计量单位为 m^2。

8. 裱糊(编码:011408)

裱糊项目包括墙纸裱糊(011408001)、织锦缎裱糊(011408002)2 个清单项目。

(1)项目特征

a. 基层类型;b. 裱糊部位;c. 腻子种类;d. 刮腻子遍数;e. 黏结材料种类;f. 防护材料种类;g. 面层材料品种、规格、颜色。

(2)计算规则

按设计图示尺寸以面积计算。计量单位为 m^2。

关于油漆、涂料、裱糊工程的有关说明

①门油漆应区分单层木门、双层(一玻一纱)木门、双层(单裁口)木门、全玻自由门、半玻自由门、装饰门及有框门或无框门等,分别编码列项。

②窗油漆应区分单层玻璃窗、双层(一玻一纱)木窗、双层框扇(单裁口)木窗、双层框三层(二层一纱)木窗、单层组合窗、双层组合窗、木百叶窗、木推拉窗等,分别编码列项。

③木扶手应区分带托板与不带托板,分别编码列项。

(六)其他装饰工程

1. 柜类、货架(编码:011501)

柜类、货架项目包括柜台(011501001)、酒柜(011501002)、衣柜(011501003)、存包柜(011501004)、鞋柜(011501005)、书柜(011501006)、厨房壁柜(011501007)、木壁柜(011501008)、厨房低柜(011501009)、厨房吊柜(011501010)、矮柜(011501011)、吧台背柜(011501012)、酒吧吊柜(011501013)、酒吧台(011501014)、展台(011501015)、收银台(011501016)、试衣间(011501017)、货架(011501018)、书架(011501019)、服务台(011501020)20个清单项目。

(1)项目特征

a. 台柜规格;b. 材料种类、规格;c. 五金种类、规格;d. 防护材料种类;e. 油漆品种、刷漆遍数。

(2)计算规则

按设计图示数量计算或按设计图示尺寸以延长米计算或按设计图示尺寸以体积计算。计量单位为个、m 或 m^3。

2. 压条、装饰线(编码:011502)

压条、装饰线项目包括金属装饰线(011502001)、木质装饰线(011502002)、石材装饰线(011502003)、石膏装饰线(011502004)、镜面玻璃线(011502005)、铝塑装饰线(011502006)、塑料装饰线(011502007)、GRC 装饰线条(011502008)8个清单项目。

(1)项目特征

金属装饰线、木质装饰线、石材装饰线、石膏装饰线、镜面玻璃线、铝塑装饰线、塑料装饰线的项目特征包括:a. 基层类型;b. 线条材料品种、规格、颜色;c. 防护材料种类。

GRC 装饰线条的项目特征包括:a. 基层类型;b. 线条规格;c. 线条安装部位;d. 填充材料种类。

(2)计算规则

按设计图示尺寸以长度计算。计量单位为 m。

3. 扶手、栏杆、栏板装饰(编码:011503)

扶手、栏杆、栏板装饰项目包括金属扶手、栏杆、栏板(011503001),硬木扶手、栏杆、栏板(011503002),塑料扶手、栏杆、栏板(011503003),GRC 栏杆、扶手(011503004),金属靠墙扶手(011503005),硬木靠墙扶手(011503006),塑料靠墙扶手(011503007),玻璃栏板(011503008)8个清单项目。

(1)项目特征

金属扶手、栏杆、栏板,硬木扶手、栏杆、栏板,塑料扶手、栏杆、栏板的项目特征包括:a. 扶手材料种类、规格;b. 栏杆材料种类、规格;c. 栏板材料种类、规格;d. 固定配件种类;e. 防护材料种类。

GRC 栏杆、扶手的项目特征包括:a. 栏杆的规格;b. 安装间距;c. 扶手类型规格;d. 填充材料种类。

金属靠墙扶手、硬木靠墙扶手、塑料靠墙扶手的项目特征包括：a. 扶手材料种类、规格；b. 固定配件种类；c. 防护材料种类。

玻璃栏板的项目特征包括：a. 栏板玻璃的种类、规格、颜色；b. 固定方式；c. 固定配件种类。

(2)计算规则

按设计图示尺寸以扶手中心线长度(包括弯头长度)计算。

4. 暖气罩(编码:011504)

暖气罩项目包括饰面板暖气罩(011504001)、塑料板暖气罩(011504002)、金属暖气罩(011504003)3个清单项目。

(1)项目特征

a. 暖气罩材质；b. 防护材料种类。

(2)计算规则

按设计图示尺寸以垂直投影面积(不展开)计算。计量单位为 m^2。

5. 浴厕配件(编码:011505)

浴厕配件项目包括洗漱台(011505001)、晒衣架(011505002)、帘子杆(011505003)、浴缸拉手(011505004)、卫生间扶手(020603005)、毛巾杆(架)(011505006)、毛巾环(011505007)、卫生纸盒(011505008)、肥皂盒(011505009)、镜面玻璃(0115050010)、镜箱(011505011)11个清单项目。

(1)项目特征

洗漱台、晒衣架、帘子杆、浴缸拉手、卫生间扶手、毛巾杆(架)、毛巾环、卫生纸盒、肥皂盒的项目特征包括：a. 材料品种、规格、颜色；b. 支架、配件品种、规格。

镜面玻璃的项目特征包括：a. 镜面玻璃品种、规格；b. 框材质、断面尺寸；c. 基层材料种类；d. 防护材料种类。

镜箱的项目特征包括：a. 箱体材质、规格；b. 玻璃品种、规格；c. 基层材料种类；d. 防护材料种类；e. 油漆品种、刷漆遍数。

(2)计算规则

洗漱台按设计图示尺寸以台面外接矩形面积计算，不扣除孔洞、挖弯、削角所占面积，挡板、吊沿板面积并入台面面积内或按设计图示数量计算。

镜面玻璃按设计图示尺寸以边框外围面积计算。计量单位为 m^2。

其他均按设计图示数量计算。计量单位为个(根、套或副)。

6. 雨篷、旗杆(编码:011506)

雨篷、旗杆项目包括雨篷吊挂饰面(011506001)、金属旗杆(011506002)、玻璃雨棚(011506003)3个清单项目。

(1)项目特征

雨篷吊挂饰面的项目特征包括：a. 基层类型；b. 龙骨材料种类、规格、中距；c. 面层材料品种、规格；d. 吊顶(天棚)材料、品种、规格；e. 嵌缝材料种类；f. 防护材料种类。

金属旗杆的项目特征包括：a. 旗杆材类、种类、规格；b. 旗杆高度；c. 基础材料种类；d. 基座材料种类；e. 基座面层材料、种类、规格。

玻璃雨棚的项目特征包括：a. 玻璃雨棚固定方式；b. 龙骨材料种类、规格、中距；c. 玻璃材料品种、规格；d. 塞缝材料种类；e. 防护材料种类。

(2)计算规则

雨篷吊挂饰面、玻璃雨棚按设计图示尺寸以水平投影面积计算,计量单位为 m^2;金属旗杆按设计图示数量计算,计量单位为根。

7. 招牌、灯箱(编码:011507)

招牌、灯箱项目包括平面、箱式招牌(011507001),竖式标箱(011507002),灯箱(020606003),信报箱(011507004)4 个清单项目。

(1)项目特征

平面、箱式招牌,竖式标箱,灯箱的项目特征包括:a. 箱体规格;b. 基层材料种类;c. 面层材料种类;d. 防护材料种类。

信报箱的项目特征包括:a. 箱体规格;b. 基层材料种类;c. 面层材料种类;d. 防护材料种类;e. 户数。

(2)计算规则

平面、箱式招牌按设计图示尺寸以正立面边框外围面积计算,复杂形的凸凹造型部分不增加面积,计量单位为 m^2;竖式标箱、灯箱、信报箱按设计图示数量计算,计量单位为个。

8. 美术字(编码:011508)

美术字项目包括泡沫塑料字(011508001)、有机玻璃字(011508002)、木质字(011508003)、金属字(011508004)、吸塑字(011508005)5 个清单项目。

(1)项目特征

a. 基层类型;b. 镌字材料品种、颜色;c. 字体规格;d. 固定方式;e. 油漆品种、刷漆遍数。

(2)计算规则

按设计图示数量计算,计量单位为个。

典型案例分析

【案例 3-1-1】 某建筑物平面如图 3-1-2 所示,空心砖墙厚 200 mm,Z:300 mm×300 mm;M:1200 mm×2000 mm;附墙烟囱:500 mm×500 mm;垛突出尺寸:200 mm×100 mm。地面工程做法为:①20 mm 厚 1∶2 水泥砂浆抹面压实抹光(面层);②刷素水泥浆结合层一道(结合层);③60 mm 厚 C20 细石混凝土找坡层,最薄处 30 mm 厚;④聚氨酯涂膜防水层厚 1.5～1.8 mm,防水层周边卷起 150 mm;⑤40 mm 厚 C20 细石混凝土随打随抹平;⑥150 mm厚 3∶7 灰土垫层;⑦素涂夯实。试编制该项目工程量清单。

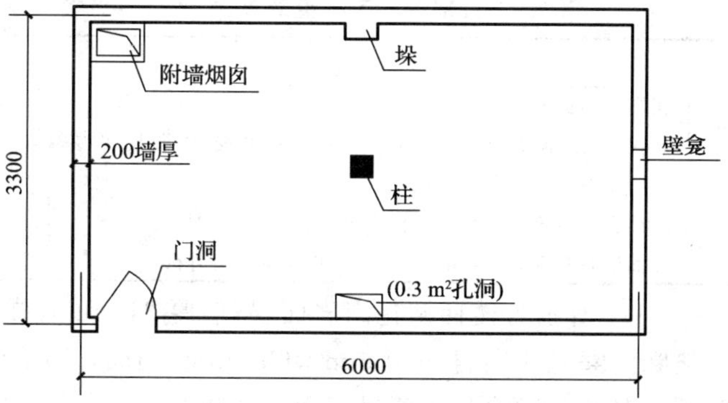

图 3-1-2　某建筑物平面示意图

解:(1)计算水泥砂浆地面工程量。

$$S=(3.30-0.20)\times(6.0-0.20)=17.98\ m^2$$

(2)编制工程量清单,见表 3-1-11。

表 3-1-11 **分部分项工程量清单**

工程名称:某建筑物　　第 1 页共 1 页

序号	项目编码	项目名称	计量单位	工程量
1	011101001001	水泥砂浆地面 1. 40 mm 厚 C20 细石混凝土随打随抹平 2. 聚氨酯涂膜防水层厚 1.5～1.8 mm,防水层周边卷起 150 mm 3. 60 mm 厚 C20 细石混凝土找坡层,最薄处 30 mm 厚 4. 刷素水泥浆结合层一道(结合层) 5. 20 mm 厚 1∶2 水泥砂浆抹面压实抹光(面层)	m^2	17.98

【案例 3-1-2】 某建筑物平面如图 3-1-3 所示,地面 5 mm 厚 1∶2 水泥砂浆铺花岗岩(600 mm×600 mm),地面找平层 1∶3 水泥砂浆 25 mm 厚,编制花岗岩分部分项工程量清单。

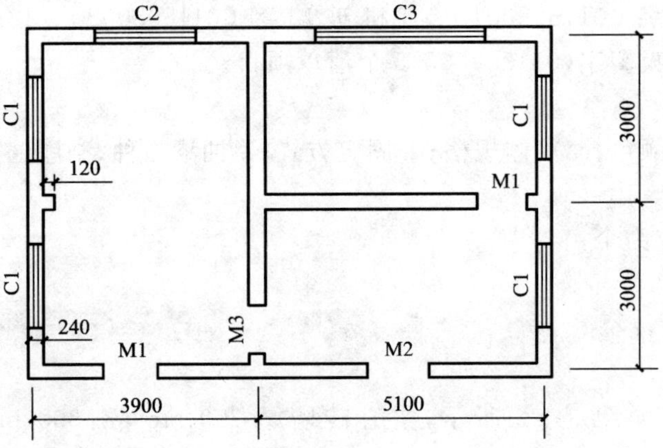

门窗表

M1	1000 mm×2000 mm
M2	1200 mm×2000 mm
M3	900 mm×2400 mm
C1	1500 mm×1500 mm
C2	1800 mm×1500 mm
C3	3000 mm×1500 mm

图 3-1-3　建筑物平面示意图

解:(1)计算花岗岩地面工程量。

$$S=(3.90-0.24)\times(6.0-0.24)+(5.10-0.24)\times(3.00-0.24)\times 2=47.91\ m^2$$

(2)编制工程量清单,见表 3-1-12。

表 3-1-12 **分部分项工程量清单**

序号	项目编码	项目名称	计量单位	工程量
1	011102001001	花岗岩地面 1. 找平层厚度、砂浆配合比:1∶3 水泥砂浆找平层 25 mm 厚 2. 结合层厚度、砂浆配合比:5 mm 厚 1∶2 水泥砂浆 3. 面层材料品种、规格:600 mm×600 mm 花岗石	m^2	47.91

【案例 3-1-3】 图 3-1-4 所示为楼梯贴花岗岩面层,墙厚 240 mm,梯井 300 mm 宽,其工程做法为:20 mm 厚芝麻白磨光花岗岩(600 mm×600 mm)铺面;30 mm 厚 1∶3 水泥砂浆结合层;楼梯嵌 1.2 m 长铜条。试编制该项目工程量清单。

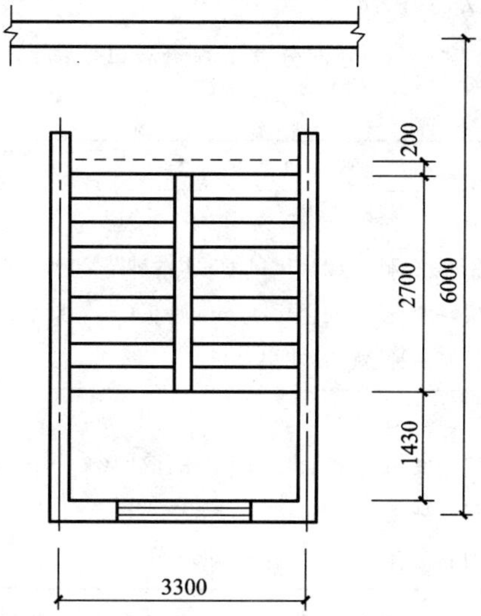

图 3-1-4　楼梯平面示意图

解:(1)楼梯工程量:(3.30－0.24)×(0.20＋2.70＋1.43)＝3.06×4.33＝13.25 m^2

(2)编制工程量清单,见表 3-1-13。

表 3-1-13　　**分部分项工程量清单**

工程名称:某建筑物　　第 1 页共 1 页

序号	项目编码	项　目　名　称	计量单位	工程量
1	011106001001	花岗岩楼梯面层 1.面层材料品种、规格:芝麻白磨光花岗岩(600 mm×600 mm) 2.结合层厚度、砂浆配合比:30 mm 厚 1∶3 水泥砂浆 3.防滑条材料种类、规格:1.2 m 长铜条	m^2	13.25

【案例 3-1-4】　某工程花岗石台阶尺寸如图 3-1-5 所示。平台与台阶同用 1∶3 水泥砂浆找平 20 mm 厚,5 mm 厚 1∶2.5 水泥砂浆粘贴花岗石板。试编制平台与台阶工程量清单。

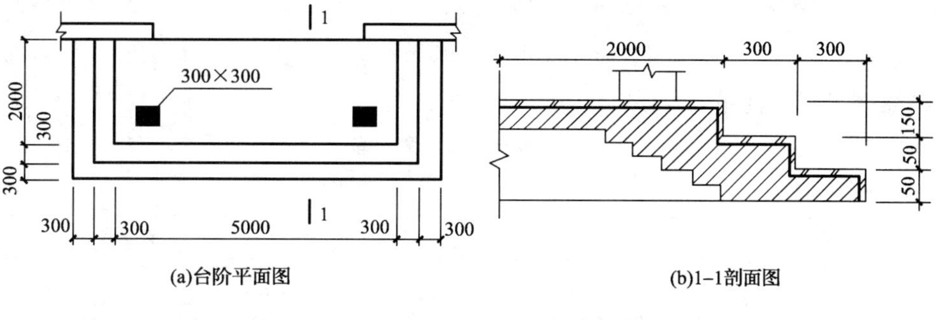

图 3-1-5　某工程花岗石台阶平面和剖面图

解:(1)石材楼地面、石材台阶面工程量清单的编制:

平台花岗石板贴面工程量:5.00×2.00＝10.00 m^2

台阶花岗石板贴面工程量:(5.00＋0.30×4)×(2.00＋0.30×2)－10.00＝6.12 m^2

(2)编制工程量清单,见表 3-1-14。

表 3-1-14 分部分项工程量清单

工程名称:某建筑物 第 1 页共 1 页

序号	项目编码	项 目 名 称	计量单位	工程量
1	011102001001	石材楼地面 1. 找平层厚度、砂浆配合比:1∶3 水泥砂浆 20 mm 厚 2. 结合层厚度、砂浆配合比:5 mm 厚 1∶2.5 水泥砂浆 3. 面层材料品种、规格:花岗石板	m^2	10.00
2	011107001001	石材台阶面 1. 找平层厚度、砂浆配合比:1∶3 水泥砂浆 20 mm 厚 2. 黏结材料种类:1∶2.5 水泥砂浆 3. 面层材料品种、规格:花岗石板	m^2	6.12

【案例 3-1-5】 某变电室外墙面尺寸如图 3-1-6 所示。檐口标高为 4.2 m,M:1500 mm×2000 mm;C2:1200 mm×800 mm;门窗侧面宽度 100 mm。外墙水泥砂浆粘贴瓷质外墙砖(规格 194 mm×94 mm),灰缝 5 mm,面层酸洗、打蜡。试编制块料墙面工程量清单。

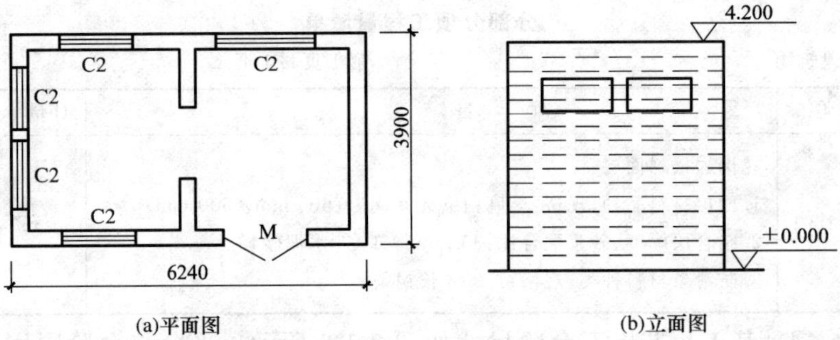

图 3-1-6 某变电室平面和立面图

解:(1)块料墙面工程量清单的编制:

块料墙面工程量:(6.24+3.90)×2×4.20−1.50×2.00−1.20×0.80×5+[1.50+2.00×2+(1.20+0.80)×2×5]×0.10=79.93 m^2

(2)编制工程量清单,见表 3-1-15。

表 3-1-15 分部分项工程量清单

工程名称:某建筑物 第 1 页共 1 页

序号	项目编号	项 目 名 称	计量单位	工程量
1	011104003001	块料墙面 ①墙体类型:砖墙面 ②面层材料种类、规格、铺贴形式:水泥砂浆粘贴规格 194 mm×94 mm 的瓷质外墙砖,灰缝 5 mm ③磨光、酸洗、打蜡:面层酸洗、打蜡	m^2	79.93

【案例 3-1-6】 某居室现浇钢筋混凝土天棚抹灰工程，如图 3-1-7 所示，6 mm 厚 1∶1∶6 混合砂浆抹面。编制天棚抹灰工程量清单。

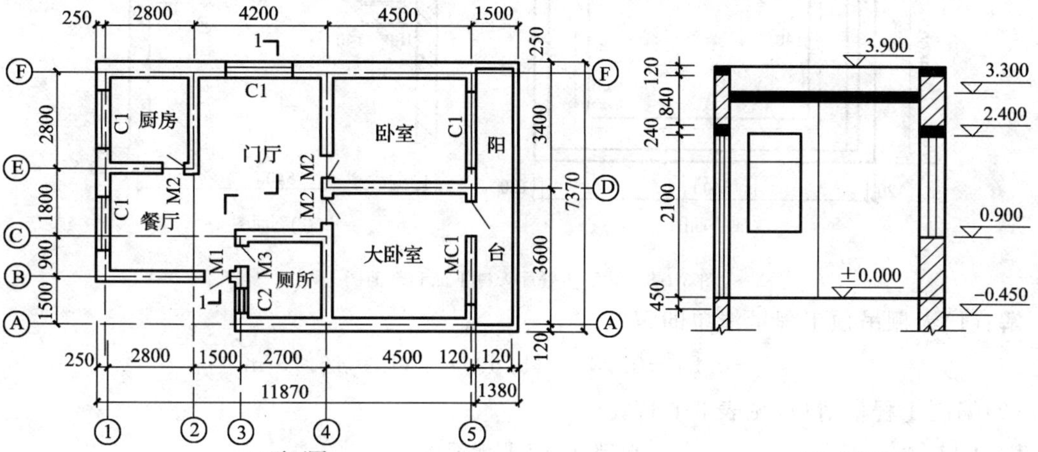

(a)平面图　　(b)1-1剖面图

图 3-1-7　某居室天棚装饰图

解：(1)天棚抹灰工程量清单的编制：

天棚抹灰工程量：

(厨房)$S_1=(2.80-0.24)\times(2.80-0.24)=6.554\ \text{m}^2$

(餐厅)$S_2=(2.80+1.50-0.24)\times(0.90+1.80-0.24)=9.988\ \text{m}^2$

(门厅)$S_3=(4.20-0.24)\times(1.80+2.80-0.24)-(1.50-0.24)\times(1.80-0.24)=15.300\ \text{m}^2$

(厕所)$S_4=(2.70-0.24)\times(1.50+0.90-0.24)=5.314\ \text{m}^2$

(卧室)$S_5=(4.50-0.24)\times(3.40-0.24)=13.462\ \text{m}^2$

(大卧室)$S_6=(4.50-0.24)\times(3.60-0.24)=14.314\ \text{m}^2$

(阳台)$S_7=(1.38-0.12)\times(3.60+3.40+0.25-0.12)=8.984\ \text{m}^2$

$S_1+S_2+S_3+S_4+S_5+S_6+S_7=6.554+9.988+15.300+5.314+13.462+14.314+8.984=73.92\ \text{m}^2$。

(2)编制工程量清单，见表 3-1-16。

表 3-1-16　**分部分项工程量清单**

工程名称：某建筑物　　第 1 页共 1 页

序号	项目编码	项　目　名　称	计量单位	工程量
1	011301001001	天棚抹灰 1. 基层类型：现浇钢筋混凝土板 2. 抹灰厚度、砂浆配合比：6 mm 厚 1∶1∶6 混合砂浆	m^2	73.92

【案例 3-1-7】 某酒店餐厅天棚装饰如图 3-1-8 所示。现浇钢筋混凝土板底吊不上人型装配式 U 型轻钢龙骨，间距 450 mm×450 mm，顶棚灯槽内侧和外沿、窗帘盒部位细木工板基层(不计算窗帘盒工程量)，龙骨上或细木工板基层上铺钉纸面石膏板，面层刮腻子 3 遍，

刷乳胶漆3遍,周边布两条石膏线,石膏线100 mm宽。编制天棚吊顶工程量清单。

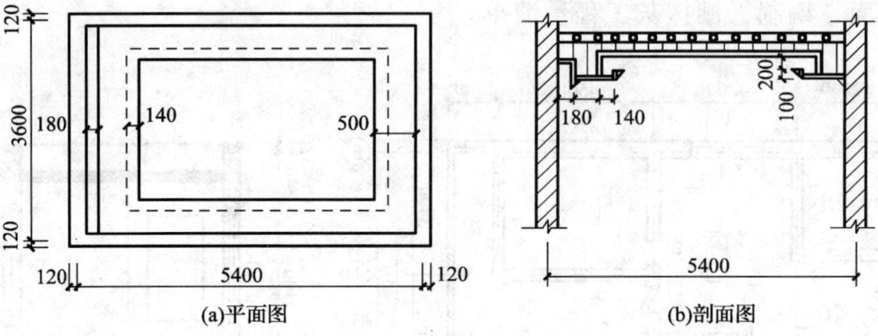

图3-1-8 某酒店餐厅天棚平面和剖面图

解:(1)天棚吊顶工程量清单的编制:

$$(5.40-0.24-0.18)\times(3.60-0.24)=16.73\ m^2$$

(2)编制工程量清单,见表3-1-17。

表3-1-17 **分部分项工程量清单**

工程名称:某建筑物 第1页共1页

序号	项目编号	项 目 名 称	计量单位	工程量
1	011302001001	天棚吊顶 1.吊顶形式:二级天棚 2.龙骨材料种类:不上人型装配式U型轻钢龙骨,间距450 mm×450 mm 3.基层、面层材料种类:龙骨上铺钉纸面石膏板	m^2	16.73

【案例3-1-8】 某住宅楼卧室内木壁柜共10个,木壁柜高2.40 m、宽1.20 m、深0.60 m。壁柜做法:木龙骨30 mm×30 mm@300 mm;围板为九夹板,570 mm×2340 mm两块,1140 mm×570 mm两块,1140 mm×2340 mm一块;柜内分三层,隔板500 mm×1200 mm两块,细木工板18 mm厚;面层贴壁纸共9.04 m^2;壁柜门为推拉门,推拉门滑轨一套,拉手两个,基层细木工板600 mm×2400 mm两块,外贴红榉板(双面贴)5.76 m^2;木板、木方均刷防火涂料两遍,面积为6.64 m^2。编制木壁柜工程量清单。

解:(1)清单工程量计算:木壁柜工程量为10个。

(2)编制木壁柜工程量清单,见表3-1-18。

表3-1-18 **分部分项工程量清单**

工程名称:某建筑物 第1页共1页

序号	项目编号	项 目 名 称	计量单位	工程量
1	011501008001	木壁柜 1.柜的形式、规格:嵌入式壁柜2400 mm×1200 mm×600 mm 2.骨架、围板、隔板、面层材料种类:骨架为木龙骨,围板为九夹板,隔板为细木工板18 mm厚,面层为壁纸 3.抽屉、柜门材料种类:柜门基层为细木工板18 mm厚,柜门面层为红榉板(双面)	个	10

项目分析

(1)列项

块料楼地面(011102003001)

块料楼地面(011102003002)

块料楼地面(011102003003)

石材墙面(011204001001)

块料墙面(011204003001)

天棚吊顶(011302001001)

灯带(011304001001)

电子感应门(010805001001)

石材装饰线(011502003001)

(2)编制工程量清单

见表 3-1-19。

表 3-1-19　**分部分项工程量清单**

工程名称:某人力资源市场一层大厅

序号	项目编号	项目名称	项目待征	计量单位	工程量
1	011102003001	块料楼地面	25 mm 厚干硬性水泥砂浆粘贴 600 mm×1200 mm 地砖,成品保护	m^2	26.39
2	011102003002	块料楼地面	25 mm 厚干硬性水泥砂浆粘贴 600 mm×600 mm 地砖,成品保护	m^2	7.95
3	011102003003	块料楼地面	25 mm 厚干硬性水泥砂浆粘贴 200 mm×600 mm 灰色地砖拼花,成品保护	m^2	3.8
4	011204001001	石材墙面	干挂石材,镀锌骨架龙骨(暂按 18 kg/m^2 计算),镀锌铁件(暂按 2 kg/m^2 计算,M12 化学螺栓固定);4 mm 厚不锈钢挂件固定 25 mm 树桂冰花机刨板	m^2	15.6
5	011204003001	块料墙面	干挂墙砖,镀锌骨架龙骨(暂按 18 kg/m^2 计算),镀锌铁件(暂按 2 kg/m^2 计算,M12 化学螺栓固定);4 mm 厚不锈钢挂件固定 600 mm×900 mm 米色墙砖	m^2	54.6
6	011302001001	天棚吊顶	8 mm 镀锌全牙吊筋 H=1000 mm,50 系列轻钢龙骨复杂(不上人)400 mm×600 mm,9.5 mm 纸面石膏板面层 33.08 m^2,白色塑铝板 11.12 m^2,铝合金方槽顶 15.99 m^2,乳胶漆饰面(批二、面二、贴缝纸),开筒灯孔 24 个	m^2	42.56
7	011304001001	灯带	木龙骨十二厘板,木基层防火涂料三遍,展开面积 4.59 m^2(十二厘板),磨砂玻璃灯光片	m^2	2.16
8	010805001001	电子感应门	12 mm 钢化玻璃电子感应门 7.04 m^2,12 mm 钢化玻璃固定窗 1.12 m^2,钢骨架基层 1.0 mm 不锈钢包边框 3.2 m^2	樘	1
9	011502003001	石材装饰线	干挂石材线条,镀锌骨架龙骨(暂按 18 kg/m^2 计算);4 mm厚不锈钢挂件固定 25 mm 黑金砂石材线条 B=100 mm	m	9.97

思考与拓展

一、单项选择题

1. 工程量清单的编制者是(　　)。

A. 建设主管部门　B. 招标人　C. 投标人　D. 工程造价咨询机构

2. 从性质上说,工程量清单是(　　)的组成部分。

A. 招标文件　B. 施工设计图纸　C. 投标文件　D. 可行性研究报告

3. 关于门窗工程量计算规则,说法正确的为(　　)。

A. 门窗均按设计图示尺寸以面积计算

B. 门窗套按设计图示尺寸以展开面积计算

C. 窗帘盒、窗台板按设计图示尺寸以展开面积计算

D. 门窗五金配件安装按设计樘数计算

4. 楼梯与楼地面相连时,无梯口梁者算至最上一层踏步边沿加(　　)mm。

A. 100　B. 200　C. 300　D. 500

5. 半玻门是指玻璃面积占门扇面积的(　　)以上者。

A. 40%　B. 50%　C. 60%　D. 80%

6. 天棚吊顶清单工程量应扣除(　　)所占面积。

A. 独立柱　B. 附墙柱　C. 检查口　D. 间壁墙

7. 门窗油漆清单项目的计量单位是(　　)。

A. m^2　B. m　C. 樘　D. A 及 C

二、多项选择题

1. 工程量清单格式应由(　　)组成。

A. 分部分项工程量清单　B. 措施项目清单

C. 零星工作项目表　D. 其他项目清单

E. 单价分析表

2.《建设工程工程量清单计价规范》(GB 50500—2013)规定,工程量清单应由(　　)清单组成。

A. 分部分项工程量　B. 措施项目

C. 设备　D. 其他项目

E. 工程建设其他费

3. 下列关于工程量清单的说法正确的是(　　)。

A. 询标、评标的基础　B. 投标报价的依据

C. 由招标人提供　D. 招标文件的组成部分

E. 清单中的工程量就是结算时的工程量

4. 分部分项工程量清单应根据统一的(　　)进行编制。

A. 项目编码　B. 项目内容　C. 项目名称　D. 计量单位

E. 工程量计算规则

5. 木楼梯清单项目应包括(　　)等工程内容。

A. 木楼梯的制作、安装　　B. 木栏杆、扶手的制作、安装

C. 构件运输　　D. 刷油漆

6. 石材、块料楼地面按设计图示尺寸以面积计算，不扣除(　　)等所占面积。

A. 间壁墙　　B. 设备基础　　C. 地沟　　D. 0.3 m^2 以内孔洞

7. 墙柱面工程中的一般抹灰是指(　　)等。

A. 水泥混合砂浆　　B. 水泥砂浆

C. 水磨石　　D. 拉毛灰

8. 幕墙工程包括(　　)等工程项目。

A. 玻璃幕墙　　B. 带骨架幕墙

C. 不带骨架幕墙　　D. 全玻幕墙

9. (　　)抹灰面积并入天棚抹灰。

A. 梁两侧　　B. 板式楼梯底面

C. 楼梯侧面　　D. 阳台、雨篷底面

10. 金属旗杆工程清单项目可以包括(　　)工程内容。

A. 土石方挖填　　B. 基础混凝土浇筑

C. 旗杆台座制作、饰面　　D. 旗杆制作、安装

三、简答题

一份完整的工程量清单应包含哪些内容？

项目 2
工程量清单计价

能力目标

1. 会根据《建设工程工程量清单计价规范》(GB 50500—2013)附录B中的装饰工程项目,找出其对应的二级子目;

2. 会进行装饰工程清单综合单价的确定。

知识支撑点

装饰工程清单综合单价的确定方法。

职业资格标准链接

1. 了解清单法计价与工程量清单的相互关系,计价规范与计价定额的各自作用与相互关系;

2. 掌握清单项目工程内容的工程量(或含量)计算,人工、材料、机械用量及价格的取定;综合单价的形成,定额措施项目的设置与工程量(或含量)计算。

项目背景

以某人力资源市场一层大厅(图 2-1-1～图 2-1-10)为项目,进行装饰工程工程量清单计价,并计算该一层大厅的总造价。

一、计价方式的一般规定

(1)使用国有资金投资的建设工程发承包,必须采用工程量清单计价。

(2)非国有资金投资的建设工程,宜采用工程量清单计价。

(3)不采用工程量清单计价的建设工程,应执行规范除工程量清单等专门性规定外的其他规定。

(4)工程量清单应采用综合单价计价。

(5)措施项目中的安全文明施工费必须按国家或省级、行业建设主管部门的规定计算,不得作为竞争性费用。

(6)规费和税金应按国家或省级、行业建设主管部门的规定计算,不得作为竞争性费用。

二、招标控制价

(一)一般规定

(1)国有资金投资的建设工程招标,招标人必须编制招标控制价。

(2)招标控制价应由具有编制能力的招标人或受其委托具有相应资质的工程造价咨询人编制和复核。

(3)工程造价咨询人接受招标人委托编制招标控制价,不得再就同一工程接受投标人委托编制投标报价。

(4)招标控制价应按照规范规定编制,不应上浮或下调。

(5)当招标控制价超过批准的概算时,招标人应将其报原概算审批部门审核。

(6)招标人应在发布招标文件时公布招标控制价,同时应将招标控制价及有关资料报送工程所在地或有该工程管辖权的行业管理部门工程造价管理机构备查。

(二)编制与复核

(1)招标控制价应根据下列依据编制与复核:

①建设工程工程量清单计价规范。

②国家或省级、行业建设主管部门颁发的计价定额和计价办法。

③建设工程设计文件及相关资料。

④拟定的招标文件及招标工程量清单。

⑤与建设项目相关的标准、规范、技术资料。

⑥施工现场情况、工程特点及常规施工方案。

⑦工程造价管理机构发布的工程造价信息,当工程造价信息没有发布时,参照市场价。

⑧其他的相关资料。

(2)综合单价中应包括招标文件中划分的应由投标人承担的风险范围及其费用。招标文件中没有明确的,如是工程造价咨询人编制,应提请招标人明确;如是招标人编制,应予明确。

(3)分部分项工程和措施项目中的单价项目,应根据拟定的招标文件和招标工程量清单项目中的特征描述及有关要求确定综合单价计算。

(4)措施项目中的总价项目应根据拟定的招标文件和常规施工方案按规范规定计价。

(5)其他项目应按下列规定计价:

①暂列金额应按招标工程量清单中列出的金额填写。

②暂估价中的材料、工程设备单价应按招标工程量清单中列出的单价计入综合单价。

③暂估价中的专业工程金额应按招标工程量清单中列出的金额填写。

④ 计日工应按招标工程量清单中列出的项目根据工程特点和有关计价依据确定综合单价计算。

⑤总承包服务费应根据招标工程量清单列出的内容和要求估算。

(6)规费和税金应按国家或省级、行业建设主管部门的规定计算,不得作为竞争性费用。

三、投标报价

(一) 一般规定

(1)投标价应由投标人或受其委托具有相应资质的工程造价咨询人编制。

(2)投标人应依据《建设工程工程量清单计价规范》(GB 50500—2013)规定的投标依据自主确定投标报价。

(3)投标报价不得低于工程成本。

(4)投标人必须按招标工程量清单填报价格。项目编码、项目名称、项目特征、计量单位、工程量必须与招标工程量清单一致。

(5)投标人的投标报价高于招标控制价的应予废标。

(二)编制与复核

(1)投标报价应根据下列依据编制和复核:

①《建设工程工程量清单计价规范》(GB 50500—2013)。

②国家或省级、行业建设主管部门颁发的计价办法。

③企业定额,国家或省级、行业建设主管部门颁发的计价定额和计价办法。

④招标文件、招标工程量清单及其补充通知、答疑纪要。

⑤建设工程设计文件及相关资料。

⑥施工现场情况、工程特点及投标时拟定的施工组织设计或施工方案。

⑦与建设项目相关的标准、规范等技术资料。

⑧市场价格信息或工程造价管理机构发布的工程造价信息。

⑨其他的相关资料。

(2)综合单价中应包括招标文件中划分的应由投标人承担的风险范围及其费用,招标文件中没有明确的,应提请招标人明确。

(3)分部分项工程和措施项目中的单价项目,应根据招标文件和招标工程量清单项目中的特征描述确定综合单价计算。

(4)措施项目中的总价项目金额应根据招标文件及投标时拟定的施工组织设计或施工方案,按规范的规定自主确定。

(5)其他项目应按下列规定报价：

①暂列金额应按招标工程量清单中列出的金额填写。

②材料、工程设备暂估价应按招标工程量清单中列出的单价计入综合单价。

③专业工程暂估价应按招标工程量清单中列出的金额填写。

④计日工应按招标工程量清单中列出的项目和数量，自主确定综合单价并计算计日工金额。

⑤总承包服务费应根据招标工程量清单中列出的内容和提出的要求自主确定。

(6)规费和税金应按国家或省级、行业建设主管部门的规定计算，不得作为竞争性费用。

(7)招标工程量清单与计价定额中列明的所有需要填写单价和合价的项目，投标人均应填写且只允许有一个报价。未填写单价和合价的项目，可视为此项费用已包含在已标价工程量清单中其他项目的单价和合价之中。当竣工结算时，此项目不得重新组价予以调整。

(8)投标总价应当与分部分项工程费、措施项目费、其他项目费和规费、税金的合计金额一致。

四、合同价款约定

(一)一般规定

(1)实行招标的工程合同价款应在中标通知书发出之日起30天内，由发、承包双方依据招标文件和中标人的投标文件在书面合同中约定。

合同约定不得违背招标、投标文件中关于工期、造价、质量等方面的实质性内容。招标文件与中标人投标文件不一致的地方，应以投标文件为准。

(2)不实行招标的工程合同价款，应在发、承包双方认可的工程价款基础上，由发、承包双方在合同中约定。

(3)实行工程量清单计价的工程，应采用单价合同；建设规模较小，技术难度较低，工期较短，且施工图设计已审查批准的建设工程可采用总价合同；紧急抢险、救灾以及施工技术特别复杂的建设工程可采用成本加酬金合同。

(二)约定内容

(1)发、承包双方应在合同条款中对下列事项进行约定：

①预付工程款的数额、支付时间及抵扣方式。

②安全文明施工措施的支付计划、使用要求等。

③工程计量与支付工程进度款的方式、数额及时间。

④工程价款的调整因素、方法、程序、支付及时间。

⑤施工索赔与现场签证的程序、金额确认与支付时间。

⑥承担计价风险的内容、范围以及超出约定内容、范围的调整办法。

⑦工程竣工价款结算编制与核对、支付及时间。

⑧工程质量保证金的数额、预留方式及时间。

⑨违约责任以及发生合同价款争议的解决方法及时间。

⑩与履行合同、支付价款有关的其他事项等。

(2)合同中没有按照规范要求约定或约定不明的,若发、承包双方在合同履行中发生争议,则由双方协商确定;当协商不能达成一致时,应按规范的规定执行。

五、工程计量

(一)一般规定

(1)工程量必须按照相关工程现行国家计量规范规定的工程量计算规则计算。

(2)工程计量可选择按月或按工程进度分段计量,具体计量周期应在合同中约定。

(3)因承包人原因造成的超出合同工程范围施工或返工的工程量,发包人不予计量。

(4)成本加酬金合同应按规范规定的单价合同计量。

(二)单价合同的计量

(1)工程量必须以承包人完成合同工程应予计量的工程量确定。

(2)施工中进行工程计量,当发现招标工程量清单中出现缺项、工程量偏差,或因工程变更引起工程量增减时,应按承包人在履行合同义务中完成的工程量计算。

(3)承包人应当按照合同约定的计量周期和时间向发包人提交当期已完工程量报告。发包人应在收到报告后 7 天内核实,并将核实计量结果通知承包人。发包人未在约定时间内进行核实的,承包人提交的计量报告中所列的工程量应视为承包人实际完成的工程量。

(4)发包人认为需要进行现场计量核实时,应在计量前 24 小时通知承包人,承包人应为计量提供便利条件并派人参加。当双方均同意核实结果时,双方应在上述记录上签字确认。承包人收到通知后不派人参加计量,视为认可发包人的计量核实结果。发包人不按照约定时间通知承包人,致使承包人未能派人参加计量,计量核实结果无效。

(5)当承包人认为发包人核实后的计量结果有误时,应在收到计量结果通知后的 7 天内向发包人提出书面意见,并应附上其认为正确的计量结果和详细的计算资料。发包人收到书面意见后,应在 7 天内对承包人的计量结果进行复核后通知承包人。承包人对复核计量结果仍有异议的,按照合同约定的争议解决办法处理。

(6)承包人完成已标价工程量清单中每个项目的工程量并经发包人核实无误后,发承包双方应对每个项目的历次计量报表进行汇总,以核实最终结算工程量,并应在汇总表上签字确认。

(三)总价合同的计量

(1)采用工程量清单方式招标形成的总价合同,其工程量应按照单价合同的规定计算。

(2)采用经审定批准的施工图纸及其预算方式发包形成的总价合同,除按照工程变更规定的工程量增减外,总价合同各项目的工程量应为承包人用于结算的最终工程量。

(3)总价合同约定的项目计量应以合同工程经审定批准的施工图纸为依据,发、承包双方应在合同中约定工程计量的形象目标或时间节点进行计量。

(4)承包人应在合同约定的每个计量周期内对已完成的工程进行计量,并向发包人提交达到工程形象目标完成的工程量和有关计量资料的报告。

(5)发包人应在收到报告后 7 天内对承包人提交的上述资料进行复核,以确定实际完成的工程量和工程形象目标。对其有异议的,应通知承包人进行共同复核。

六、合同价款调整

(一)一般规定

(1)下列事项(但不限于)发生,发、承包双方应当按照合同约定调整合同价款:

①法律、法规变化。

②工程变更。

③项目特征不符。

④工程量清单缺项。

⑤工程量偏差。

⑥计日工。

⑦物价变化。

⑧暂估价。

⑨不可抗力。

⑩提前竣工(赶工补偿)。

⑪误期赔偿。

⑫索赔。

⑬现场签证。

⑭暂列金额。

⑮发、承包双方约定的其他调整事项。

(2)出现合同价款调增事项(不含工程量偏差、计日工、现场签证、索赔)后的14天内,承包人应向发包人提交合同价款调增报告并附上相关资料;承包人在14天内未提交合同价款调增报告的,应视为承包人对该事项不存在调整价款请求。

(3)出现合同价款调减事项(不含工程量偏差、索赔)后的14天内,发包人应向承包人提交合同价款调减报告并附相关资料;发包人在14天内未提交合同价款调减报告的,应视为发包人对该事项不存在调整价款请求。

(4)发(承)包人应在收到承(发)包人合同价款调增(减)报告及相关资料之日起14天内对其核实,予以确认的应书面通知承(发)包人。当有疑问时,应向承(发)包人提出协商意见。发(承)包人在收到合同价款调增(减)报告之日起14天内未确认也未提出协商意见的,应视为承(发)包人提交的合同价款调增(减)报告已被发(承)包人认可。发(承)包人提出协商意见的,承(发)包人应在收到协商意见后的14天内对其核实,予以确认的应书面通知发(承)包人。承(发)包人在收到发(承)包人的协商意见后14天内既不确认也未提出不同意见的,应视为发(承)包人提出的意见已被承(发)包人认可。

(5)发包人与承包人对合同价款调整的不同意见不能达成一致的,只要对发、承包双方履约不产生实质影响,双方应继续履行合同义务,直到其按照合同约定的争议解决方式得到处理。

(6)经发、承包双方确认调整的合同价款,作为追加(减)合同价款,应与工程进度款或结算款同期支付。

(二)法律、法规变化

(1)招标工程以投标截止到日前28天、非招标工程以合同签订前28天为基准日,其后因国家的法律、法规、规章和政策发生变化引起工程造价增减变化的,发、承包双方应按照省级或行业建设主管部门或其授权的工程造价管理机构据此发布的规定调整合同价款。

(2)因承包人原因导致工期延误的,按规范规定的调整时间,在合同工程原定竣工时间之后,合同价款调增的不予调整,合同价款调减的予以调整。

(三)工程变更

(1)因工程变更引起已标价工程量清单项目或其工程数量发生变化时,应按照下列规定调整:

①已标价工程量清单中有适用于变更工程项目的,应采用该项目的单价;但工程变更导致该清单项目的工程数量发生变化,当工程量增加15%以上时,增加部分的工程量的综合单价应予调低;当工程量减少15%以上时,减少后剩余部分的工程量的综合单价应予调高。

②已标价工程量清单中没有适用但有类似于变更工程项目的,可在合理范围内参照类似项目的单价。

③已标价工程量清单中没有适用也没有类似于变更工程项目的,应由承包人根据变更工程资料、计量规则和计价办法、工程造价管理机构发布的信息价格和承包人报价浮动率提出变更工程项目的单价,并应报发包人确认后调整。承包人报价浮动率可按下列公式计算:

招标工程　承包人报价浮动率=(1-中标价/招标控制价)×100%

非招标工程　承包人报价浮动率=(1-报价/施工图预算)×100%

④已标价工程量清单中没有适用也没有类似于变更工程项目,且工程造价管理机构发布的信息价格缺价的,应由承包人根据变更工程资料、计量规则、计价办法和通过市场调查等取得有合法依据的市场价格提出变更工程项目的单价,并应报发包人确认后调整。

(2)工程变更引起施工方案改变并使措施项目发生变化时,承包人提出调整措施项目费的,应事先将拟实施的方案提交发包人确认,并应详细说明与原方案措施项目相比的变化情况。拟实施的方案经发、承包双方确认后执行,并应按照规范规定调整措施项目费。如果承包人未事先将拟实施的方案提交给发包人确认,则应视为工程变更不引起措施项目费的调整或承包人放弃调整措施项目费的权利。

(3)当发包人提出的工程变更因非承包人原因删减了合同中的某项原定工作或工程,致使承包人发生的费用或(和)得到的收益不能被包括在其他已支付或应支付的项目中,也未被包含在任何替代的工作或工程中时,承包人有权提出并应得到合理的费用及利润补偿。

(四)项目特征不符

(1)发包人在招标工程量清单中对项目特征的描述,应被认为是准确的和全面的,并且与实际施工要求相符合。承包人应按照发包人提供的招标工程量清单,根据项目特征描述的内容及有关要求实施合同工程,直到项目被改变为止。

(2)承包人应按照发包人提供的设计图纸实施合同工程,若在合同履行期间出现设计图纸(含设计变更)与招标工程量清单任一项目的特征描述不符,且该变化引起该项目工程造价增减变化的,应按照实际施工的项目特征,按规范相关条款的规定重新确定相应工程量清单项目的综合单价,并调整合同价款。

（五）工程量清单缺项

(1)合同履行期间，由于招标工程量清单中缺项，新增分部分项工程清单项目的，应按照规范规定的方法确定单价，并调整合同价款。

(2)新增分部分项工程清单项目后，引起措施项目发生变化的，应按照规范的规定，在承包人提交的实施方案被发包人批准后调整合同价款。

(3)由于招标工程量清单中措施项目缺项，承包人应将新增措施项目实施方案提交发包人批准后，按照规范的规定调整合同价款。

（六）工程量偏差

(1)合同履行期间，当应予计算的实际工程量与招标工程量清单出现偏差，且符合规范规定时，发、承包双方应调整合同价款。

(2)对于任一招标工程量清单项目，当因工程量偏差和工程变更等原因导致工程量偏差超过15%时，可进行调整。当工程量增加15%以上时，增加部分的工程量的综合单价应予调低；当工程量减少15%以上时，减少后剩余部分的工程量的综合单价应予调高。

(3)当工程量出现偏差超过15%，且该偏差变化引起相关措施项目相应发生变化时，按系数或单一总价方式计价的，工程量增加的措施项目费调增，工程量减少的措施项目费调减。

（七）计日工

(1)发包人通知承包人以计日工方式实施的零星工作，承包人应予执行。

(2)采用计日工计价的任何一项变更工作，在该项变更的实施过程中，承包人应按合同约定提交下列报表和有关凭证送发包人复核：

①工作名称、内容和数量。

②投入该工作所有人员的姓名、工种、级别和耗用工时。

③投入该工作的材料名称、类别和数量。

④投入该工作的施工设备型号、台数和耗用台时。

⑤发包人要求提交的其他资料和凭证。

(3)任一计日工项目持续进行时，承包人应在该项工作实施结束后的24小时内向发包人提交有计日工记录汇总的现场签证报告一式三份。发包人在收到承包人提交现场签证报告后的2天内予以确认并将其中一份返还给承包人，作为计日工计价和支付的依据。发包人逾期未确认也未提出修改意见的，应视为承包人提交的现场签证报告已被发包人认可。

(4)任一计日工项目实施结束后，承包人应按照确认的计日工现场签证报告核实该类项目的工程数量，并应根据核实的工程数量和承包人已标价工程量清单中的计日工单价计算，提出应付价款；已标价工程量清单中没有该类计日工单价的，由发、承包双方按规范规定商定计日工单价计算。

（八）物价变化

(1)合同履行期间，因人工、材料、工程设备、机械台班价格波动影响合同价款时，应根据合同约定，按规范规定的方法之一调整合同价款。

(2)承包人采购材料和工程设备的，应在合同中约定主要材料、工程设备价格变化的范围或幅度；当没有约定，且材料、工程设备单价变化超过5%时，超过部分的价格应按照规范规定的方法计算调整材料、工程设备费。

(3)发生合同工程工期延误的，应按照下列规定确定合同履行期的价格调整：

①因非承包人原因导致工期延误的，计划进度日期后续工程的价格，应采用计划进度日期与实际进度日期两者的较高者。

②因承包人原因导致工期延误的，计划进度日期后续工程的价格，应采用计划进度日期与实际进度日期两者的较低者。

(九)暂估价

(1)发包人在招标工程量清单中给定暂估价的材料、工程设备属于依法必须招标的，应由发、承包双方以招标的方式选择供应商，确定价格，并应以此为依据取代暂估价，调整合同价款。

(2)发包人在招标工程量清单中给定暂估价的材料、工程设备不属于依法必须招标的，应由承包人按照合同约定采购，经发包人确认单价后取代暂估价，调整合同价款。

(3)发包人在工程量清单中给定暂估价的专业工程不属于依法必须招标的，应按照规范相应条款的规定确定专业工程价款，并应以此为依据取代专业工程暂估价，调整合同价款。

(4)发包人在招标工程量清单中给定暂估价的专业工程，依法必须招标的，应当由发、承包双方依法组织招标选择专业分包人，并接受有管辖权的建设工程招标投标管理机构的监督，还应符合下列要求：

①除合同另有约定外，承包人不参加投标的专业工程发包招标，应由承包人作为招标人，但拟定的招标文件、评标工作、评标结果应报送发包人批准。与组织招标工作有关的费用应当被认为已经包括在承包人的签约合同价(投标总报价)中。

②承包人参加投标的专业工程发包招标，应由发包人作为招标人，与组织招标工作有关的费用由发包人承担。同等条件下，应优先选择承包人中标。

③应以专业工程发包中标价为依据取代专业工程暂估价，调整合同价款。

(十)不可抗力

(1)因不可抗力事件导致的人员伤亡、财产损失及其费用增加，发、承包双方应按下列原则分别承担并调整合同价款和工期：

①合同工程本身的损害、因工程损害导致第三方人员伤亡和财产损失以及运至施工场地用于施工的材料和待安装的设备的损害，应由发包人承担。

②发包人、承包人人员伤亡应由其所在单位负责，并应承担相应费用。

③承包人的施工机械设备损坏及停工损失，应由承包人承担。

④停工期间，承包人应发包人要求留在施工场地的必要的管理人员及保卫人员的费用应由发包人承担。

⑤工程所需清理、修复费，应由发包人承担。

(2)不可抗力解除后复工的，若不能按期竣工，应合理延长工期。发包人要求赶工的，赶工费用应由发包人承担。

(3)因不可抗力解除合同的，应按规范规定的合同解除的价款结算与支付规定办理。

(十一)提前竣工(赶工补偿)

(1)招标人应依据相关工程的工期定额合理计算工期，压缩的工期天数不得超过定额工期的20%。超过者，应在招标文件中明示增加赶工费用。

(2)发包人要求合同工程提前竣工的，应征得承包人同意后与承包人商定采取加快工程进度的措施，并应修订合同工程进度计划。发包人应承担承包人由此增加的提前竣工(赶工补偿)费用。

(3)发、承包双方应在合同中约定提前竣工每日应补偿额度，此项费用应作为增加合同价款列入竣工结算文件中，应与结算款一并支付。

(十二)误期赔偿

(1)承包人未按照合同约定施工，导致实际进度迟于计划进度的，承包人应加快进度，实现合同工期。合同工程发生误期，承包人应赔偿发包人由此造成的损失，并应按照合同约定向发包人支付误期赔偿费。即使承包人支付误期赔偿费，也不能免除承包人按照合同约定应承担的任何责任和应履行的任何义务。

(2)发、承包双方应在合同中约定误期赔偿费，并应明确每日历天应赔额度。误期赔偿费应列入竣工结算文件中，并应在结算款中扣除。

(3)在工程竣工之前，合同工程内的某单项(位)工程已通过了竣工验收，且该单项(位)工程接收证书中表明的竣工日期并未延误，而是合同工程的其他部分产生了工期延误时，误期赔偿费应按照已颁发工程接收证书的单项(位)工程造价占合同价款的比例幅度予以扣减。

(十三)索　赔

(1)当合同一方向另一方提出索赔时，应有正当的索赔理由和有效证据，并应符合合同的相关约定。

(2)根据合同约定，承包人认为非承包人原因发生的事件造成了承包人的损失，应按下列程序向发包人提出索赔：

①承包人应在知道或应当知道索赔事件发生后28天内，向发包人提交索赔意向通知书，说明发生索赔事件的事由。承包人逾期未发出索赔意向通知书的，丧失索赔的权利。

②承包人应在发出索赔意向通知书后28天内，向发包人正式提交索赔通知书。索赔通知书应详细说明索赔理由和要求，并应附必要的记录和证明材料。

③索赔事件具有连续影响的，承包人应继续提交延续索赔通知，说明连续影响的实际情况和记录。

④在索赔事件影响结束后的28天内，承包人应向发包人提交最终索赔通知书，说明最终索赔要求，并应附必要的记录和证明材料。

(3)承包人索赔应按下列程序处理：

①发包人收到承包人的索赔通知书后，应及时查验承包人的记录和证明材料。

②发包人应在收到索赔通知书或有关索赔的进一步证明材料后的28天内，将索赔处理结果答复承包人，如果发包人逾期未作出答复，视为承包人索赔要求已被发包人认可。

③承包人接受索赔处理结果的，索赔款项应作为增加合同价款，在当期进度款中进行支付；承包人不接受索赔处理结果的，应按合同约定的争议解决方式办理。

(4)承包人要求赔偿时,可以选择下列一项或几项方式获得赔偿:

①延长工期。

②要求发包人支付实际发生的额外费用。

③要求发包人支付合理的预期利润。

④要求发包人按合同的约定支付违约金。

(5)当承包人的费用索赔与工期索赔要求相关联时,发包人在做出费用索赔的批准决定时,应结合工程延期,综合做出费用赔偿和工程延期的决定。

(6)发、承包双方在按合同约定办理了竣工结算后,应认为承包人已无权再提出竣工结算前所发生的任何索赔。承包人在提交的最终结清申请中,只限于提出竣工结算后的索赔,提出索赔的期限应自发、承包双方最终结清时终止。

(7)根据合同约定,发包人认为由于承包人的原因造成发包人的损失,宜按承包人索赔的程序进行索赔。

(8)发包人要求赔偿时,可以选择下列一项或几项方式获得赔偿:

①延长质量缺陷修复期限。

②要求承包人支付实际发生的额外费用。

③要求承包人按合同的约定支付违约金。

(9)承包人应付给发包人的索赔金额可从拟支付给承包人的合同价款中扣除,或由承包人以其他方式支付给发包人。

(十四)现场签证

(1)承包人应发包人要求完成合同以外的零星项目、非承包人责任事件等工作的,发包人应及时以书面形式向承包人发出指令,并应提供所需的相关资料。承包人在收到指令后,应及时向发包人提出现场签证要求。

(2)承包人应在收到发包人指令后的7天内向发包人提交现场签证报告,发包人应在收到现场签证报告后的48小时内对报告内容进行核实,予以确认或提出修改意见。发包人在收到承包人现场签证报告后的48小时内未确认也未提出修改意见的,应视为承包人提交的现场签证报告已被发包人认可。

(3)现场签证的工作如已有相应的计日工单价,现场签证中应列明完成该类项目所需的人工、材料、工程设备和施工机械台班的数量。如现场签证的工作没有相应的计日工单价,应在现场签证报告中列明完成该签证工作所需的人工、材料设备和施工机械台班的数量及单价。

(4)合同工程发生现场签证事项,未经发包人签证确认,承包人便擅自施工的,除非征得发包人书面同意,否则发生的费用应由承包人承担。

(5)现场签证工作完成后的7天内,承包人应按照现场签证内容计算价款,报送发包人确认后,作为增加合同价款,与进度款同期支付。

(6)在施工过程中,当发现合同工程内容因场地条件、地质水文、发包人要求等不一致时,承包人应提供所需的相关资料,并提交发包人签证认可,作为合同价款调整的依据。

(十五)暂列金额

(1)已签约合同价中的暂列金额应由发包人掌握使用。

(2)发包人按照规范的规定支付后,暂列金额余额应归发包人所有。

七、合同价款期中支付

（一）预付款

（1）承包人应将预付款专用于合同工程。

（2）包工包料工程的预付款的支付比例不得低于签约合同价（扣除暂列金额）的10%，不宜高于签约合同价（扣除暂列金额）的30%。

（3）承包人应在签订合同或向发包人提供与预付款等额的预付款保函后向发包人提交预付款支付申请。

（4）发包人应在收到支付申请的7天内进行核实，向承包人发出预付款支付证书，并在签发支付证书后的7天内向承包人支付预付款。

（5）发包人没有按合同约定按时支付预付款的，承包人可催告发包人支付；发包人在预付款期满后的7天内仍未支付的，承包人可在付款期满后的第8天起暂停施工。发包人应承担由此增加的费用和延误的工期，并应向承包人支付合理利润。

（6）预付款应从每一个支付期应支付给承包人的工程进度款中扣回，直到扣回的金额达到合同约定的预付款金额为止。

（7）承包人的预付款保函的担保金额根据预付款扣回的数额相应递减，但在预付款全部扣回之前一直保持有效。发包人应在预付款扣完后的14天内将预付款保函退还给承包人。

（二）安全文明施工费

（1）安全文明施工费包括的内容和使用范围，应符合国家有关文件和计量规范的规定。

（2）发包人应在工程开工后的28天内预付不低于当年施工进度计划的安全文明施工费总额的60%，其余部分应按照提前安排的原则进行分解，并应与进度款同期支付。

（3）发包人没有按时支付安全文明施工费的，承包人可催告发包人支付；发包人在付款期满后的7天内仍未支付的，若发生安全事故，发包人应承担相应责任。

（4）承包人对安全文明施工费应专款专用，在财务账目中应单独列项备查，不得挪作他用，否则发包人有权要求其限期改正；逾期未改正的，造成的损失和延误的工期应由承包人承担。

（三）进度款

（1）发、承包双方应按照合同约定的时间、程序和方法，根据工程计量结果，办理期中价款结算，支付进度款。

（2）进度款支付周期应与合同约定的工程计量周期一致。

（3）已标价工程量清单中的单价项目，承包人应按工程计量确认的工程量与综合单价计算；综合单价发生调整的，以发、承包双方确认调整的综合单价计算进度款。

（4）已标价工程量清单中的总价项目和按照规范规定形成的总价合同，承包人应按合同中约定的进度款支付分解，分别列入进度款支付申请中的安全文明施工费和本周期应支付的总价项目的金额中。

（5）发包人提供的甲供材料金额，应按照发包人签约提供的单价和数量从进度款支付中扣除，列入本周期应扣减的金额中。

(6)承包人现场签证和得到发包人确认的索赔金额应列入本周期应增加的金额中。

(7)进度款的支付比例按照合同约定,按期中结算价款总额计,不低于60%,不高于90%。

(8)承包人应在每个计量周期到期后的7天内向发包人提交已完工程进度款支付申请一式四份,详细说明此周期认为有权得到的款额,包括分包人已完工程的价款。支付申请应包括下列内容:

①累计已完成的合同价款。

②累计已实际支付的合同价款。

③本周期合计完成的合同价款:

- 本周期已完成单价项目的金额;
- 本周期应支付的总价项目的金额;
- 本周期已完成的计日工价款;
- 本周期应支付的安全文明施工费;
- 本周期应增加的金额。

④本周期合计应扣减的金额:

- 本周期应扣回的预付款;
- 本周期应扣减的金额。

⑤本周期实际应支付的合同价款。

(9)发包人应在收到承包人进度款支付申请后的14天内,根据计量结果和合同约定对申请内容予以核实,确认后向承包人出具进度款支付证书。若发、承包双方对部分清单项目的计量结果出现争议,发包人应对无争议部分的工程计量结果向承包人出具进度款支付证书。

(10)发包人应在签发进度款支付证书后的14天内,按照支付证书列明的金额向承包人支付进度款。

(11)若发包人逾期未签发进度款支付证书,则视为承包人提交的进度款支付申请已被发包人认可,承包人可向发包人发出催告付款的通知。发包人应在收到通知后的14天内,按照承包人支付申请的金额向承包人支付进度款。

(12)发包人未按照规范规定支付进度款的,承包人可催告发包人支付,并有权获得延迟支付的利息;发包人在付款期满后的7天内仍未支付的,承包人可在付款期满后的第8天起暂停施工。发包人应承担由此增加的费用和延误的工期,向承包人支付合理利润,并应承担违约责任。

(13)发现已签发的任何支付证书有错、漏或重复的数额,发包人有权予以修正,承包人也有权提出修正申请。经发承包双方复核同意修正的,应在本次到期的进度款中支付或扣除。

八、竣工结算与支付

(一)一般规定

(1)工程完工后,发、承包双方必须在合同约定时间内办理工程竣工结算。

(2)工程竣工结算应由承包人或受其委托具有相应资质的工程造价咨询人编制，并应由发包人或受其委托具有相应资质的工程造价咨询人核对。

(3)当发、承包双方或一方对工程造价咨询人出具的竣工结算文件有异议时，可向工程造价管理机构投诉，申请对其进行执业质量鉴定。

(4)工程造价管理机构对投诉的竣工结算文件进行质量鉴定，宜按规范中工程造价鉴定的相关规定进行。

(5)竣工结算办理完毕，发包人应将竣工结算文件报送工程所在地或有该工程管辖权的行业管理部门的工程造价管理机构备案，竣工结算文件应作为工程竣工验收备案、交付使用的必备文件。

(二)编制与复核

(1)工程竣工结算应根据下列依据编制和复核：

①《建设工程工程量清单计价规范》(GB 50500—2013)。

②工程合同。

③发、承包双方实施过程中已确认的工程量及其结算的合同价款。

④发、承包双方实施过程中已确认调整后追加(减)的合同价款。

⑤建设工程设计文件及相关资料。

⑥投标文件。

⑦其他依据。

(2)分部分项工程和措施项目中的单价项目应依据发、承包双方确认的工程量与已标价工程量清单的综合单价计算；发生调整的，应以发、承包双方确认调整的综合单价计算。

(3)措施项目中的总价项目应依据已标价工程量清单的项目和金额计算；发生调整的，应以发、承包双方确认调整的金额计算。

(4)其他项目应按下列规定计价：

①计日工应按发包人实际签证确认的事项计算。

②暂估价应按规范的规定计算。

③总承包服务费应依据已标价工程量清单金额计算；发生调整的，应以发、承包双方确认调整的金额计算。

④索赔费用应依据发、承包双方确认的索赔事项和金额计算。

⑤现场签证费用应依据发、承包双方签证资料确认的金额计算。

⑥暂列金额应减去合同价款调整(包括索赔、现场签证)金额计算，如有余额归发包人。

(5)规费和税金应按国家或省级、行业建设主管部门的规定计算。规费中的工程排污费应按工程所在地环境保护部门规定的标准缴纳后按实列入。

(6)发、承包双方在合同工程实施过程中已经确认的工程计量结果和合同价款，在竣工结算办理中应直接进入结算。

(三)竣工结算

(1)合同工程完工后，承包人应在经发、承包双方确认的合同工程期中价款结算的基础上汇总编制完成竣工结算文件，应在提交竣工验收申请的同时向发包人提交竣工结算文件。

承包人未在合同约定的时间内提交竣工结算文件，经发包人催告后 14 天内仍未提交或没有明确答复的，发包人有权根据已有资料编制竣工结算文件，作为办理竣工结算和支付结算款的依据，承包人应予以认可。

(2)发包人应在收到承包人提交的竣工结算文件后的28天内核对。发包人经核实，认为承包人还应进一步补充资料和修改结算文件，应在上述时限内向承包人提出核实意见，承包人在收到核实意见后的28天内应按照发包人提出的合理要求补充资料，修改竣工结算文件，并应再次提交给发包人复核后批准。

(3)发包人应在收到承包人再次提交的竣工结算文件后的28天内予以复核，将复核结果通知承包人，并应遵守下列规定：

①发包人、承包人对复核结果无异议的，应在7天内在竣工结算文件上签字确认，竣工结算办理完毕。

②发包人或承包人对复核结果认为有误的，无异议部分按照规范规定办理不完全竣工结算；有异议部分由发、承包双方协商解决；协商不成的，应按照合同约定的争议解决方式处理。

(4)发包人在收到承包人竣工结算文件后的28天内，不核对竣工结算或未提出核对意见的，应视为承包人提交的竣工结算文件已被发包人认可，竣工结算办理完毕。

(5)承包人在收到发包人提出的核实意见后的28天内，不确认也未提出异议的，应视为发包人提出的核实意见已被承包人认可，竣工结算办理完毕。

(6)发包人委托工程造价咨询人核对竣工结算的，工程造价咨询人应在28天内核对完毕，核对结论与承包人竣工结算文件不一致的，应提交给承包人复核；承包人应在14天内将同意核对结论或不同意见的说明提交工程造价咨询人。工程造价咨询人收到承包人提出的异议后，应再次复核，复核无异议的，应在7天内在竣工结算文件上签字确认；复核后仍有异议的，无异议部分签字确认办理不完全竣工结算；有异议部分由发、承包双方协商解决；协商不成的，按照合同约定的争议解决方式处理。

承包人逾期未提出书面异议的，应视为工程造价咨询人核对的竣工结算文件已经被承包人认可。

(7)对发包人或发包人委托的工程造价咨询人指派的专业人员与承包人指派的专业人员经核对后无异议并签名确认的竣工结算文件，除非发、承包人能提出具体、详细的不同意见，发、承包人都应在竣工结算文件上签名确认，如其中一方拒不签认的，按下列规定办理：

① 若发包人拒不签认的，承包人可不提供竣工验收备案资料，并有权拒绝与发包人或其上级部门委托的工程造价咨询人重新核对竣工结算文件。

②若承包人拒不签认的，发包人要求办理竣工验收备案的，承包人不得拒绝提供竣工验收资料，否则，由此造成的损失，由承包人承担相应责任。

(8)合同工程竣工结算核对完成，发、承包双方签字确认后，发包人不得要求承包人与另一个或多个工程造价咨询人重复核对竣工结算。

(9)发包人对工程质量有异议，拒绝办理工程竣工结算的，已竣工验收或已竣工未验收但实际投入使用的工程，其质量争议应按该工程保修合同执行，竣工结算应按合同约定办理；已竣工未验收且未实际投入使用的工程以及停工、停建工程的质量争议，双方应就有争议的部分委托有资质的检测鉴定机构进行检测，并应根据检测结果确定解决方案，或按工程质量监督机构的处理决定执行后办理竣工结算，无争议部分的竣工结算应按合同约定办理。

（四）结算款支付

（1）承包人应根据办理的竣工结算文件向发包人提交竣工结算款支付申请。申请应包括下列内容：

①竣工结算合同价款总额。

②累计已实际支付的合同价款。

③应预留的质量保证金。

④实际应支付的竣工结算款金额。

（2）发包人应在收到承包人提交竣工结算款支付申请后7天内予以核实，向承包人签发竣工结算支付证书。

（3）发包人签发竣工结算支付证书后的14天内，应按照竣工结算支付证书列明的金额向承包人支付结算款。

（4）发包人在收到承包人提交的竣工结算款支付申请后7天内不予核实，不向承包人签发竣工结算支付证书的，视为承包人的竣工结算款支付申请已被发包人认可；发包人应在收到承包人提交的竣工结算款支付申请7天后的14天内，按照承包人提交的竣工结算款支付申请列明的金额向承包人支付结算款。

（5）发包人未按照规范规定支付竣工结算款的，承包人可催告发包人支付，并有权获得延迟支付的利息。发包人在竣工结算支付证书签发后或者在收到承包人提交的竣工结算款支付申请7天后的56天内仍未支付的，除法律另有规定外，承包人可与发包人协商将该工程折价，也可直接向人民法院申请将该工程依法拍卖。承包人应就该工程折价或拍卖的价款优先受偿。

（五）质量保证金

（1）发包人应按照合同约定的质量保证金比例从结算款中预留质量保证金。

（2）承包人未按照合同约定履行属于自身责任的工程缺陷修复义务的，发包人有权从质量保证金中扣除用于缺陷修复的各项支出。经查验，工程缺陷属于发包人原因造成的，应由发包人承担查验和缺陷修复的费用。

（3）在合同约定的缺陷责任期终止后，发包人应按照规范规定，将剩余的质量保证金返还给承包人。

（六）最终结清

（1）缺陷责任期终止后，承包人应按照合同约定向发包人提交最终结清支付申请。发包人对最终结清支付申请有异议的，有权要求承包人进行修正和提供补充资料。承包人修正后，应再次向发包人提交修正后的最终结清支付申请。

（2）发包人应在收到最终结清支付申请后的14天内予以核实，并应向承包人签发最终结清支付证书。

（3）发包人应在签发最终结清支付证书后的14天内，按照最终结清支付证书列明的金额向承包人支付最终结清款。

（4）发包人未在约定的时间内核实，又未提出具体意见的，应视为承包人提交的最终结清支付申请已被发包人认可。

（5）发包人未按期最终结清支付的，承包人可催告发包人支付，并有权获得延迟支付的利息。

(6)最终结清时,承包人被预留的质量保证金不足以抵减发包人工程缺陷修复费用的,承包人应承担不足部分的补偿责任。

(7)承包人对发包人支付的最终结清款有异议的,应按照合同约定的争议解决方式处理。

典型案例分析

【案例 3-2-1】 某大厦装修二楼会议室地面。具体做法如下:现浇混凝土板上做 40 mm 厚 C20 细石混凝土找平,20 mm 厚 1∶2 防水水泥砂浆上铺设花岗岩(图 3-2-1),需进行酸洗、打蜡和成品保护。综合人工单价为 90 元/工日,管理费费率 42%,利润费率 15%,其他按计价定额规定不作调整。请按有关规定和已知条件,编制该会议室地面分部分项工程量清单(按不同颜色花岗岩设立清单项目),并计算黑色花岗岩地面的清单综合单价。

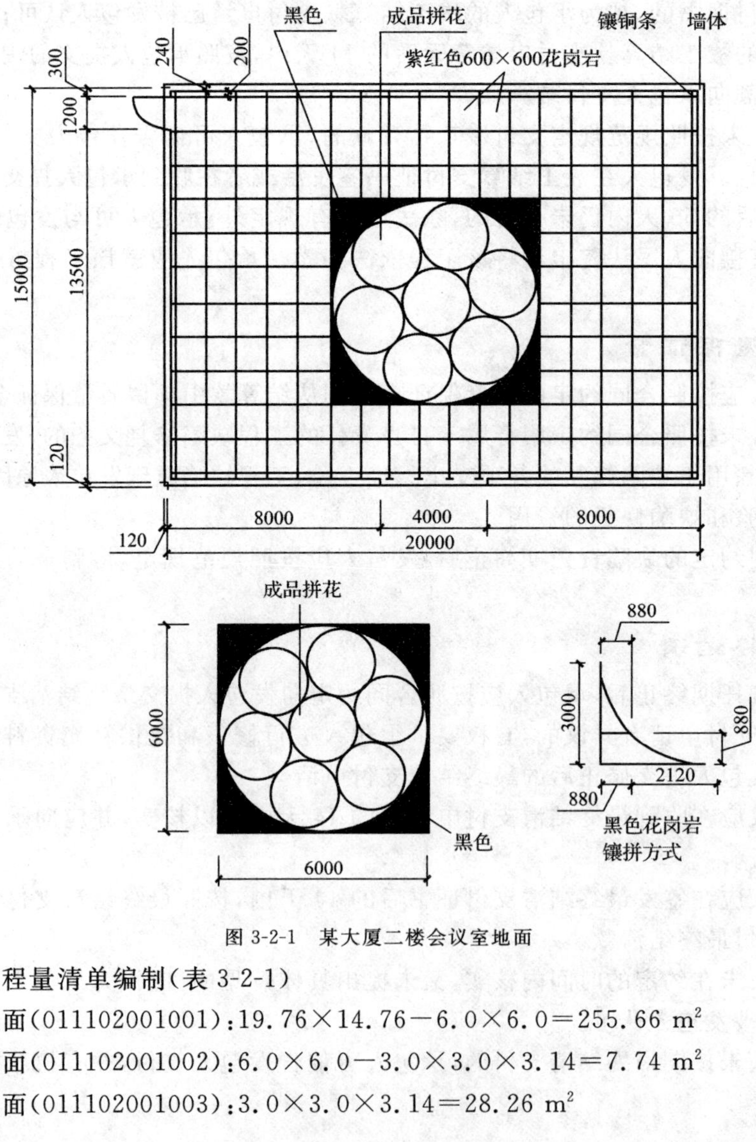

图 3-2-1 某大厦二楼会议室地面

解:(1)工程量清单编制(表 3-2-1)

石材楼地面(011102001001):19.76×14.76−6.0×6.0=255.66 m²

石材楼地面(011102001002):6.0×6.0−3.0×3.0×3.14=7.74 m²

石材楼地面(011102001003):3.0×3.0×3.14=28.26 m²

表 3-2-1　　工程量清单

序号	项目编号	项目名称	项目待征	计量单位	工程量
1	011102001001	石材楼地面	1. 40 mm 厚 C20 细石混凝土找平； 2. 20 mm 厚 1∶2 防水水泥砂浆； 3. 铺设花岗岩(紫红色)； 4. 嵌铜条； 5. 酸洗、打蜡； 6. 成品保护	m^2	255.66
2	011102001002	石材楼地面	1. 40 mm 厚 C20 细石混凝土找平； 2. 20 mm 厚 1∶2 防水水泥砂浆； 3. 铺设花岗岩(黑色)； 4. 酸洗、打蜡； 5. 成品保护	m^2	7.74
3	011102001003	石材楼地面	1. 40 mm 厚 C20 细石混凝土找平； 2. 20 mm 厚 1∶2 防水水泥砂浆； 3. 铺设花岗岩(成品图案)； 4. 酸洗、打蜡； 5. 成品保护	m^2	28.26

(2)工程量清单计价(表 3-2-2)

表 3-2-2　　工程量清单计价

项目编码	项目名称	计量单位	工程数量	综合单价/元	合价/元
011102001002	黑色花岗岩地面	m^2	7.74	722.84	5594.78
13-18换	40 mm 厚 C20 细石混凝土	10 m^2	0.774	232.22	179.74
13-110换	酸洗、打蜡	10 m^2	0.774	67.70	52.40
18-75换	成品保护	10 m^2	0.774	19.57	15.15
13-55换	铺设花岗岩(黑色)	10 m^2	0.774	6908.86	5347.46

注：13-18换＝(0.84×90＋4.67)×(1＋42%＋15%)＋106.20＝232.22 元/10 m^2

13-110换＝0.43×90×(1＋42%＋15%)＋6.94＝67.70 元/10 m^2

18-75换＝0.05×90×(1＋42%＋15%)＋12.5＝19.57 元/10 m^2

13-55换＝[(5.29＋5.29×20%)×90＋23.76]×(1＋42%＋15%)＋2867.99－48.41＋0.202×414.89－2750＋[(0.88×3＋0.88×2.12)×4/7.74]×250×10＝6908.86 元/10 m^2

【案例 3-2-2】 某室内大厅大理石楼面(图 3-2-2)由装饰企业施工，做法：20 mm 厚1∶3 水泥砂浆找平，8 mm 厚 1∶1 水泥砂浆粘贴大理石面层，贴好后酸洗、打蜡。人工 90 元/工日，红色大理石 700 元/m^2(图案由规格 500 mm×500 mm 石材做成)，其余材料价格按照计价定额，沿红色大理石边缘四周镶嵌 2 mm×15 mm 铜条(计入红色大理石清单项目综合单价中)。

(1)按照计价定额有关规定列项计算工程量。

(2)按照清单计价规范要求列项、计算清单工程量，并描述项目特征。

(3)进行红色图案大理石楼面分部分项工程清单综合单价计算。

解：(1)列项

根据计价定额计算规则计算工程量。

楼面水泥砂浆贴大理石(白)：6.4×6.4－6.0×6.0＝4.96 m^2

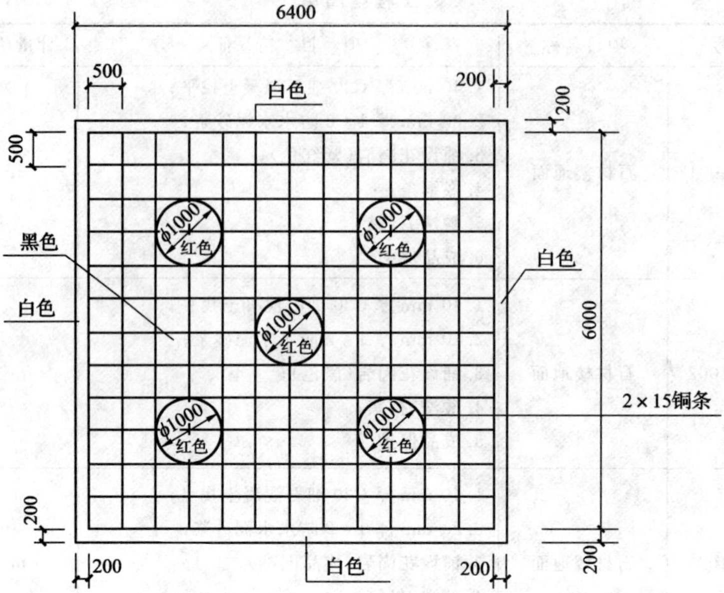

图 3-2-2 某室内大厅大理石楼面

楼面水泥砂浆普通贴大理石(黑):6.0×6.0－5＝31 m^2

楼面水泥砂浆复杂镶贴大理石:1.0×1.0×5＝5.00 m^2

铜条:2×3.14×0.5×5＝15.7 m

(2)工程量清单编制(表 3-2-3)

大理石楼面(011102001001):6.4×6.4－6.0×6.0＝4.96 m^2

大理石楼面(011102001002):6.0×6.0－3.14×0.5×0.5×5＝32.08 m^2

大理石楼面(011102001003):3.14×0.5×0.5×5＝3.93 m^2

表 3-2-3 工程量清单

序号	项目编码	项目名称	项目特征	计量单位	工程量
1	011102001001	大理石楼面	1.20 mm 厚 1∶3 水泥砂浆找平层; 2.8 mm 厚 1∶1 水泥砂浆粘贴层; 3.白色大理石面层,规格石材 500 mm×500 mm; 4.酸洗、打蜡	m^2	4.96
2	011102001002	大理石楼面	1.20 mm 厚 1∶3 水泥砂浆找平层; 2.8 mm 厚 1∶1 水泥砂浆粘贴层; 3.黑色大理石面层,规格石材 500 mm×500 mm; 4.酸洗、打蜡	m^2	32.08
3	011102001003	大理石楼面	1.20 mm 厚 1∶3 水泥砂浆找平层; 2.8 mm 厚 1∶1 水泥砂浆粘贴层; 3.红色大理石面层,复杂图案,规格石材 500 mm×500 mm; 4.酸洗、打蜡; 5.镶嵌 2 mm×15 mm 铜条	m^2	3.93

(3)室内红色图案大理石楼面工程量清单计价的编制(表 3-2-4)

表 3-2-4 工程量清单计价

项目编码(定额编号)	项目名称	计量单位	工程量	综合单价/元	合价/元
011102001003	大理石楼面	m^2	3.93	1302.13	5117.37
$13\text{-}55_{换}$	楼面水泥砂浆贴大理石复杂图案	$10\ m^2$	0.5	9958.12	4979.06
$13\text{-}110_{换}$	楼面大理石酸洗、打蜡	$10\ m^2$	0.5	67.70	33.85
$13\text{-}104_{换}$	镶嵌铜条	10 m	1.57	66.54	104.47

注:$13\text{-}55_{换}=(5.29\times1.2\times90+23.76)\times(1+42\%+15\%)+5/3.93\times10\times700-2750+2867.99=9958.12$ 元/10 m^2

$13\text{-}110_{换}=0.43\times90\times(1+42\%+15\%)+6.94=67.70$ 元/10 m^2

$13\text{-}104_{换}=0.07\times90\times(1+42\%+15\%)+10.2\times5.5+0.55=66.54$ 元/10 m

【案例 3-2-3】 某办公室房间墙壁四周做 1200 mm 高木墙裙,墙裙木龙骨截面 30 mm×40 mm,间距 350 mm×350 mm,木楞与主墙用木针固定,门朝外开,主墙厚均为 240 mm,门洞 2000 mm×900 mm,窗台高 900 mm,门窗侧壁做法同墙裙(宽 200 mm,高度同墙裙,门窗洞口其他做法暂不考虑,窗台下墙裙同样有压顶线封边),墙裙做法如图 3-2-3 所示,计算龙骨工程量时不考虑自身厚度,计算基层、面层工程量时仅考虑龙骨的厚度,踢脚线用细木工板钉在木龙骨上,外贴红榉木夹板,其他按计价定额规定。踢脚线工程量:14.74 m,墙裙压顶线工程量:15.08 m,30 mm×50 mm 压顶线预算指导价 4.74 元/m。人工工资单价、管理费、利润按 2014 计价定额子目不作调整。试编制该项目的分部分项工程量清单及清单综合单价(项目特征不作描述)。

解:(1)计价定额工程量

①木龙骨:$(3.36+4.26)\times2\times1.2+(0.2+0.2)\times1.2+(0.2+0.2)\times0.30-0.9\times1.2-1.2\times0.3=17.448\ m^2$

其中,踢脚线木龙骨:$14.74\times0.15=2.211\ m^2$。

②多层夹板基层:$[(3.36-0.03\times2)+(4.26-0.03\times2)]\times2\times1.2+(0.2+0.2+0.03\times4)\times1.2+(0.2+0.2+0.03\times4)\times0.30-0.9\times1.2-1.2\times0.3-2.211=15.13\ m^2$

或$[(3.36-0.03\times2)+(4.26-0.03\times2)]\times2\times1.05+(0.2+0.2+0.03\times4)\times1.05+(0.2+0.2+0.03\times4)\times0.30-0.9\times1.05-1.2\times0.3=15.13\ m^2$

③三夹板面层:$15.13\ m^2$

④墙裙木压顶线:15.08 m

⑤踢脚线:14.74 m

(2)定额子目综合单价计算

①墙裙木龙骨:$14\text{-}168_{换}=439.87-177.60+(0.111-0.04)\times(30\times40)/(24\times30)\times(300\times300)/(350\times350)\times1600=401.37$ 元/10 m^2

②踢脚线木龙骨:$14\text{-}168_{换}=401.37$ 元/10 m^2

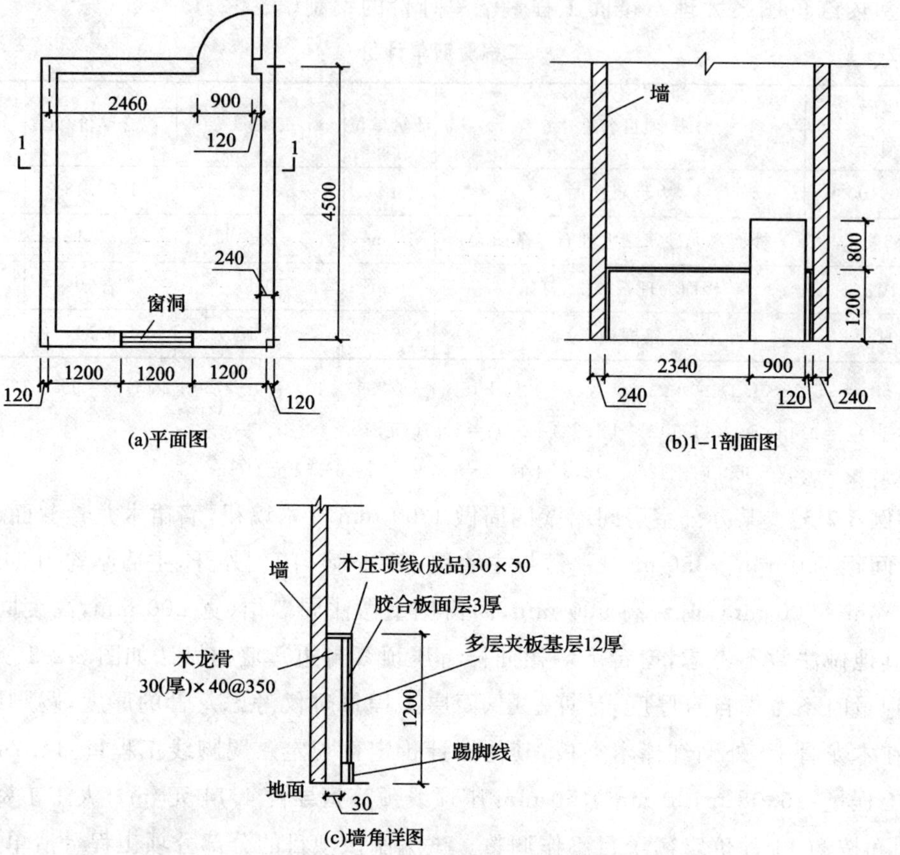

图 3-2-3　墙裙施工图

③墙裙多层夹基层：14-185$_{换}$＝539.94－399＋10.5×15＝298.44 元/10 m^2

④墙裙胶合板面层：14-189＝228.58 元/10 m^2

⑤红榉木夹板踢脚线 13-131$_{换}$＝199.82－14.4＝185.42 元/10 m

⑥墙裙木压顶线 18-22$_{换}$＝629.48－330＋4.74×110＝820.88 元/100 m

(3)清单工程量计算

①装饰板墙面：(3.36＋4.26)×2×1.2－0.9×1.2－1.2×0.3－2.211＝14.637 m^2（侧壁不增加）

②木质踢脚线：14.74×0.15＝2.211 m^2

(4)分部分项工程量清单综合单价计算(表 3-2-5)

表 3-2-5　　　　工程量清单

序号	项目编码	项目名称	计量单位	工程量	综合单价/元	合价/元
1	011207001001	装饰板墙面	m^2	14.637	104.74	1533.08
	14-168换	墙裙木龙骨	10 m^2	1.524	401.37	611.69
	14-185换	墙裙多层夹基层	10 m^2	1.513	298.44	451.54
	14-189	墙裙胶合板面层	10 m^2	1.513	228.58	345.84
	18-22换	墙裙木压顶线	100 m	0.151	820.88	123.95
2	011105005001	木质踢脚线	m^2	2.211	163.40	361.28
	14-168换	踢脚线木龙骨	10 m^2	0.221	401.37	88.70
	13-131换	红榉木夹板踢脚线	10 m	1.474	185.42	273.31

【案例 3-2-4】 某综合楼会议室，室内净高 4.2 m，400 mm×600 mm 钢筋混凝土柱，200 mm 厚空心砖墙，天棚做法除图 3-2-4 所示外，中央 9 mm 厚波纹玻璃平顶及其配套的不锈钢吊杆、吊挂件、龙骨等暂按 450 元/m^2 综合单价计价，其他部位天棚为 ϕ8 mm 吊筋(0.395 kg/m)，双层装配式 U 型(不上人)轻钢龙骨(间距 400 mm×600 mm)，纸面石膏板面层，不考虑自黏胶带，批白水泥腻子，刷乳胶漆各三遍，回光灯槽按计价定额执行，天棚顶

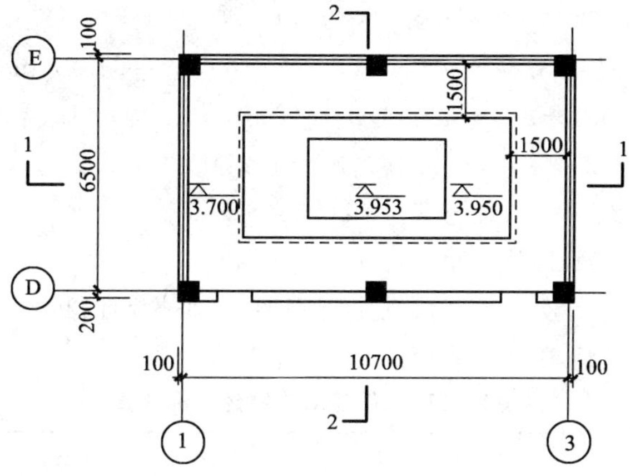

(a)平面图

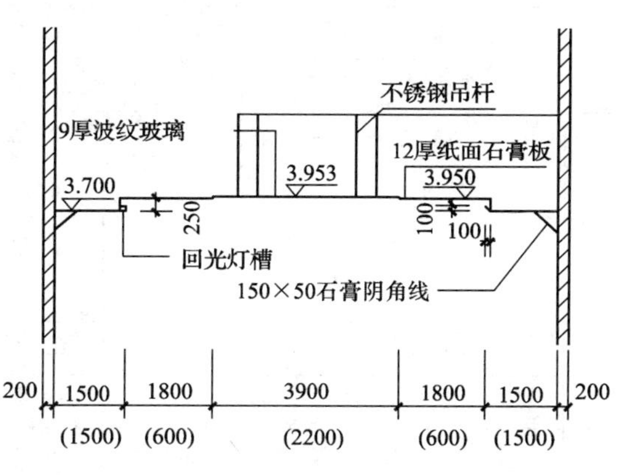

(b)1–1(2–2)

图 3-2-4　某综合楼会议室天棚做法

四周做石膏装饰线 150 mm×50 mm,单价12 元/ m。人工费、材料(除石膏装饰线外)费、机械费、管理费、利润按计价定额子目不作调整,其他材料价格、做法同计价定额,措施费仅考虑脚手架。计算该天棚吊顶工程的分部分项清单综合单价及措施项目清单综合单价。

解:(1)分部分项工程量清单工程量计算

天棚吊顶(011302001001):$10.5\times6.4=67.2\ m^2$

回光灯槽(011304001001):$(7.5+0.1+3.4+0.1)\times2\times0.5=11.1\ m^2$(按图示设计尺寸以框外围面积计算)

乳胶漆(011407002001):$58.62+0.25\times(7.7+3.6)\times2=64.27\ m^2$

150×50 石膏阴角线(011502004001)$(10.5+6.4)\times2=33.8$ m

(2)措施项目清单工程量计算

脚手架(011701006001):$10.5\times6.4=67.2\ m^2$(按满堂脚手架,水平投影面积)

(3)分部分项计价定额工程量计算

U 型轻钢龙骨　$10.5\times6.4-3.9\times2.2=58.62\ m^2$

9 mm 厚波纹玻璃吊顶　$3.9\times2.2=8.58\ m^2$

吊筋 $L=500$　$1.4\times(10.5+3.6)\times2=39.48\ m^2$

吊筋 $L=250$　$7.7\times3.6-3.9\times2.2=19.14\ m^2$

12 厚纸面石膏板面层 $58.62+0.25\times(7.7+3.6)\times2=64.27\ m^2$

回光灯槽　$(7.5+0.1+3.4+0.1)\times2=22.2$ m

乳胶漆　$58.62+0.25\times(7.7+3.6)\times2=64.27\ m^2$

150×50 石膏阴角线　$(10.5+6.4)\times2=33.8$ m

(4)措施项目计价定额工程量计算

脚手架　$10.5\times6.4=67.2\ m^2$(按满堂脚手架,水平投影面积)

(5)分部分项工程量清单综合单价计算(表 3-2-6)

表 3-2-6　**分部分项工程量清单综合单价计算**

序号	项目编码	项目名称	计量单位	工程量	综合单价/元	合价/元
1	011302001001	天棚吊顶	m^2	67.2	146.79	9864.23
	15-8	U 型轻钢龙骨	10 m^2	5.86	639.87	3749.64
	暂定价	9 厚波纹玻璃吊顶	m^2	8.58	450	3861
	$15\text{-}34_{换1}$	吊筋 $L=500$	10 m^2	3.95	50.01	197.54
	$15\text{-}34_{换2}$	吊筋 $L=250$	10 m^2	1.91	44.74	85.45
	15-46	12 厚纸面石膏板面层	10 m^2	6.43	306.47	1970.60
2	011304001001	灯槽	m^2	11.10	36.95	410.145
	$18\text{-}65_{换}$	回光灯槽	10 m	2.22	184.75	410.145
3	011407002001	天棚刷涂料	m^2	64.27	29.70	1908.62
	17-179	乳胶漆	10 m^2	6.43	296.83	1908.62
4	011502004001	石膏装饰线条	m	33.8	17.41	588.32
	$18\text{-}26_{换}$	150×50 石膏阴角线	100 m	0.34	1730.35	588.32

$15\text{-}34_{换1}=60.54-15.8+(0.5-0.25)/0.75\times15.8=50.01$ 元/10 m^2

$15\text{-}34_{换}\ 2=60.54-15.8=44.74$ 元/10 m^2

$18\text{-}26_{换}=1455.35+110\times12-1045=1730.35$ 元/100 m

$18\text{-}65_{换}=461.87\times200/500=184.75$ 元/10 m

（6）措施项目清单综合单价计算（表 3-2-7）

表 3-2-7　措施项目清单综合单价计算

序号	项目编码	项目名称	计量单位	工程量	综合单价/元	合价/元
1	011701006001	满堂脚手架	m^2	67.2	15.69	1054.03
2	20-20	满堂脚手架	10 m^2	6.72	156.85	1054.03

项目分析

清单项目综合单价的计算公式为

工程量清单的综合单价＝(∑计价定额项目工程量×计价定额项目综合单价)/清单工程量

＝∑清单中项目人工费＋∑清单中项目材料费＋∑清单中项目机械费＋∑清单中项目管理费＋∑清单中项目利润

∑清单中项目人工费＝计价定额项目工程量×计价定额项目人工费/清单工程量

∑清单中项目材料费＝计价定额项目工程量×计价定额项目材料费/清单工程量

∑清单中项目机械费＝计价定额项目工程量×计价定额项目机械费/清单工程量

∑清单中项目管理费＝计价定额项目工程量×计价定额项目管理费/清单工程量

∑清单中项目利润＝计价定额项目工程量×计价定额项目利润/清单工程量

清单综合单价可由软件计算生成，计算结果见表 3-2-8～表 3-2-10。

表 3-2-8　单位工程费汇总表

工程名称：某人力资源市场一层大厅

建设单位：

序号	项目名称	金额/元
1	分部分项工程量清单计价合价	50508.10
2	措施项目清单计价合价	618.49
3	其他项目清单计价合价	0.00
4	工程定额测定费	51.13
5	安全生产监督费	30.68
6	管理费	
7	劳动保险费	613.52
8	规费合计	848.71
9	税金	1767.16
	合计	53589.08

表 3-2-9　　分部分项工程量清单计价定额

工程名称：某人力资源市场一层大厅

建设单位：

序号	项目编码	项目名称	计量单位	工程量	金额/元	
					综合单价	合价
		B.1 楼地面工程				
1	011102002001	块料楼地面：25 mm 厚干硬性水泥砂浆，600 mm×1200 mm 地砖，成品保护	m^2	26.390	263.80	6961.68
2	011102002002	块料楼地面：25 mm 厚干硬性水泥砂浆，600 mm×600 mm 地砖，成品保护	m^2	7.950	165.98	1319.54
3	011102002003	块料楼地面：25 mm 厚干硬性水泥砂浆，200 mm×600 mm 灰色地砖拼花，成品保护	m^2	3.800	89.25	339.15
		小计				8620.37
		B.2 墙柱面工程				
4	011204001001	石材墙面：干挂石材，镀锌骨架龙骨暂按 18 kg/m^2 计算，镀锌铁件（暂按 2 kg/m^2 计算，M12 化学螺栓固定）4 mm 厚不锈钢挂件固定 25 mm 树挂冰花机刨板	m^2	15.600	516.05	8050.38
5	011204003001	块料墙面：干挂墙砖，镀锌骨架龙骨暂按 18 kg/m^2 计算，镀锌铁件（暂按 2 kg/m^2 计算，M12 化学螺栓固定）4 mm 厚不锈钢挂件固定 600 mm×900 mm 米色墙砖	m^2	54.600	148.96	8133.22
		小计				16183.60
		B.3 天棚工程				
6	011301001001	天棚吊顶：8 mm 镀锌全牙吊筋 $H=1000$ mm，50 系列轻钢筋龙骨，复杂（不上人）400 mm×600 mm，9.5 mm 纸面石膏板，白色铝塑板，铝合金方槽顶，乳胶漆饰面，开筒灯孔 24 个	m^2	42.560	125.57	5344.26
7	011304001001	灯带：木龙骨十二厘板，木基层防火涂料三遍，磨砂玻璃灯光片	m^2	2.160	943.71	2038.41
		小计				7382.67
		B.4 门窗工程				
8	011305001001	电子感应门：12 mm 钢化玻璃电子感应门钢骨架基层	樘	1.000	16686.98	16686.98
		小计				16686.98
		B.6 其他工程				
9	011305002001	石材装饰线：镀锌骨架龙骨（暂按 18 kg/m^2 计算）干挂石材线条 4 mm 厚不锈钢挂件固定 25 mm 黑金砂石材线条 $B=100$ mm	m	9.970	163.94	1634.48
		小计				1634.48
		合计				50508.10

表 3-2-10　　措施项目清单计价定额

工程名称：某人力资源市场一层大厅

序号	项目名称	金额/元
1	二次搬运费	0.00
2	施工排水、降水	0.00
3	脚手架	416.39
4	大型机械设备进出场及安拆	0.00
5	模板	0.00
6	垂直运输机械费	0.00
7	临时设施费	171.27
8	检验实验费	30.83
	合计	618.49

附　录

附录 1　某剧团观众厅室内装饰图纸

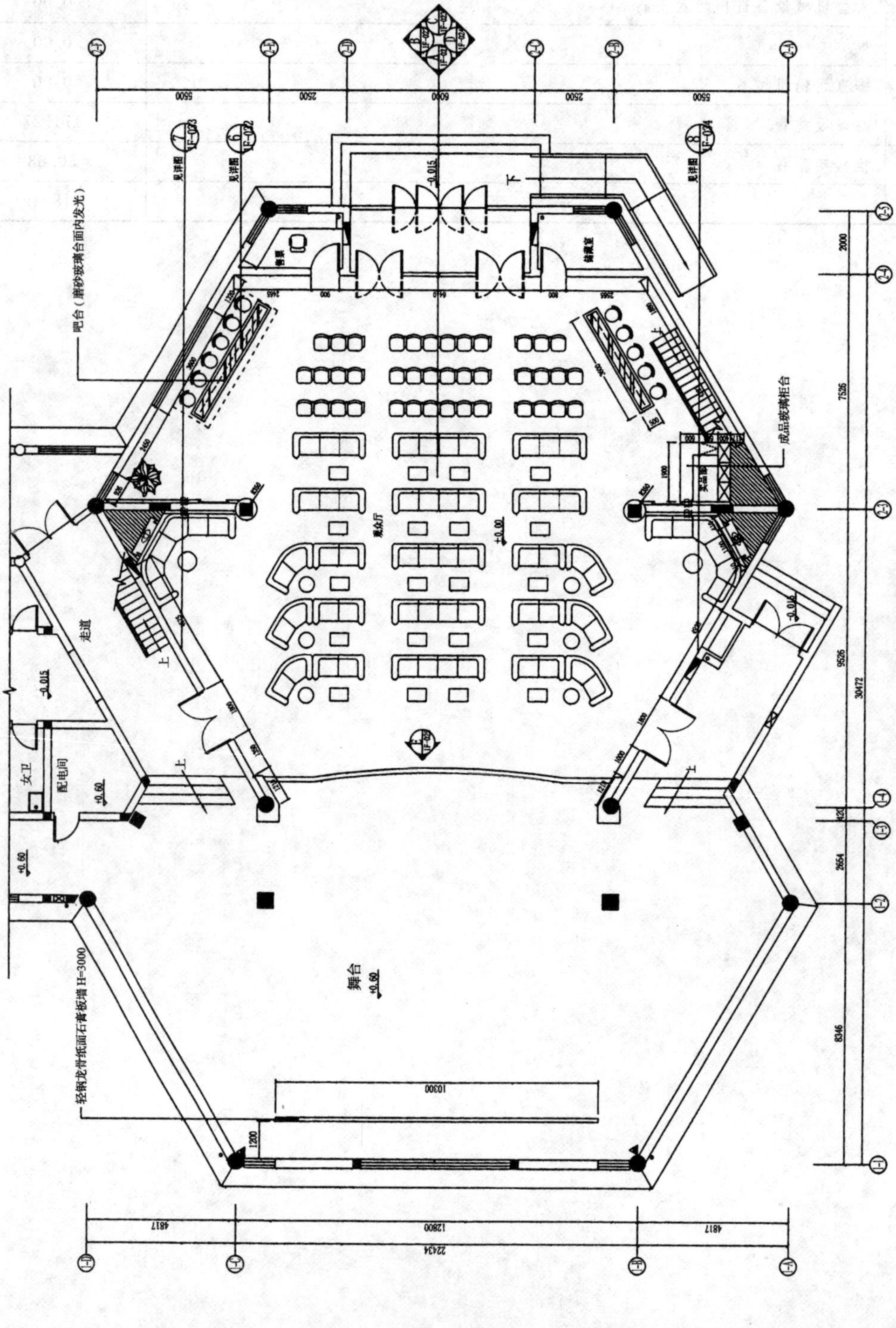

观众厅一层平面布置图
PLAN　SCALE：1:80

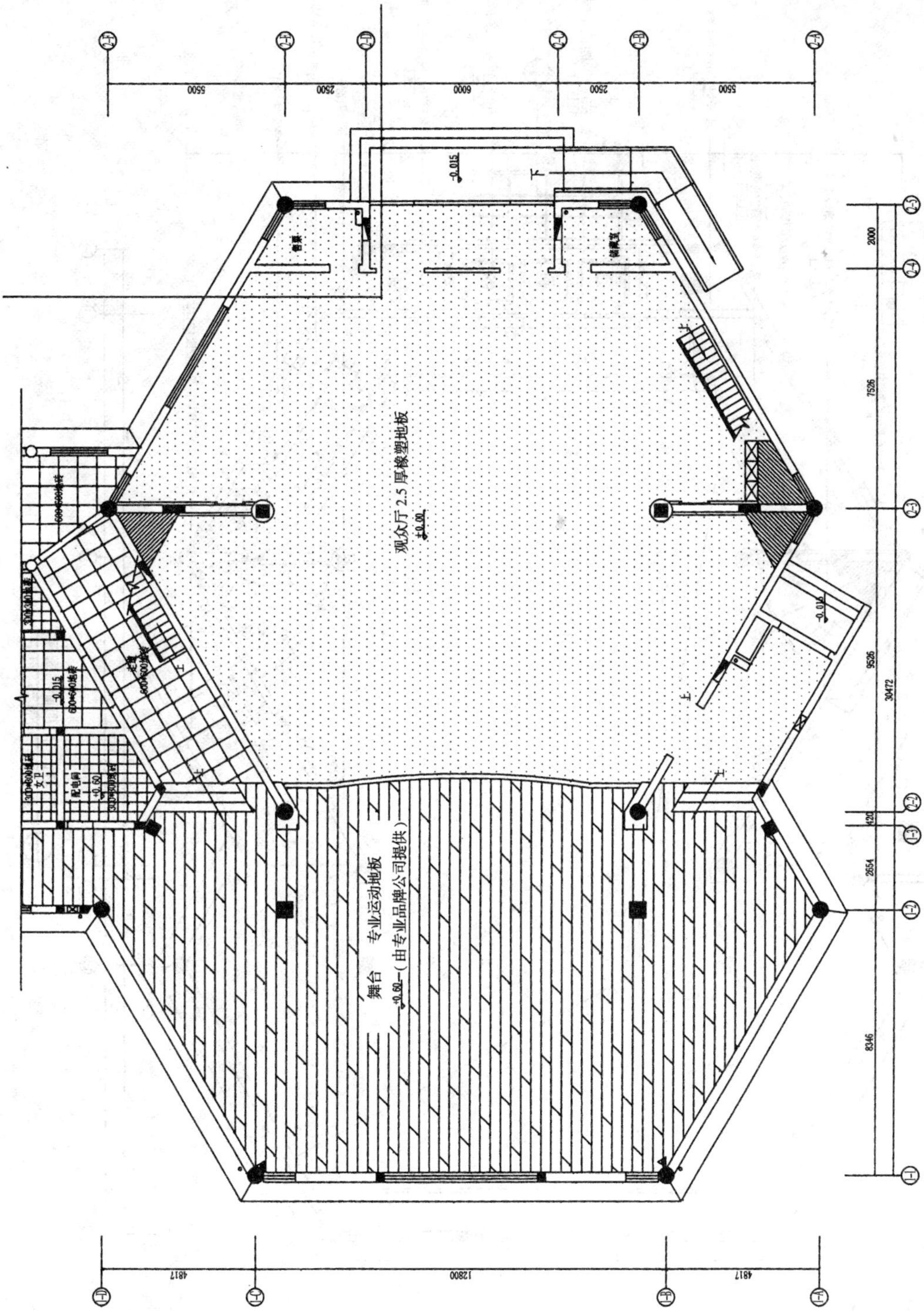

观众厅一层地面布置图
FLOOR SCALE: 1:80

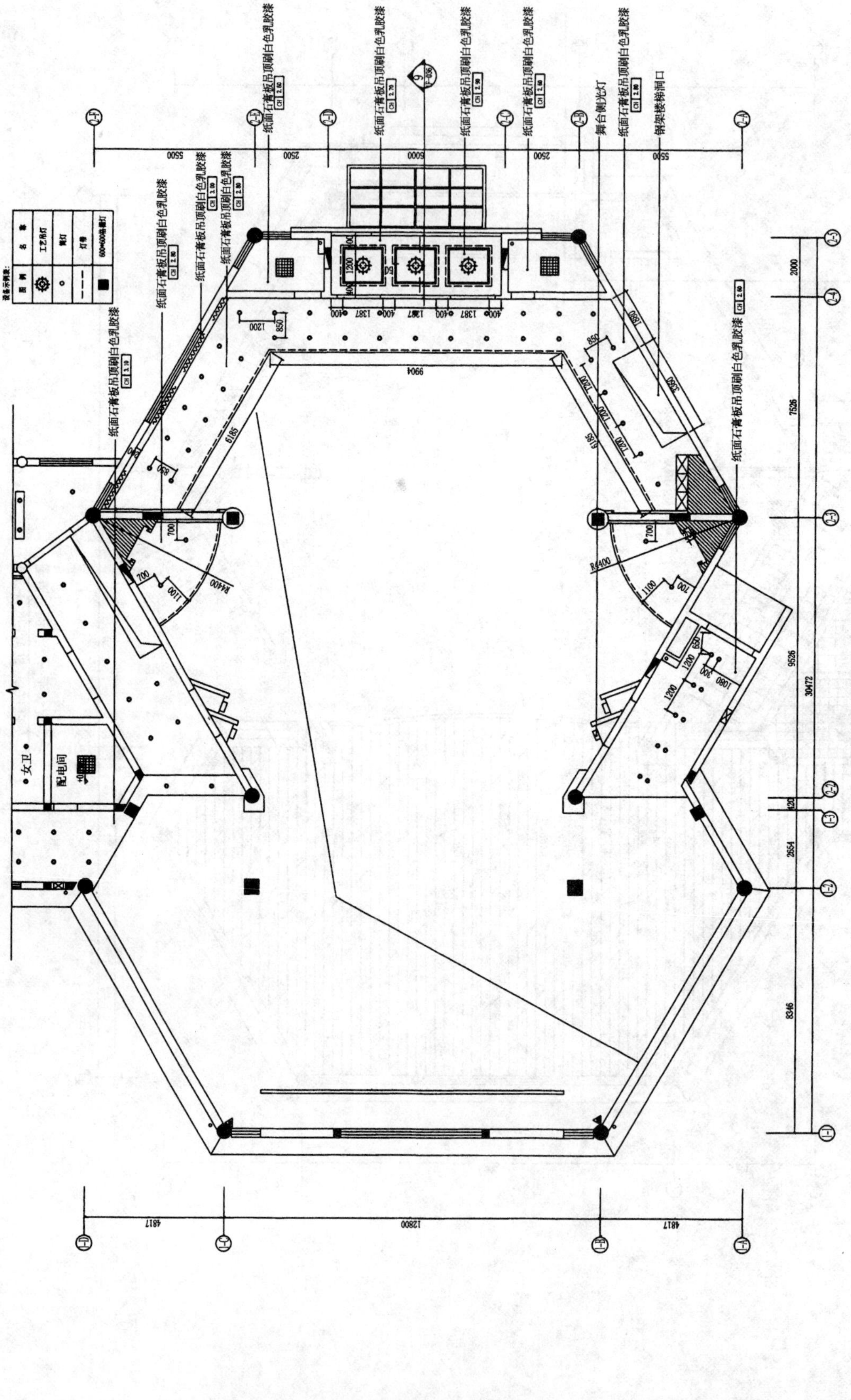

观众厅一层顶面布置图
CEILING SCALE: 1:80

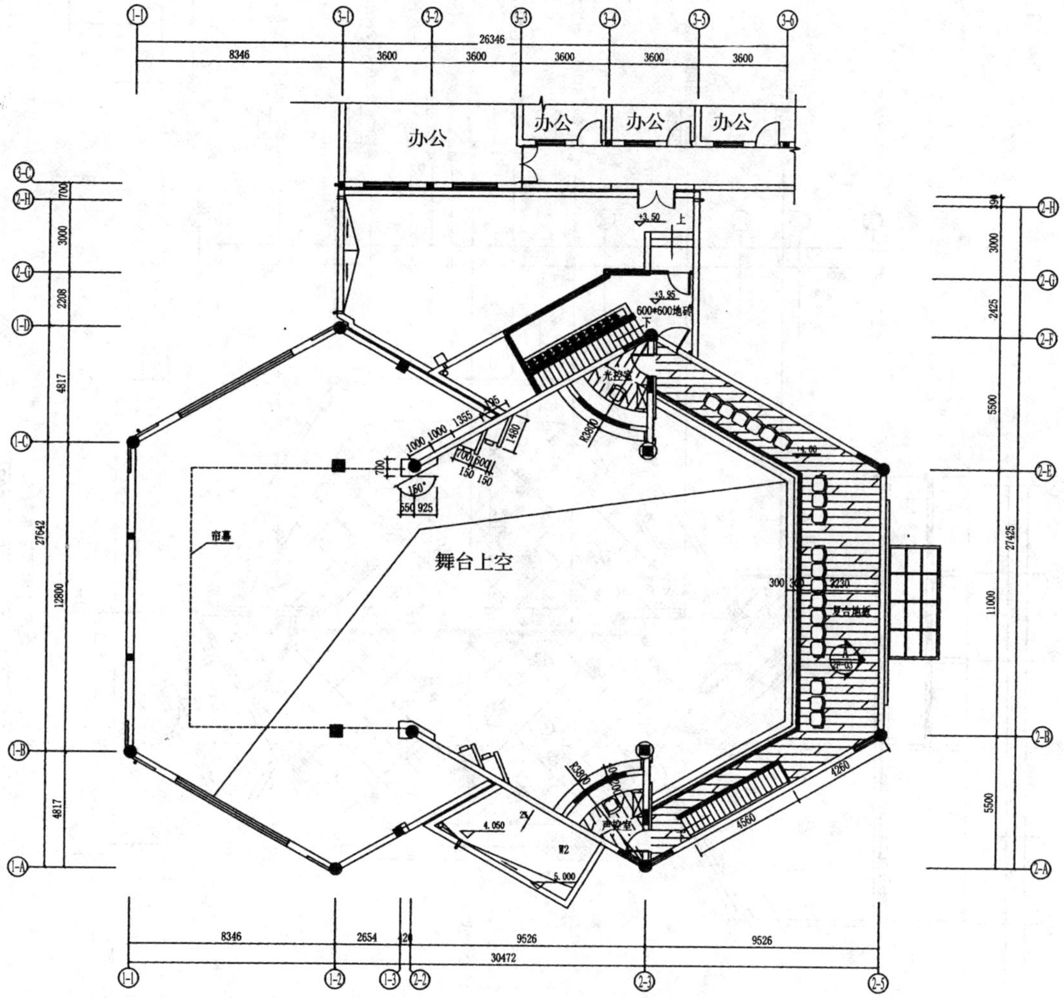

观众厅二层平面布置图
PLAN SCALE: 1:120

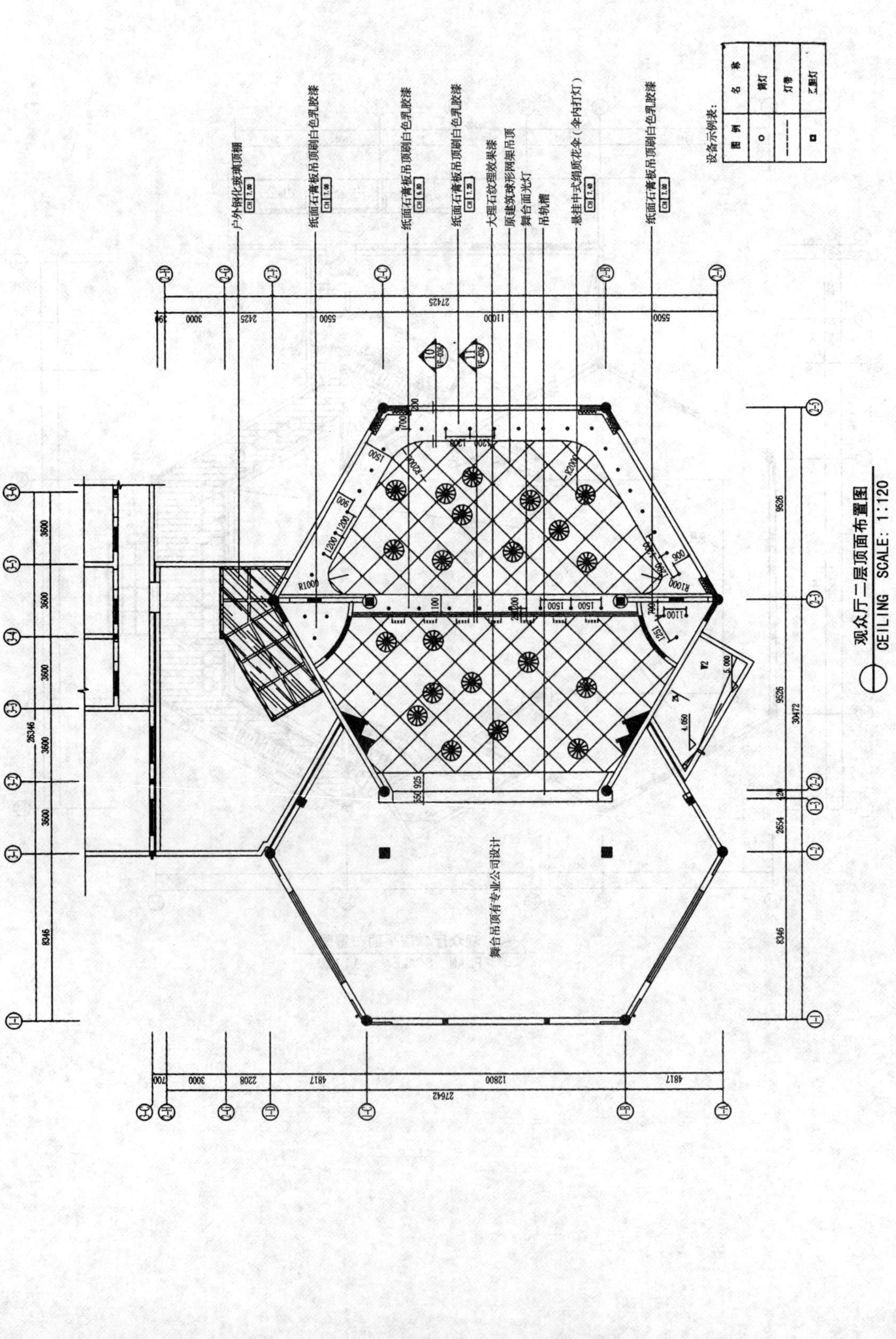

观众厅二层顶面布置图
CEILING SCALE: 1:120

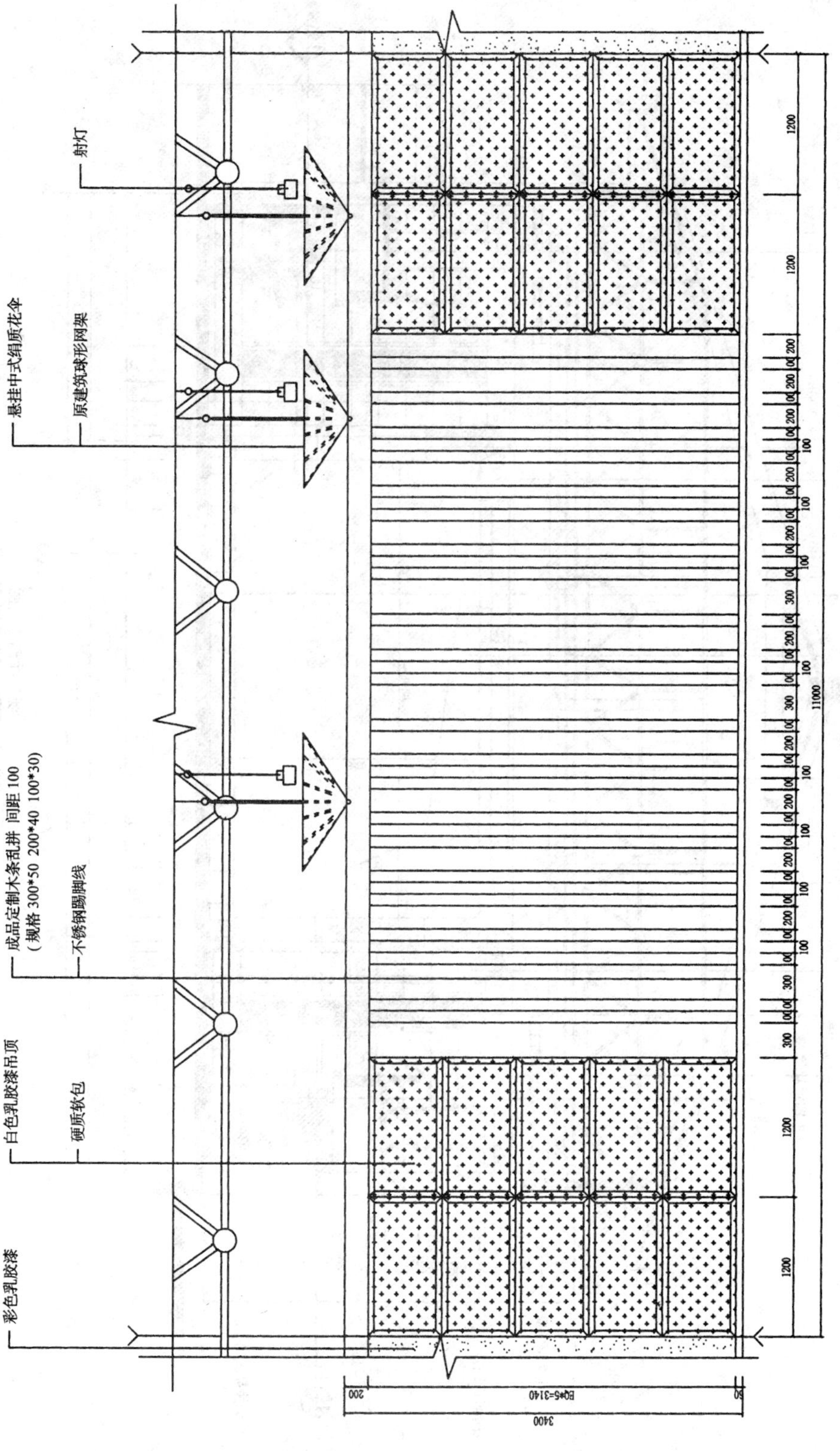

观众厅二层立面图
DETAIL SCALE: 1:20

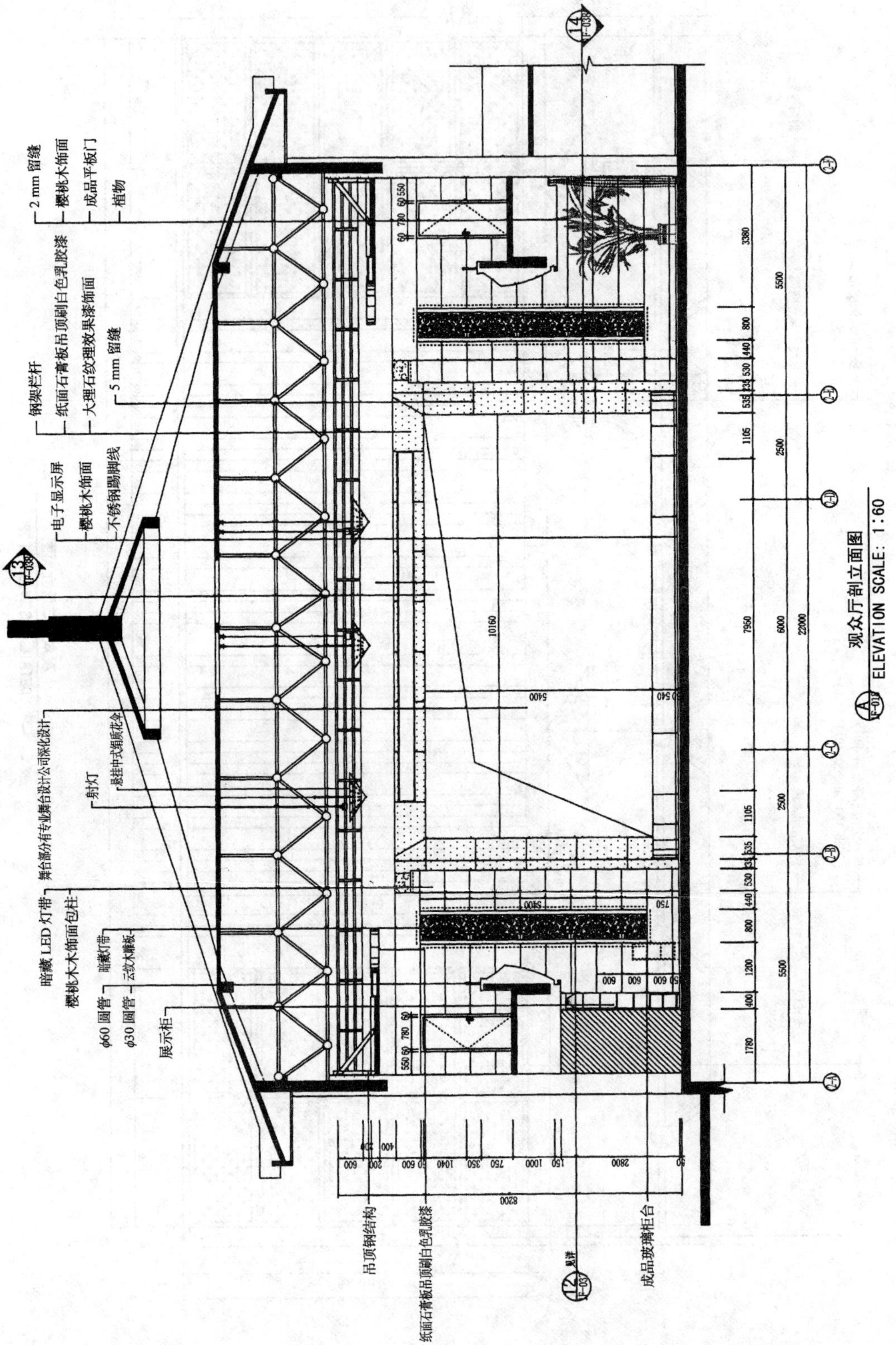

观众厅剖立面图

ELEVATION SCALE: 1:60

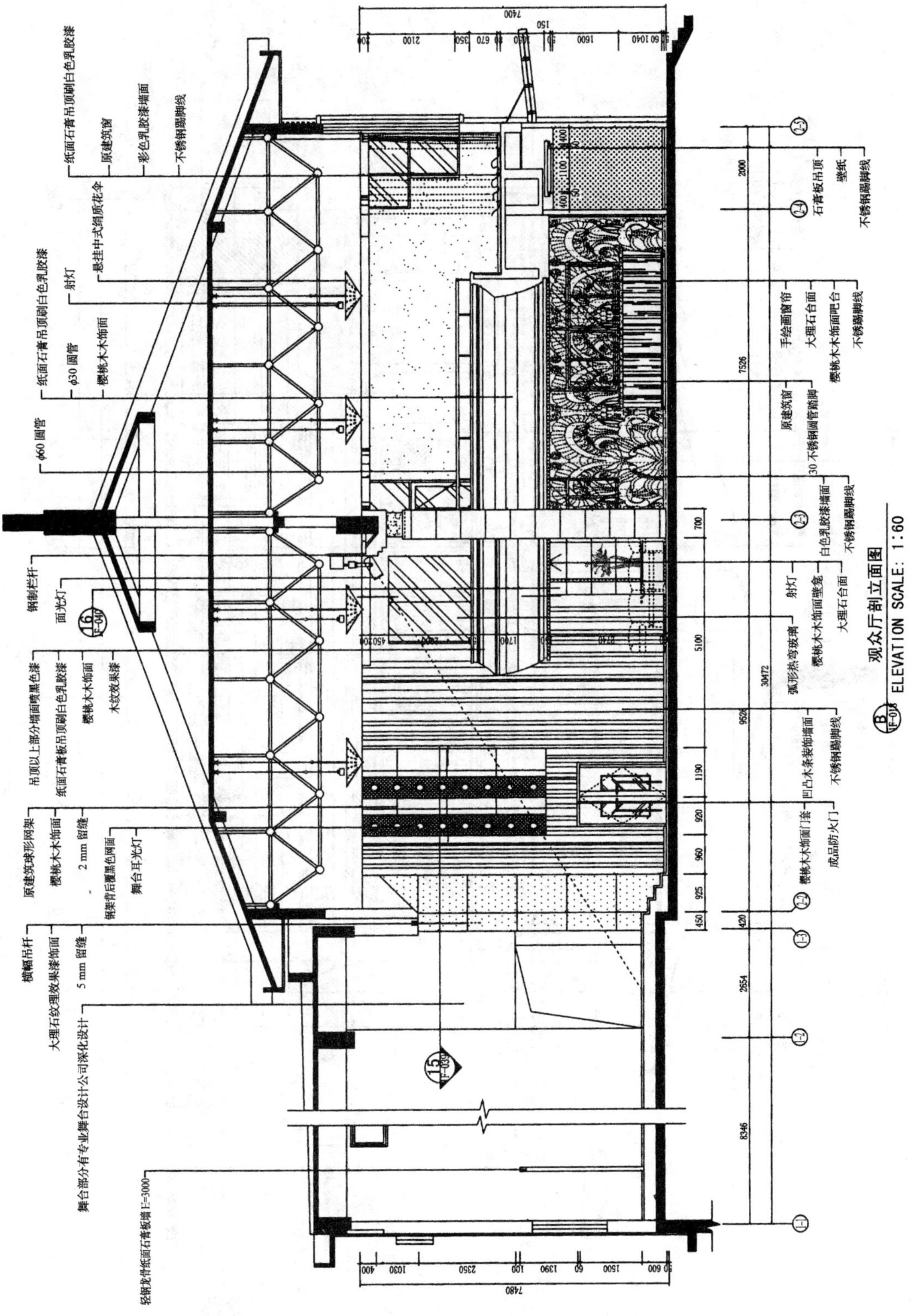

观众厅剖立面图
ELEVATION SCALE: 1:60

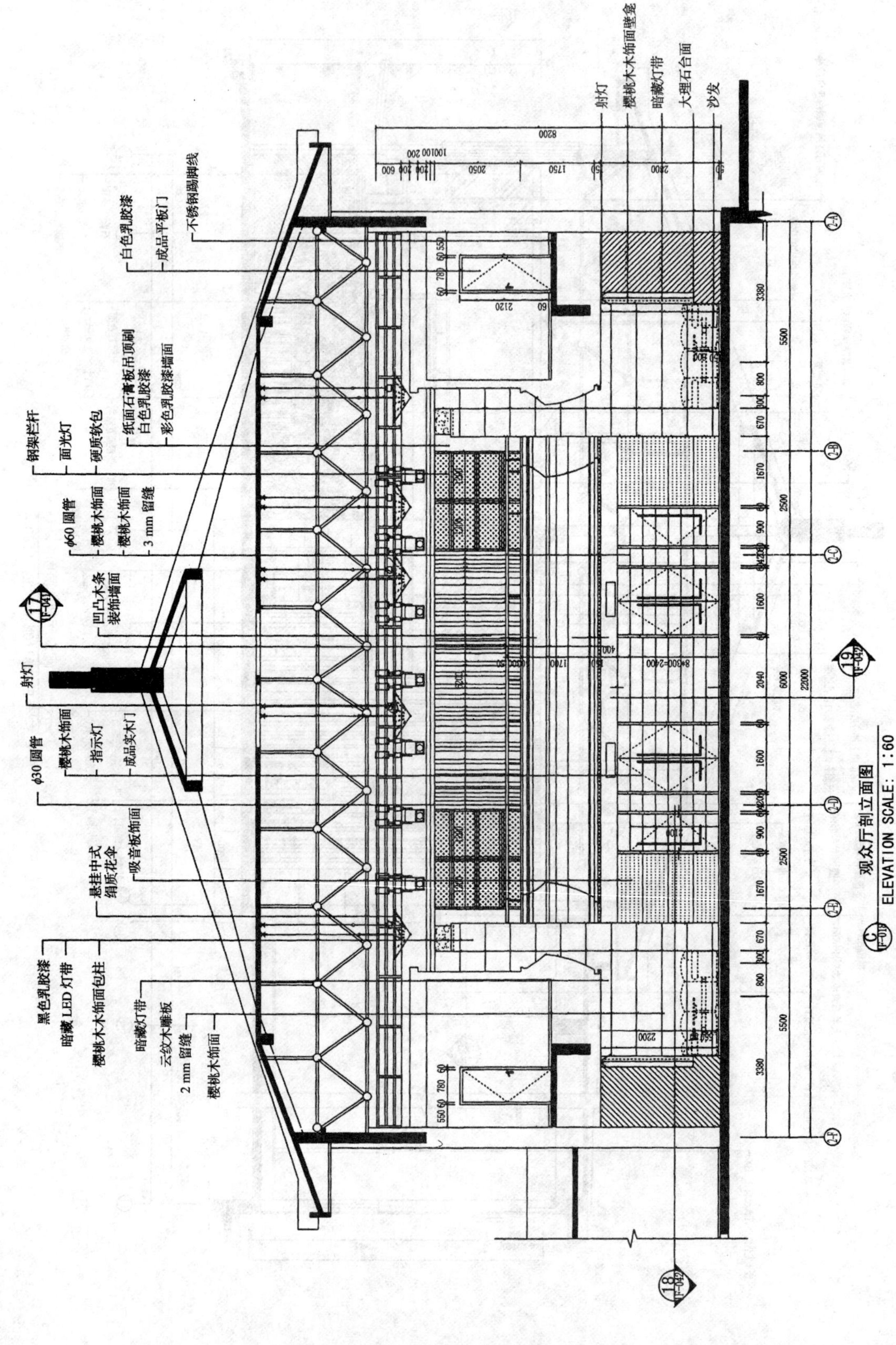

观众厅剖立面图
ELEVATION SCALE: 1:60

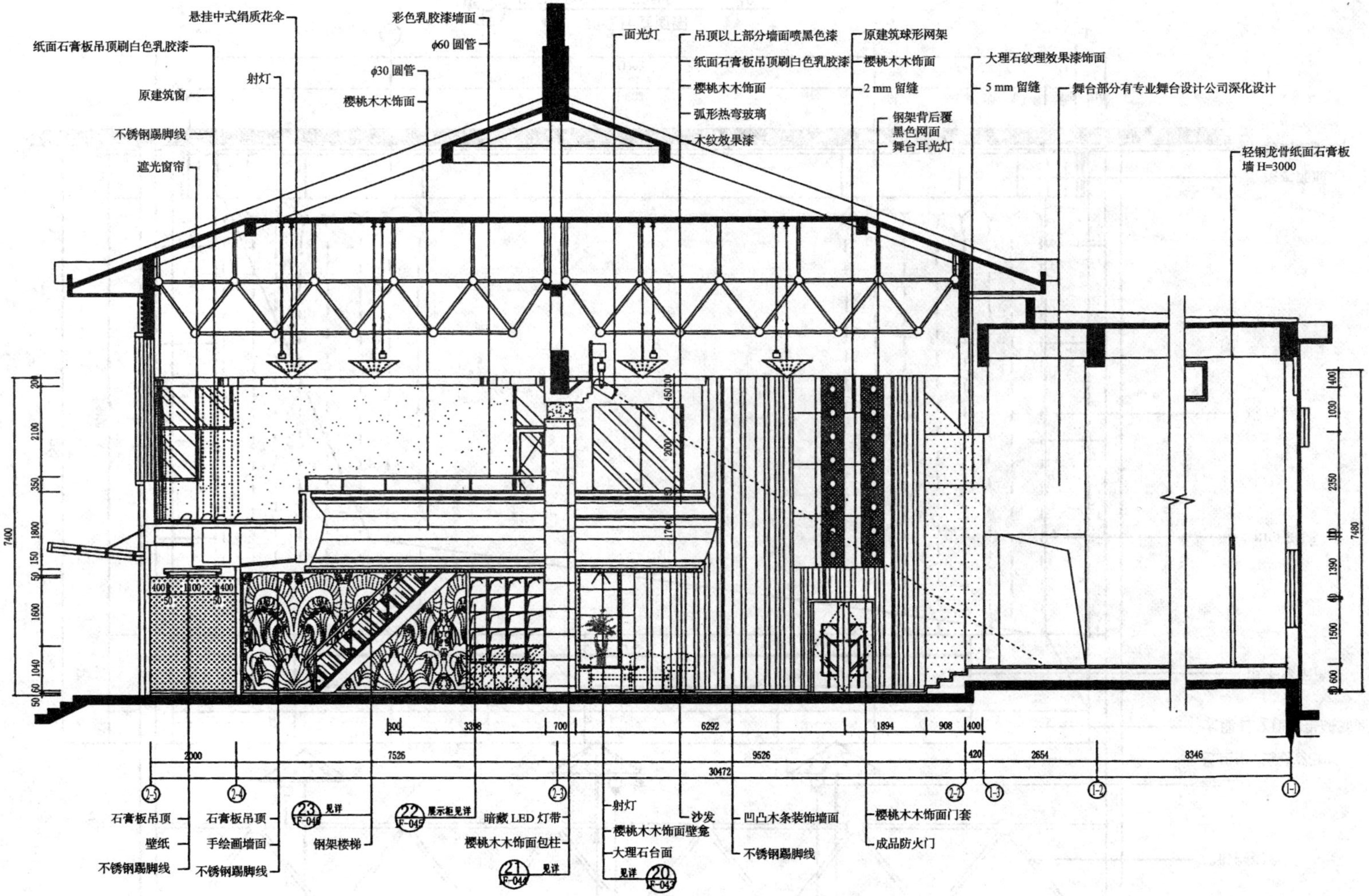

观众厅剖立面图

ELEVATION SCALE: 1:60

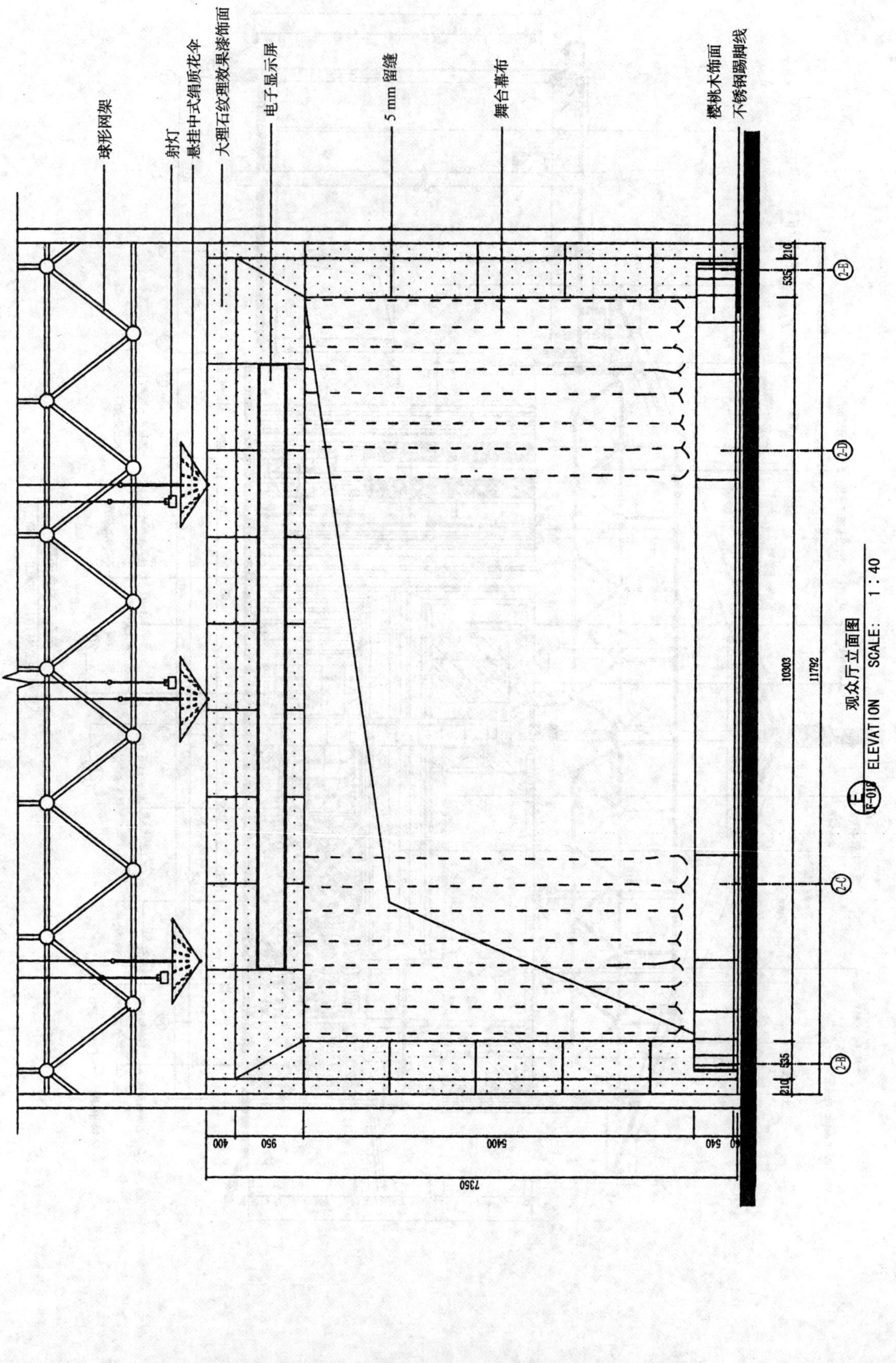

观众厅立面图 ELEVATION SCALE: 1:40

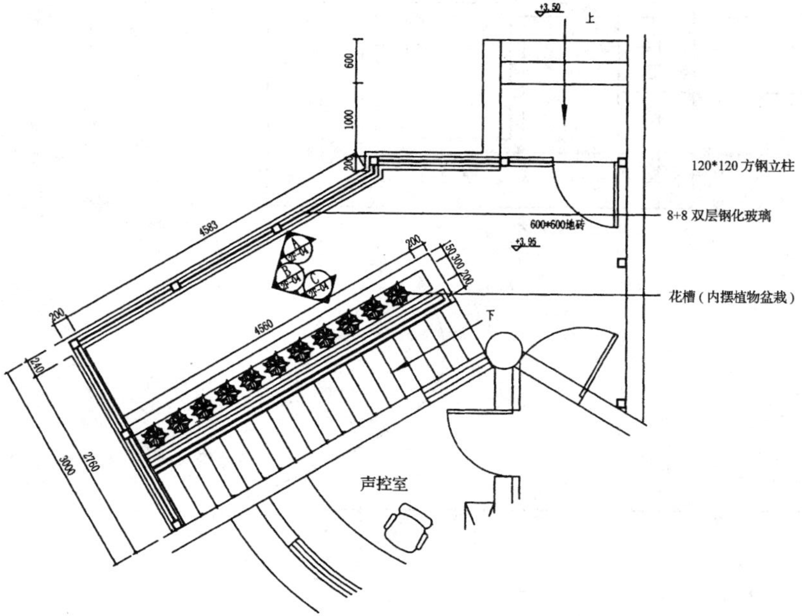

观众厅二层户外阳光顶棚平面布置图
PLAN SCALE: 1:40

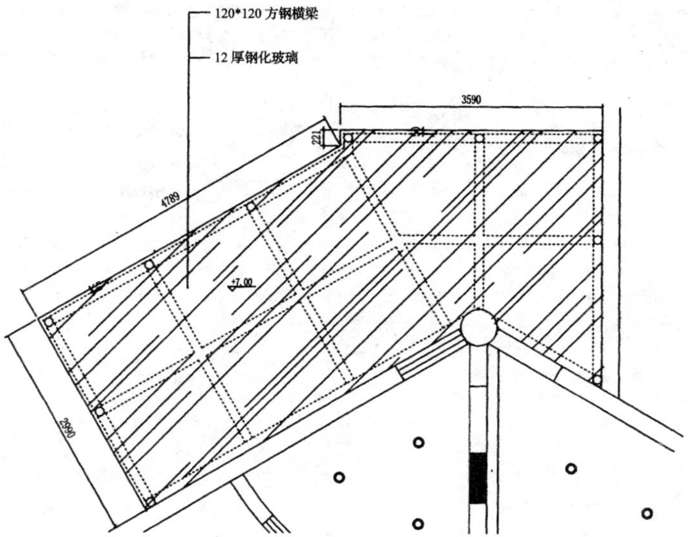

观众厅二层户外阳光顶棚平面布置图
PLAN SCALE: 1:40

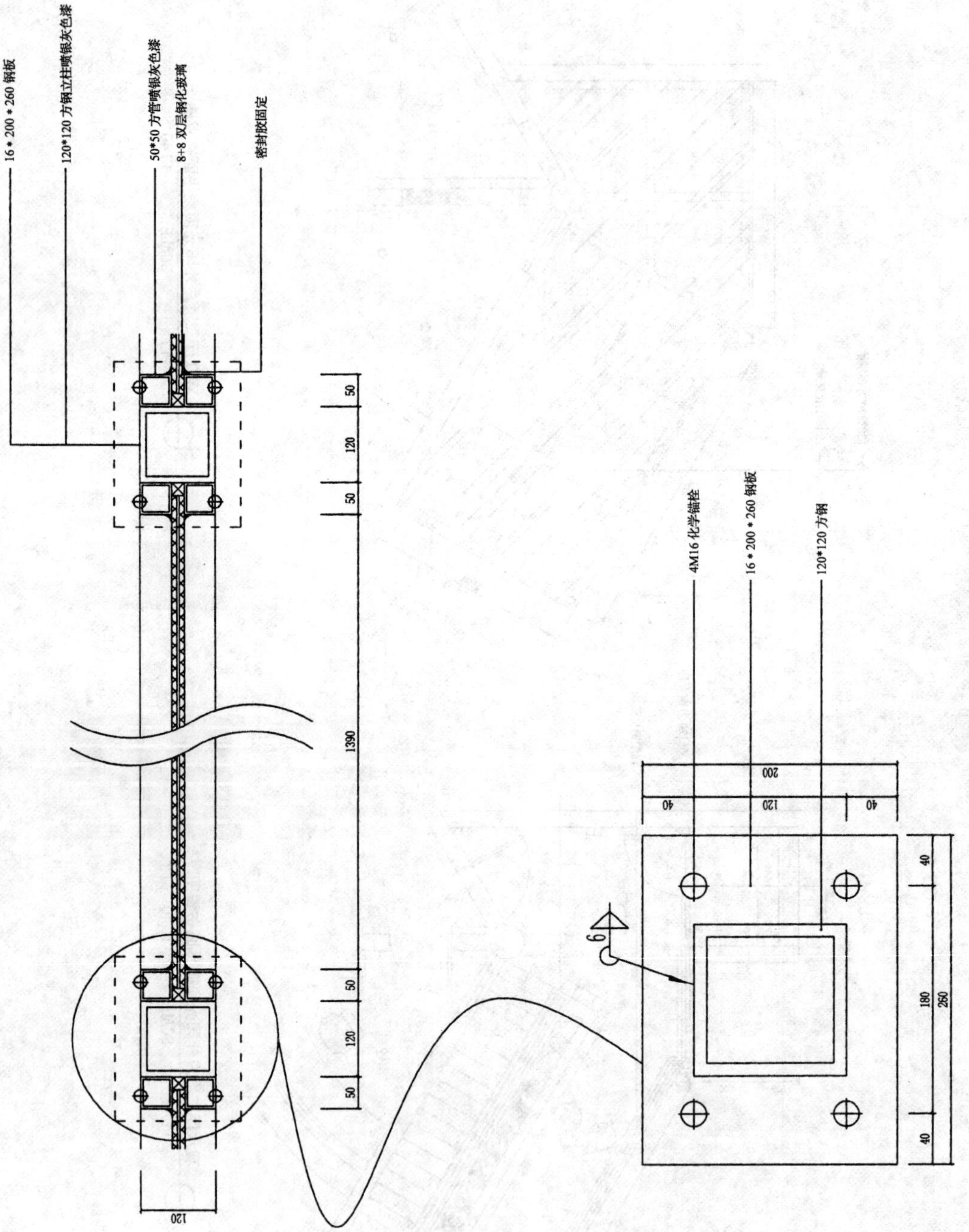

户外阳光顶棚剖面图

DETAIL SCALE: 1:5

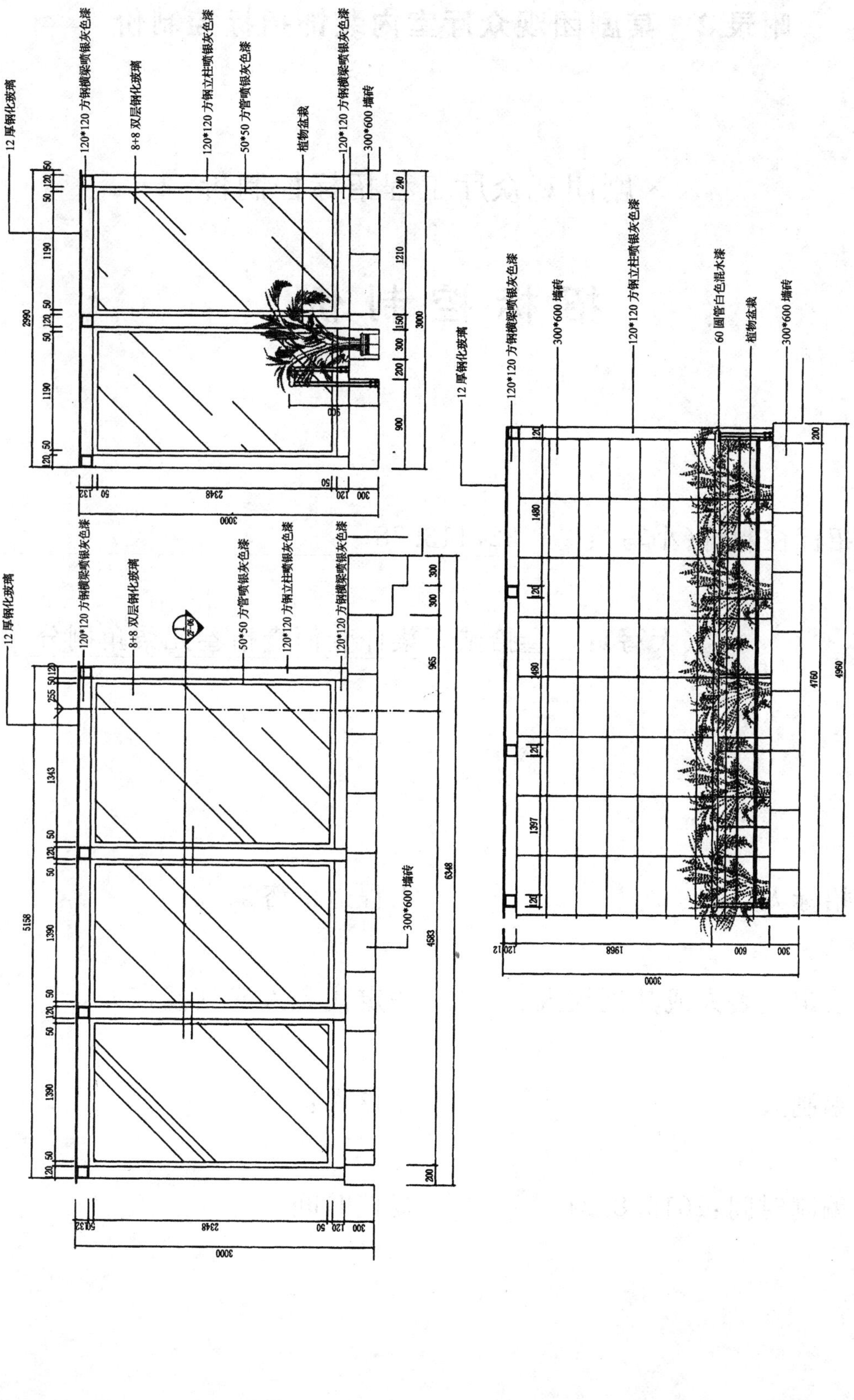

观众厅二层户外阳光顶棚立面图
ELEVATION SCALE: 1:25

附录2　某剧团观众厅室内装饰招标控制价

××剧团观众厅工程招标控制价

招 标 控 制 价

招标控制价(小写)：　　327113.78

（大写）：　叁拾贰万柒仟壹佰壹拾叁元柒角捌分

招标人：　　　　　　　　　　　工程造价咨询人：

法定代表人或其授权人：　　　　法定代表人或其授权人：

编制人：　　　　　　　　　　　复核人：

编制时间：2015.8.21　　　　　　复核时间：

总 说 明

工程名称：××剧团观众厅室内装饰工程

一、工程量清单编制依据：

1. 有关该工程的施工图；

2.《建设工程工程量清单计价规范》(GB 50500—2013)、《江苏省建筑与装饰工程计价定额》(2014)、《江苏省建设工程费用定额》(2014)及相关文件；

3. 有关该工程的相关书面、部分答疑及相关工程资料。

二、材料价格：材料价格依据《常州工程造价信息》2015年1月份信息指导价执行；指导价中无品种的材料，参照市场行情中等价位的产品价格取定。

三、本招标控制价编制时综合考虑了工期和质量要求、一般施工组织设计和施工方法以及必要的技术措施等。

四、安全文明施工费：装饰工程暂按基本费1.6%、省级标化增加费0.4%。

五、措施项目费：临时设施费按0.75%，成品保护费按0.1%。

六、施工用水电费未扣除。

七、人工工资按苏建价2014(569)号规定以100元/工日计入。

八、考虑到施工中可能发生的设计变更，暂列金额30000元。

九、机械台班按《江苏省机械台班费用定额》(2014)执行。

十、税金按3.477%计算。

单位工程招标控制价汇总表

工程名称:某剧团观众厅室内装饰招标控制价　　标段:　　第 1 页　共 1 页

序号	项目内容	金额/元	其中:暂估价/元
1	分部分项工程量清单	319853.63	120398.9
1.1	人工费	61080.45	
1.2	材料费	220931.25	120398.9
1.3	施工机具使用费	1922.09	
1.4	未计价材料费		
1.5	管理费	26464.16	
1.6	利润	9455.68	
2	措施项目	14505.66	
2.1	单价施工项目费	5240.48	
2.2	总价措施项目费	9265.18	
2.2.1	安全文明施工费	6501.88	
3	其他项目	30000	
3.1	其中:暂列金额	30000	
3.2	其中:专业工程暂估价		
3.3	其中:计日工		
3.4	其中:总承包服务费		
4	规费	9400.46	
5	税金	12995.62	
6	招标控制价合计=1+2+3+4+5	386755.37	120398.9

分部分项工程和单价措施项目清单与计价表

工程名称:某剧团观众厅室内装饰招标控制价　　　　第 1 页　共 5 页

序号	项目编号	项目名称	计量单位	工程量	金额/元		
					综合单价	合价	其中:暂估价
	01	**观众厅一层售票室**				**9101.58**	**1400**
1	011102003001	块料楼地面[干硬性水泥砂浆;600 mm×600 mm 骏程牌地砖;施工内容为图纸设计及国家验收规范要求完成的全部内容]	m^2	48.5	122.47	5939.8	
2	011105003001	块料踢脚线[地砖(600 mm×600 mm 骏程牌)踢脚线(水泥砂浆),H=100 mm,地砖45°倒角磨边抛光;施工内容为图纸设计及国家验收规范要求完成的全部内容]	m^2	0.6	326.86	196.12	
3	011302001001	吊顶天棚[8 mm 全丝杆天棚吊筋;简单装配式 U 型轻钢龙骨(杰科),面层规格400 mm×600 mm;拉法基 9.5 mm 纸面石膏板面层;白色立邦乳胶漆饰面(批三、面三、贴缝纸);600 mm×600 mm 格栅灯孔 1 个;施工内容为图纸设计及国家验收规范要求完成的全部内容]	m^2	4.85	161.69	784.2	
4	011407001001	墙面喷刷涂料[刷三遍 801 胶白水泥腻子;白色立邦乳胶漆三遍;施工内容为图纸设计及国家验收规范要求完成的全部内容]	m^2	24.39	32.04	781.46	
5	010801001001	木质门[成品平板门;规格 1000 mm×2040 mm;油漆;门五金;安装;施工内容为图纸设计及国家验收规范要求完成的全部内容]	樘	1	1000	1000	1000
6	010808001001	木门窗套[成品红樱桃门套;施工内容为图纸设计及国家验收规范要求完成的全部内容]	m	5	80	400	400
	02	**观众厅一层储藏室**				**3823.09**	**1406.4**
7	011102003002	块料楼地面[干硬性水泥砂浆;600 mm×600 mm 骏程牌地砖;施工内容为图纸设计及国家验收规范要求完成的全部内容]	m^2	4.95	122.47	606.23	
8	011105003002	块料踢脚线[地砖(600 mm×600 mm 骏程牌)踢脚线(水泥砂浆),H=100 mm,地砖45°倒角磨边抛光;施工内容为图纸设计及国家验收规范要求完成的全部内容]	m^2	0.7	327.12	228.98	
9	011302001002	吊顶天棚[8 mm 全丝杆天棚吊筋;简单装配式 U 型轻钢龙骨(杰科),面层规格400 mm×600 mm;拉法基 9.5 mm 纸面石膏板面层;白色立邦乳胶漆饰面(批三、面三、贴缝纸);600 mm×600 mm 格栅灯孔 1 个;施工内容为图纸设计及国家验收规范要求完成的全部内容]	m^2	4.95	161.62	800.02	
10	011407001002	墙面喷刷涂料[刷三遍 801 胶白水泥腻子;白色立邦乳胶漆三遍;施工内容为图纸设计及国家验收规范要求完成的全部内容]	m^2	24.39	32.04	781.46	

续表

序号	项目编号	项目名称	计量单位	工程量	金额/元		
					综合单价	合价	其中:暂估价
11	010801001002	木质门[成品平板门;规格 1000 mm×2040 mm;油漆;门五金;安装;施工内容为图纸设计及国家验收规范要求完成的全部内容]	樘	1	1000	1000	1000
12	010808001002	木门窗套[成品红樱桃门套;施工内容为图纸设计及国家验收规范要求完成的全部内容]	m	5.08	80	406.4	406.4
	03	**观众厅一层门厅**				**14707.08**	**10016**
13	011102003003	块料楼地面[干硬性水泥砂浆;600 mm×600 mm 骏程牌地砖;施工内容为图纸设计及国家验收规范要求完成的全部内容]	m²	11.52	122.47	1410.85	
14	011105003003	块料踢脚线[地砖(600 mm×600 mm 骏程牌)踢脚线(水泥砂浆),$H=100$ mm,地砖45°倒角磨边抛光;施工内容为图纸设计及国家验收规范要求完成的全部内容]	m²	1.2	326.86	392.23	
15	011302001003	吊顶天棚[8 mm 全丝杆天棚吊筋;简单装配式 U 型轻钢龙骨(杰科),面层规格 400 mm × 600 mm;拉法基 9.5 mm 纸面石膏板面层;白色立邦乳胶漆饰面(批三、面三、贴缝纸);艺术灯孔 3 个;T4 灯管灯带 14.4 m;施工内容为图纸设计及国家验收规范要求完成的全部内容]	m²	11.52	174.21	2006.9	
16	011407001003	墙面喷刷涂料[刷三遍 801 胶白水泥腻子;白色立邦乳胶漆三遍;施工内容为图纸设计及国家验收规范要求完成的全部内容]	m²	27.5	32.04	881.1	
17	010801001003	木质门[成品实木门;樱桃木饰面;规格 1800 mm×2000 mm;门五金;安装;施工内容为图纸设计及国家验收规范要求完成的全部内容]	樘	4	2000	8000	8000
18	010808001003	木门窗套[成品红樱桃门套;施工内容为图纸设计及国家验收规范要求完成的全部内容]	m	25.2	80	2016	2016
	04	**观众厅一层舞台区域(含两侧走道)**				**45780.26**	**4928**
19	011210002001	金属隔断[杰科 50 系列轻钢龙骨(400 mm×600 mm),拉法基纸面石膏板墙;白色立邦乳胶漆饰面(批三、面三、贴缝纸);施工内容为图纸设计及国家验收规范要求完成的全部内容]	m²	30.9	241.77	7470.69	
20	011407002001	天棚喷刷涂料[舞台区域天棚刷灰色乳胶漆(批三面三);施工内容为图纸设计及国家验收规范要求完成的全部内容]	m²	200	34.52	6904	
21	011407001004	墙面喷刷涂料[刷三遍 801 胶白水泥腻子;白色立邦乳胶漆三遍;施工内容为图纸设计及国家验收规范要求完成的全部内容]	m²	409.73	32.04	13127.75	

续表

序号	项目编号	项目名称	计量单位	工程量	金额/元		
					综合单价	合价	其中：暂估价
22	011302001004	吊顶天棚[8 mm 全丝杆天棚吊筋；简单装配式U型轻钢龙骨(杰科)，面层规格400 mm×600 mm；拉法基9.5 mm纸面石膏板面层；白色立邦乳胶漆饰面(批三、面三、贴缝纸)；600 mm×600 mm格栅灯孔17个；施工内容为图纸设计及国家验收规范要求完成的全部内容]	m^2	35.24	166.12	5854.07	
23	011102003004	块料楼地面[干硬性水泥砂浆；600 mm×600 mm骏程牌地砖；施工内容为图纸设计及国家验收规范要求完成的全部内容]	m^2	23.35	122.47	2859.67	
24	011105003004	块料踢脚线[地砖(600 mm×600 mm骏程牌)踢脚线(水泥砂浆)，H=100 mm，地砖45°倒角磨边抛光；施工内容为图纸设计及国家验收规范要求完成的全部内容]	m^2	11	326.86	3595.46	
25	011107002001	块料台阶面[干硬性水泥砂浆；600 mm×600 mm骏程牌地砖；施工内容为图纸设计及国家验收规范要求完成的全部内容]	m^2	6.6	157.67	1040.62	
26	010801001004	木质门[成品实木门；樱桃木饰面；规格1800 mm×2000 mm；门五金，安装；施工内容为图纸设计及国家验收规范要求完成的全部内容]	樘	2	2000	4000	4000
27	010808001004	木门窗套[成品红樱桃门套；施工内容为图纸设计及国家验收规范要求完成的全部内容]	m	11.6	80	928	928
	05	**观众厅大厅**				**136949.61**	**63335.7**
28	011405001001	金属面油漆[观众厅顶面网架喷黑漆；施工内容为图纸设计及国家验收规范要求完成的全部内容]	m^2	306.39	30	9191.7	9191.7
29	011407002002	抹灰面油漆[观众厅顶面天棚刷灰色乳胶漆(批三面三)；施工内容为图纸设计及国家验收规范要求完成的全部内容]	m^2	306.39	34.52	10576.58	
30	011302001005	弧形天棚吊顶[8 mm全丝杆天棚吊筋；简单装配式U型轻钢龙骨(杰科)，面层规格400 mm×600 mm；拉法基9.5 mm纸面石膏板面层；白色立邦乳胶漆饰面(批三、面三、贴缝纸)；筒灯孔6个；T4灯管弧形灯带8.5 m；施工内容为图纸设计及国家验收规范要求完成的全部内容]	m^2	51.64	177.59	9170.75	
31	011102003005	块料楼地面[干硬性水泥砂浆；600 mm×600 mm骏程牌地砖；施工内容为图纸设计及国家验收规范要求完成的全部内容]	m^2	306.39	122.47	37523.58	
32	011105003005	块料踢脚线[地砖(600 mm×600 mm骏程牌)踢脚线(水泥砂浆)，H=100 mm，地砖45°倒角磨边抛光；施工内容为图纸设计及国家验收规范要求完成的全部内容]	m^2	50	326.86	16343	
33	011106002001	块料楼梯面层[楼梯踏步：50圆管支撑；点式不锈钢构件连接10+10钢化夹胶玻璃；施工内容为图纸设计及国家验收规范要求完成的全部内容]	m^2	4	400	1600	1600

续表

序号	项目编号	项目名称	计量单位	工程量	金额/元		
					综合单价	合价	其中:暂估价
34	011503008001	玻璃栏板[扶手为直径60圆管烤漆;栏板为12 mm钢化清玻;不锈钢构件连接;立柱为10 mm不锈钢立柱;施工内容为图纸设计及国家验收规范要求完成的全部内容]	m	5.5	500	2750	2750
35	011207001001	墙面装饰板[观众厅墙面装饰,暂估价40元/m^2]	m^2	700	40	28000	28000
36	011501014001	酒吧台[吧台,长3.6 m、宽0.5 m、高1.1 m;方管骨架,樱桃木饰面,大理石台面,8 mm厚磨砂玻璃台面,LED灯管,木工板基层,T4灯管灯带,不锈钢脚线,30不锈钢圆管踏脚;施工内容为图纸设计及国家验收规范要求完成的全部内容]	个	2	3600	7200	7200
37	011501001001	高脚吧凳	个	11	150	1650	1650
38	010801004001	木质防火门[成品防火门;1600 mm×2150 mm;樱桃木亚光清漆,樱桃木实木线条转通亚光清漆,磨砂玻璃,成品不锈钢拉手,深灰色混水硝基亚光漆;油漆,门五金,安装;施工内容为图纸设计及国家验收规范要求完成的全部内容]	樘	2	1000	2000	2000
39	010808001005	木门窗套[成品红樱桃门套;施工内容为图纸设计及国家验收规范要求完成的全部内容]	m	11.8	80	944	944
40	011507003001	灯箱[钢骨架墙面,木工板基层,樱桃木饰面,黑色钢丝网,角钢架,耳光灯;施工内容为图纸设计及国家验收规范要求完成的全部内容]	个	2	5000	10000	10000
	06	**观众厅二层**				**76636.06**	**36812.8**
41	011104002001	竹、木(复合)地板[洁丽牌复合地板及踢脚线;施工内容为图纸设计及国家验收规范要求完成的全部内容]	m^2	86.54	245.4	21236.92	
42	011302001006	天棚吊顶[钢龙骨骨架;木工板基层;拉法基9.5 mm纸面石膏板面层;白色立邦乳胶漆饰面(批三、面三、贴缝纸);筒灯孔31个;施工内容为图纸设计及国家验收规范要求完成的全部内容]	m^2	67	242.54	16250.18	
43	011302001007	天棚吊顶[复杂(弧形)天棚吊顶;钢龙骨骨架;木工板基层;拉法基9.5 mm纸面石膏板面层;白色立邦乳胶漆饰面(批三、面三、贴缝纸);筒灯孔6个;施工内容为图纸设计及国家验收规范要求完成的全部内容]	m^2	12.4	188.4	2336.16	
44	011503002001	硬木扶手、栏杆、栏板[观众厅二层栏杆、栏板、扶手(含光控、声控室栏杆、栏板);木龙骨骨架,木工板基层,面层刷哑光树脂漆,不锈钢栏杆,实木扶手;施工内容为图纸设计及国家验收规范要求完成的全部内容]	m	32.5	800	26000	26000

续表

序号	项目编号	项目名称	计量单位	工程量	金额/元		
					综合单价	合价	其中:暂估价
45	011503002002	面光桥钢结构马道及栏杆扶手[钢龙骨骨架,木工板基层,拉法基 9.5 mm 纸面石膏板面层;白色立邦乳胶漆饰面(批三、面三、贴缝纸);不锈钢栏杆,实木扶手;施工内容为图纸设计及国家验收规范要求完成的全部内容]	项	1	8000	8000	8000
46	010801001005	木质门[成品平板门;规格 1000 mm×2040 mm;油漆;门五金;安装;施工内容为图纸设计及国家验收规范要求完成的全部内容]	樘	2	1000	2000	2000
47	010808001006	木门窗套[成品红樱桃门套;施工内容为图纸设计及国家验收规范要求完成的全部内容]	m	10.16	80	812.8	812.8
	07	**观众厅二层户外阳光房**				**32855.86**	**2500**
48	011102003006	块料楼地面[干硬性水泥砂浆;600 mm×600 mm 骏程牌地砖;施工内容为图纸设计及国家验收规范要求完成的全部内容]	m^2	14.74	122.47	1805.21	
49	011204003001	块料墙面[水泥砂浆;300 mm×600 mm 标王牌墙砖;施工内容为图纸设计及国家验收规范要求完成的全部内容]	m^2	17.2	119.42	2054.02	
50	011107002002	块料台阶面[干硬性水泥砂浆;600 mm×600 mm 骏程牌地砖;施工内容为图纸设计及国家验收规范要求完成的全部内容]	m^2	1.2	157.67	189.2	
51	011210002002	金属隔断隔断[钢龙骨骨架表面喷银灰色漆,8+8 双钢化玻璃隔断,预埋件;施工内容为图纸设计及国家验收规范要求完成的全部内容]	m^2	21.6	735.16	15879.46	
52	011506001001	雨篷吊挂饰面[钢龙骨骨架,12 mm 厚钢化玻璃;施工内容为图纸设计及国家验收规范要求完成的全部内容]	m^2	22.9	455.37	10427.97	
53	010805005001	全玻自由门[900 mm×2100 mm,门框、门五金;安装;施工内容为图纸设计及国家验收规范要求完成的全部内容]	樘	1	1000	1000	1000
54	011503001001	金属扶手、栏杆、栏板[扶手为直径 60 mm 圆管白色混水漆;栏杆为直径 10 钢筋白色混水漆;立柱为 9 厘双扁钢烤漆立柱;预埋件为钢板、膨胀螺栓;施工内容为图纸设计及国家验收规范要求完成的全部内容]	m	5	300	1500	1500
		合 计				**319853.54**	**120398.9**
	011701	**脚手架工程**				**2162.05**	
1	011701006001	满堂脚手架	m^2	177.8	12.16	2162.05	
	011703	**垂直运输**				**3078.43**	
2	011703001001	垂直运输	工日	610.8	5.04	3078.43	
		合 计				**5240.48**	

总价措施项目清单与计价表

工程名称：某剧团观众厅室内装饰招标控制价　　　标段：　　　第 1 页　共 1 页

序号	项目编码	项目名称	计算基础	费率/%	金额/元	调整费率/%	调整后金额/元	备注
1	011707001001	安全文明施工		100%	6501.88			
	1	基本费	分部分项工程费＋单价措施项目费－甲供工程设备费	2.0%	6501.88			
2	011707002001	夜间施工	分部分项工程费＋单价措施项目费－甲供工程设备费	0%				
3	011707003001	非夜间施工	分部分项工程费＋单价措施项目费－甲供工程设备费	0%				
4	011707005001	冬雨季施工	分部分项工程费＋单价措施项目费－甲供工程设备费	0%				
5	011707007001	已完工程及设备保护	分部分项工程费＋单价措施项目费－甲供工程设备费	0.1%	325.09			
6	011707006001	地上、地下设施，建筑物的临时保护设施	分部分项工程费＋单价措施项目费－甲供工程设备费	0%				
7	011707008001	临时设施	分部分项工程费＋单价措施项目费－甲供工程设备费	0.75%	2438.21			
8	011707009001	赶工措施	分部分项工程费＋单价措施项目费－甲供工程设备费	0%				
9	011707010001	工程按质论价	分部分项工程费＋单价措施项目费－甲供工程设备费	0%				
10	011707011001	住宅分户验收	分部分项工程费＋单价措施项目费－甲供工程设备费	0%				
		合　计			**9265.18**			

其他项目清单与计价汇总表

工程名称：某剧团观众厅室内装饰招标控制价　　　标段：　　　第 1 页　共 1 页

序号	项目名称	金额/元	结算金额/元	备注
1	暂列金额	30000		
2	暂估价			
2.1	材料暂估价			
2.2	专业工程暂估价			
3	计日工			
4	总承包服务费			
	合　计	**30000**		

暂列金额明细表

工程名称：某剧团观众厅室内装饰招标控制价　　　　标段：　　　　第 1 页　共 1 页

序号	项目名称	计量单位	暂定金/元	备注
1	预留金	项	30000	
	合　计		**30000**	

材料(工程设备)暂估单价及调整表

工程名称：某剧团观众厅室内装饰招标控制价　　　　标段：

序号	材料编码	材料(工程设备)名称、规格、型号	计量单位	数量		暂估/元		备注
				暂估	确认	单价	合价	
1	.独立费@1	成品平板门、门五金购入并安装(1000 mm×2040 mm)	樘	4		1000	4000	
2	.独立费@10	成品防火门、门五金购入并安装(1600 mm×2150 mm)	樘	2		1000	2000	
3	.独立费@11	灯箱	个	2		5000	10000	
4	.独立费@12	观众厅二层栏杆、栏板	m	32.5		800	26000	
5	.独立费@13	独立费	项	1		8000	8000	
6	.独立费@14	玻璃门制作安装	樘	1		1000	1000	
7	.独立费@15	阳光房金属扶手	m	5		300	1500	
8	.独立费@2	成品红樱桃门套购入并安装	m	68.84		80	5507.2	
9	.独立费@3	成品实木门、门五金购入并安装(1800 mm×2000 mm)	樘	6		2000	12000	
10	.独立费@4	网架喷黑漆	m^2	306.39		30	9191.7	
11	.独立费@5	夹胶玻璃楼梯面	m^2	4		400	1600	
12	.独立费@6	金属扶手玻璃栏板带栏杆	m	5.5		500	2750	
13	.独立费@7	观众厅墙面装饰，暂估价 40 元/m^2	m^2	700.00		40	28000	
14	.独立费@8	吧台	m	7.2		1000	7200	
15	.独立费@9	高脚吧凳	个	11		150	1650	
		合　计					**120398.9**	

规费、税金项目计价表

工程名称：某剧团观众厅室内装饰招标控制价　　　　标段：　　　　第 1 页　共 1 页

序号	项目名称	计算基础	计算基数	费率/%	金额元
1	规费	[1.1]+[1.2]+[1.3]	9400.46	100%	9400.46
1.1	社会保险费	分部分项工程费+措施项目费+其他项目费-甲供工程设备费	364359.20	2.2%	8015.9
1.2	住房公积金	分部分项工程费+措施项目费+其他项目费-甲供工程设备费	364359.20	0.38%	1384.56
1.3	工程排污费	分部分项工程费+措施项目费+其他项目费-甲供工程设备费	364359.20	0.00%	
2	税金	分部分项工程费+措施项目费+其他项目费+规费-甲供工程设备费	373759.66	3.477%	12995.62
	合　计				**22396.08**

分部分项工程量清单综合单价分析表

工程名称:某剧团观众厅室内装饰招标控制价　　　　标段:　　　　第 1 页　共 12 页

序号	项目编码	项目名称	计量单位	工程量	综合单价/元							项目合价/元
					人工费	材料费	机械费	主材费	管理费	利润	小计	
1	**01**	**观众厅一层售票室**										**10824.86**
2	011102003001	块料楼地面[干硬性水泥砂浆;600 mm×600 mm 骏程牌地砖;施工内容为图纸设计及国家验收规范要求完成的全部内容]	m^2	48.5	33.1	69.02	0.94		14.3	5.11	122.47	5939.8
3	A13-81换	楼地面地砖单块 0.4 m^2 以内干硬性水泥砂浆	10 m^2	0.1	331	690.21	9.35		142.95	51.05	1224.56	122.46
4	011105003001	块料踢脚线[地砖(600 mm×600 mm 骏程牌)踢脚线(水泥砂浆),H=100 mm,地砖 45°倒角磨边抛光;施工内容为图纸设计及国家验收规范要求完成的全部内容]	m^2	0.6	145.33	84.78	8.86		64.76	23.13	326.86	196.12
5	A13-95换	同质地砖踢脚线水泥砂浆	10 m	0.667	98	101.18	1.17		41.65	14.88	256.88	171.34
6	A18-31	石材磨边加工 45°斜边	10 m	0.667	120	26	12.12		55.49	19.82	233.43	155.70
7	011302001001	吊顶天棚[8 mm 全丝杆天棚吊筋;简单装配式 U 型轻钢龙骨(杰科),面层规格 400 mm×600 mm;拉法基 9.5 mm 纸面石膏板面层;白色立邦乳胶漆饰面(批三、面三、贴缝纸);600 mm×600 mm 格栅灯孔 1 个;施工内容为图纸设计及国家验收规范要求完成的全部内容]	m^2	4.85	53.8	76.18	0.66		22.87	8.18	161.69	784.2
8	A15-39	全丝杆天棚吊筋 H=1050 mm 8	10 m^2	0.1		50.99	3.2		1.34	0.48	56.01	5.6
9	A15-7	装配式 U 型(不上人型)轻钢龙骨 面层规格 400 mm×600 mm 简单	10 m^2	0.1	188	363.16	3.4		80.39	28.71	663.66	66.37
10	A15-45	纸面石膏板天棚面层 安装在 U 型轻钢龙骨上 平面	10 m^2	0.1	112	186.35			47.04	16.8	362.19	36.22
11	A17-174	清油封底	10 m^2	0.1	25	14.57			10.5	3.75	53.82	5.38
12	A17-175×1.2	天棚墙面板缝贴自粘胶带	10 m	0.1	25.2	63.19			10.58	3.78	102.75	10.28
13	A17-177F782.4	内墙面 在抹灰面上 901 胶白水泥腻子批、刷乳胶漆各三遍	10 m^2	0.1	173.8	72.29			73	26.07	345.16	34.52
14	A18-62	格式灯孔	10 个	0.021	68	53.7			28.56	10.2	160.46	3.37

续表

序号	项目编码	项目名称	计量单位	工程数量	综合单价/元							项目合价/元
					人工费	材料费	机械费	主材费	管理费	利润	小计	
15	011407001001	墙面喷刷涂料[刷三遍 801 胶白水泥腻子；白色立邦乳胶漆三遍；施工内容为图纸设计及国家验收规范要求完成的全部内容]	m^2	24.39	15.8	7.23			6.64	2.37	32.04	781.46
16	A17-177	内墙面 在抹灰面上 901 胶白水泥腻子批、刷乳胶漆各三遍	10 m^2	0.1	158	72.29			66.36	23.7	320.35	32.04
17	010801001001	木质门[成品平板门；规格 1000 mm×2040 mm；油漆；门五金；安装；施工内容为图纸设计及国家验收规范要求完成的全部内容]	樘	1		1000					1000	1000
18	.独立费	成品平板门、门五金购入并安装(1000 mm×2040 mm)	樘	1		1000					1000	1000
19	010808001001	木门窗套[成品红樱桃门套；施工内容为图纸设计及国家验收规范要求完成的全部内容]	m	5		80					80	400
20	.独立费	成品红樱桃门套购入并安装	m	1		80					80	80
21	**02**	**观众厅一层储藏室**										**3823.09**
22	011102003002	块料楼地面[干硬性水泥砂浆；600 mm×600 mm 骏程牌地砖；施工内容为图纸设计及国家验收规范要求完成的全部内容]	m^2	4.95	33.1	69.02	0.94		14.3	5.11	122.47	606.23
23	A13-81换	楼地面地砖单块 0.4 m^2 以内干硬性水泥砂浆	10 m^2	0.1	331	690.21	9.35		142.95	51.05	1224.56	122.46
24	011105003002	块料踢脚线[地砖(600 mm×600 mm 骏程牌)踢脚线(水泥砂浆)，H=100 mm，地砖 45°倒角磨边抛光；施工内容为图纸设计及国家验收规范要求完成的全部内容]	m^2	0.7	145.44	84.85	8.87		64.81	23.15	327.12	228.98
25	A13-95换	同质地砖踢脚线水泥砂浆	10 m	0.667	98	101.18	1.17		41.65	14.88	256.88	171.34
26	A18-31	石材磨边加工 45°斜边	10 m	0.667	120	26	12.12		55.49	19.82	233.43	155.7
27	011302001002	吊顶天棚[8 mm 全丝杆天棚吊筋；简单装配式 U 型轻钢龙骨(杰科)，面层规格 400 mm×600 mm；拉法基 9.5 mm 纸面石膏板面层；白色立邦乳胶漆饰面(批三、面三、贴缝纸)；600 mm×600 mm 格栅灯孔 1 个；施工内容为图纸设计及国家验收规范要求完成的全部内容]	m^2	4.95	53.77	76.15	0.66		22.86	8.18	161.62	800.02
28	A15-39	全丝杆天棚吊筋 H=1050 mm	10 m^2	0.1		50.99	3.2		1.34	0.48	56.01	5.6

续表

序号	项目编码	项目名称	计量单位	工程数量	综合单价/元							项目合价/元
					人工费	材料费	机械费	主材费	管理费	利润	小计	
29	A15-7	装配式U型(不上人型)轻钢龙骨 面层规格400 mm×600 mm 简单	10 m^2	0.1	188	363.16	3.4		80.39	28.71	663.66	66.37
30	A15-45	纸面石膏板天棚面层 安装在U型轻钢龙骨上 平面	10 m^2	0.1	112	186.35			47.04	16.8	362.19	36.22
31	A17-174	清油封底	10 m^2	0.1	25	14.57			10.5	3.75	53.82	5.38
32	A17-175×1.2	天棚墙面板缝贴自粘胶带	10 m	0.1	25.2	63.19			10.58	3.78	102.75	10.28
33	A17-177F782.4	内墙面 在抹灰面上901胶白水泥腻子批、刷乳胶漆各三遍	10 m^2	0.1	173.8	72.29			73	26.07	345.16	34.52
34	A18-62	格式灯孔	10个	0.02	68	53.7			28.56	10.2	160.46	3.21
35	011407001002	墙面喷刷涂料[刷三遍801胶白水泥腻子;白色立邦乳胶漆三遍;施工内容为图纸设计及国家验收规范要求完成的全部内容]	m^2	24.39	15.8	7.23			6.64	2.37	32.04	781.46
36	A17-177	内墙面 在抹灰面上901胶白水泥腻子批、刷乳胶漆各三遍	10 m^2	0.1	158	72.29			66.36	23.7	320.35	32.04
37	010801001002	木质门[成品平板门;规格1000 mm×2040 mm;油漆;门五金;安装;施工内容为图纸设计及国家验收规范要求完成的全部内容]	樘	1		1000					1000	1000
38	.独立费	成品平板门、门五金购入并安装(1000 mm×2040 mm)	樘	1		1000					1000	1000
39	010808001002	木门窗套[成品红樱桃门套;施工内容为图纸设计及国家验收规范要求完成的全部内容]	m	5.08		80					80	406.4
40	.独立费	成品红樱桃门套购入并安装	m	1		80					80	80
41	**03**	**观众厅一层门厅**										**14707.08**
42	011102003003	块料楼地面[干硬性水泥砂浆;600×600骏程牌地砖;施工内容为图纸设计及国家验收规范要求完成的全部内容]	m^2	11.52	33.1	69.02	0.94		14.3	5.11	122.47	1410.85
43	A13-81换	楼地面地砖单块0.4 m^2以内干硬性水泥砂浆	10 m^2	0.1	331	690.21	9.35		142.95	51.05	1224.56	122.46
44	011105003003	块料踢脚线[地砖(600 mm×600 mm骏程牌)踢脚线(水泥砂浆),H=100 mm,地砖45°倒角磨边抛光;施工内容为图纸设计及国家验收规范要求完成的全部内容]	m^2	1.2	145.33	84.78	8.86		64.76	23.13	326.86	392.23
45	A13-95换	同质地砖踢脚线水泥砂浆	10 m	0.667	98	101.18	1.17		41.65	14.88	256.88	171.34

续表

序号	项目编码	项目名称	计量单位	工程数量	综合单价/元							项目合价/元
					人工费	材料费	机械费	主材费	管理费	利润	小计	
46	A18-31	石材磨边加工 45°斜边	10 m	0.667	120	26	12.12		55.49	19.82	233.43	155.7
47	011302001003	吊顶天棚[8 mm 全丝杆天棚吊筋；简单装配式 U 型轻钢龙骨(杰科)，面层规格 400 mm×600 mm；拉法基 9.5 mm 纸面石膏板面层；白色立邦乳胶漆饰面(批三、面三、贴缝纸)；艺术灯孔 3 个；T4 灯管灯带 14.4 m；施工内容为图纸设计及国家验收规范要求完成的全部内容]	m^2	11.52	55.09	86.48	0.79		23.46	8.39	174.21	2006.9
48	A15-39	全丝杆天棚吊筋 $H=1050$ mm 8	10 m^2	0.1		50.99	3.2		1.34	0.48	56.01	5.6
49	A15-7	装配式 U 型(不上人型)轻钢龙骨 面层规格 400 mm×600 mm 简单	10 m^2	0.1	188	363.16	3.4		80.39	28.71	663.66	66.37
50	A15-45	纸面石膏板天棚面层 安装在 U 型轻钢龙骨上 平面	10 m^2	0.1	112	186.35			47.04	16.8	362.19	36.22
51	A17-174	清油封底	10 m^2	0.1	25	14.57			10.5	3.75	53.82	5.38
52	A17-175×1.2	天棚墙面板缝贴自粘胶带	10 m	0.1	25.2	63.19			10.58	3.78	102.75	10.28
53	A17-177F782.4	内墙面 在抹灰面上 901 胶白水泥腻子批、刷乳胶漆各三遍	10 m^2	0.1	173.8	72.29			73	26.07	345.16	34.52
54	A18-65	回光灯槽	10 m	0.009	158	291.05	5.33		68.6	24.5	547.48	4.93
55	A18-64	平顶灯带	10 m	0.009	129	926.09	8.78		57.87	20.67	1142.41	10.28
56	011407001003	墙面喷刷涂料[刷三遍 801 胶白水泥腻子；白色立邦乳胶漆三遍；施工内容为图纸设计及国家验收规范要求完成的全部内容]	m^2	27.5	15.8	7.23			6.64	2.37	32.04	881.1
57	A17-177	内墙面 在抹灰面上 901 胶白水泥腻子批、刷乳胶漆各三遍	10 m^2	0.1	158	72.29			66.36	23.7	320.35	32.04
58	010801001003	木质门[成品实木门；樱桃木饰面；规格 1800 mm×2000 mm；门五金，安装；施工内容为图纸设计及国家验收规范要求完成的全部内容]	樘	4		2000					2000	8000
59	.独立费	成品实木门、门五金购入并安装(1800 mm×2000 mm)	樘	1		2000					2000	2000
60	010808001003	木门窗套[成品红樱桃门套；施工内容为图纸设计及国家验收规范要求完成的全部内容]	m	25.2		80					80	2016
61	.独立费	成品红樱桃门套购入并安装	m	1		80					80	80

续表

序号	项目编码	项目名称	计量单位	工程数量	综合单价/元							项目合价/元
					人工费	材料费	机械费	主材费	管理费	利润	小计	
62	**04**	**观众厅一层舞台区域(含两侧走道)**										**45780.26**
63	011210002001	金属隔断[杰科 50 系列轻钢龙骨(400 mm×600mm),拉法基纸面石膏板墙;白色立邦乳胶漆饰面(批三、面三、贴缝纸);施工内容为图纸设计及国家验收规范要求完成的全部内容]	m^2	30.9	75.14	122.58	0.77		31.89	11.39	241.77	7470.69
64	A14-180	隔墙轻钢龙骨	10 m^2	0.1	91	535.1	7.72		41.46	14.81	690.09	69.01
65	A14-215	石膏板墙面	10 m^2	0.2	122	195.32			51.24	18.3	386.86	77.37
66	A17-174	清油封底	10 m^2	0.2	25	14.57			10.5	3.75	53.82	10.76
67	A17-175×1.2	天棚墙面板缝贴自粘胶带	10 m	0.2	25.2	63.19			10.58	3.78	102.75	20.55
68	A17-177	内墙面 在抹灰面上 901 胶白水泥腻子批、刷乳胶漆各三遍	10 m^2	0.2	158	72.29			66.36	23.7	320.35	64.07
69	011407002001	天棚喷刷涂料[舞台区域天棚刷灰色乳胶漆(批三面三);施工内容为图纸设计及国家验收规范要求完成的全部内容]	m^2	200	17.38	7.23			7.3	2.61	34.52	6904
70	A17-177F782.4	内墙面 在抹灰面上 901 胶白水泥腻子批、刷乳胶漆各三遍	10 m^2	0.1	173.8	72.29			73	26.07	345.16	34.52
71	011407001004	墙面喷刷涂料[刷三遍 801 胶白水泥腻子;白色立邦乳胶漆三遍;施工内容为图纸设计及国家验收规范要求完成的全部内容]	m^2	409.73	15.8	7.23			6.64	2.37	32.04	13127.75
72	A17-177	内墙面 在抹灰面上 901 胶白水泥腻子批、刷乳胶漆各三遍	10 m^2	0.1	158	72.29			66.36	23.7	320.35	32.04
73	011302001004	吊顶天棚[8 mm 全丝杆天棚吊筋;简单装配式 U 型轻钢龙骨(杰科),面层规格 400 mm×600 mm;拉法基 9.5 mm 纸面石膏板面层;白色立邦乳胶漆饰面(批三、面三、贴缝纸);600 mm×600 mm 格栅灯孔 17 个;施工内容为图纸设计及国家验收规范要求完成的全部内容]	m^2	35.24	55.68	77.66	0.66		23.66	8.46	166.12	5854.07
74	A15-39	全丝杆天棚吊筋 $H=1050$ mm 8	10 m^2	0.1		50.99	3.2		1.34	0.48	56.01	5.6
75	A15-7	装配式 U 型(不上人型)轻钢龙骨 面层规格 400 mm×600 mm 简单	10 m^2	0.1	188	363.16	3.4		80.39	28.71	663.66	66.37
76	A15-45	纸面石膏板天棚面层 安装在 U 型轻钢龙骨上 平面	10 m^2	0.1	112	186.35			47.04	16.8	362.19	36.22
77	A17-174	清油封底	10 m^2	0.1	25	14.57			10.5	3.75	53.82	5.38

续表

序号	项目编码	项目名称	计量单位	工程数量	综合单价/元							项目合价/元
					人工费	材料费	机械费	主材费	管理费	利润	小计	
78	A17-175×1.2	天棚墙面板缝贴自粘胶带	10 m	0.1	25.2	63.19			10.58	3.78	102.75	10.28
79	A17-177F782.4	内墙面 在抹灰面上 901 胶白水泥腻子批、刷乳胶漆各三遍	10 m^2	0.1	173.8	72.29			73	26.07	345.16	34.52
80	A18-62	格式灯孔	10 个	0.048	68	53.7			28.56	10.2	160.46	7.7
81	011102003004	块料楼地面[干硬性水泥砂浆;600 mm×600 mm 骏程牌地砖;施工内容为图纸设计及国家验收规范要求完成的全部内容]	m^2	23.35	33.1	69.02	0.94		14.3	5.11	122.47	2859.67
82	A13-81换	楼地面地砖单块 0.4 m^2 以内干硬性水泥砂浆	10 m^2	0.1	331	690.21	9.35		142.95	51.05	1224.56	122.46
83	011105003004	块料踢脚线[地砖(600 mm×600 mm 骏程牌)踢脚线(水泥砂浆),H=100 mm,地砖 45°倒角磨边抛光;施工内容为图纸设计及国家验收规范要求完成的全部内容]	m^2	11	145.33	84.78	8.86		64.76	23.13	326.86	3595.46
84	A13-95换	同质地砖踢脚线水泥砂浆	10 m	0.667	98	101.18	1.17		41.65	14.88	256.88	171.34
85	A18-31	石材磨边加工 45°斜边	10 m	0.667	120	26	12.12		55.49	19.82	233.43	155.7
86	011107002001	块料台阶面[干硬性水泥砂浆;600 mm×600 mm 骏程牌地砖;施工内容为图纸设计及国家验收规范要求完成的全部内容]	m^2	6.6	55.1	68.78	1.52		23.78	8.49	157.67	1040.62
87	A13-93换	台阶地砖 水泥砂浆	10 m^2	0.1	551	687.77	15.22		237.81	84.93	1576.73	157.67
88	010801001004	木质门[成品实木门;樱桃木饰面;规格 1800 mm×2000 mm;门五金,安装;施工内容为图纸设计及国家验收规范要求完成的全部内容]	樘	2		2000					2000	4000
89	.独立费	成品实木门、门五金购入并安装(1800 mm×2000 mm)	樘	1		2000					2000	2000
90	010808001004	木门窗套[成品红樱桃门套;施工内容为图纸设计及国家验收规范要求完成的全部内容]	m	11.6		80					80	928
91	.独立费	成品红樱桃门套购入并安装	m	1		80					80	80
92	**05**	**观众厅大厅**										**136949.61**
93	011405001001	金属面油漆[观众厅顶面网架喷黑漆;施工内容为图纸设计及国家验收规范要求完成的全部内容]	m^2	306.39		30					30	9191.7

续表

序号	项目编码	项目名称	计量单位	工程数量	综合单价/元							项目合价/元
					人工费	材料费	机械费	主材费	管理费	利润	小计	
94	.独立费	网架喷黑漆	m^2	1		30					30	30
95	011407002002	抹灰面油漆[观众厅顶面天棚刷灰色乳胶漆(批三面三);施工内容为图纸设计及国家验收规范要求完成的全部内容]	m^2	306.39	17.38	7.23			7.3	2.61	34.52	10576.58
96	A17-177F782.4	内墙面 在抹灰面上 901 胶白水泥腻子批、刷乳胶漆各三遍	10 m^2	0.1	173.8	72.29			73	26.07	345.16	34.52
97	011302001005	弧形天棚吊顶[8 mm 全丝杆天棚吊筋;简单装配式 U 型轻钢龙骨(杰科),面层规格 400 mm×600 mm;拉法基 9.5 mm 纸面石膏板面层;白色立邦乳胶漆饰面(批三、面三、贴缝纸);筒灯孔 6 个;T4 灯管弧形灯带 8.5 m;施工内容为图纸设计及国家验收规范要求完成的全部内容]	m^2	51.64	54.72	90.42	0.8		23.31	8.34	177.59	9170.75
98	A15-39	全丝杆天棚吊筋 H=1050 mm	10 m^2	0.1		50.99	3.2		1.34	0.48	56.01	5.6
99	A15-7	装配式 U 型(不上人型)轻钢龙骨 面层规格 400 mm×600 mm 简单	10 m^2	0.1	188	363.16	3.4		80.39	28.71	663.66	66.37
100	A15-45	纸面石膏板天棚面层 安装在 U 型轻钢龙骨上 平面	10 m^2	0.1	112	186.35			47.04	16.8	362.19	36.22
101	A17-174	清油封底	10 m^2	0.1	25	14.57			10.5	3.75	53.82	5.38
102	A17-175 * 1.2	天棚墙面板缝贴自粘胶带	10 m	0.1	25.2	63.19			10.58	3.78	102.75	10.28
103	A17-177F782.4	内墙面 在抹灰面上 901 胶白水泥腻子批、刷乳胶漆各三遍	10 m^2	0.1	173.8	72.29			73	26.07	345.16	34.52
104	A18-63	筒灯孔	10 个	0.012	17	9.2			7.14	2.55	35.89	0.43
105	A18-64	平顶灯带	10 m	0.016	129	926.09	8.78		57.87	20.67	1142.41	18.28
106	011102003005	块料楼地面[干硬性水泥砂浆;600 mm×600 mm 骏程牌地砖;施工内容为图纸设计及国家验收规范要求完成的全部内容]	m^2	306.39	33.1	69.02	0.94		14.3	5.11	122.47	37523.58
107	A13-81换	楼地面地砖单块 0.4 m^2 以内干硬性水泥砂浆	10 m^2	0.1	331	690.21	9.35		142.95	51.05	1224.56	122.46
108	011105003005	块料踢脚线[地砖(600 mm×600 mm 骏程牌)踢脚线(水泥砂浆),H=100 mm,地砖 45°倒角磨边抛光;施工内容为图纸设计及国家验收规范要求完成的全部内容]	m^2	50	145.33	84.78	8.86		64.76	23.13	326.86	16343
109	A13-95换	同质地砖踢脚线水泥砂浆	10 m	0.667	98	101.18	1.17		41.65	14.88	256.88	171.34

续表

序号	项目编码	项目名称	计量单位	工程数量	综合单价/元							项目合价/元
					人工费	材料费	机械费	主材费	管理费	利润	小计	
110	A18-31	石材磨边加工 45°斜边	10 m	0.667	120	26	12.12		55.49	19.82	233.43	155.7
111	011106002001	块料楼梯面层[楼梯踏步:50 圆管支撑;点式不锈钢构件连接 10+10 钢化夹胶玻璃;施工内容为图纸设计及国家验收规范要求完成的全部内容]	m^2	4		400					400	1600
112	.独立费	夹胶玻璃楼梯面	m^2	1		400					400	400
113	011503008001	玻璃栏板[扶手为直径 60 圆管烤漆;栏板为 12 mm 钢化清玻;不锈钢构件连接;立柱为 10 mm 不锈钢立柱;施工内容为图纸设计及国家验收规范要求完成的全部内容]	m	5.5		500					500	2750
114	.独立费	金属扶手玻璃栏板带栏杆	m	1		500					500	500
115	011207001001	墙面装饰板[观众厅墙面装饰,暂估价 40 元/m^2]	m^2	700		40					40	28000
116	.独立费	观众厅墙面装饰,暂估价 40 元/m^2	m^2	1		40					40	40
117	011501014001	酒吧台[吧台,长 3.6 m、宽 0.5 m、高 1.1 m;方管骨架,樱桃木饰面,大理石台面,8 mm 厚磨砂玻璃台面,LED 灯管,木工板基层,T4 灯管灯带,不锈钢脚线,30 不锈钢圆管踏脚;施工内容为图纸设计及国家验收规范要求完成的全部内容]	个	2		3600					3600	7200
118	.独立费	吧台	m	3.6		1000					1000	3600
119	011501001001	高脚吧凳	个	11		150					150	1650
120	.独立费	高脚吧凳	个	1		150					150	150
121	010801004001	木质防火门[成品防火门;1600 mm×2150 mm;樱桃木亚光清漆,樱桃木实木线条转通亚光清漆,磨砂玻璃,成品不锈钢拉手,深灰色混水硝基亚光漆;油漆,门五金,安装;施工内容为图纸设计及国家验收规范要求完成的全部内容]	樘	2		1000					1000	2000
122	.独立费	成品防火门、门五金购人并安装(1600 mm×2150 mm)	樘	1		1000					1000	1000

续表

序号	项目编码	项目名称	计量单位	工程数量	综合单价/元							项目合价/元
					人工费	材料费	机械费	主材费	管理费	利润	小计	
123	010808001005	木门窗套[成品红樱桃门套;施工内容为图纸设计及国家验收规范要求完成的全部内容]	m	11.8		80					80	944
124	.独立费	成品红樱桃门套购入并安装	m	1		80					80	80
125	011507003001	灯箱[钢骨架墙面,木工板基层,樱桃木饰面,黑色钢丝网,角钢架,耳光灯;施工内容为图纸设计及国家验收规范要求完成的全部内容]	个	2		5000					5000	10000
126	.独立费	灯箱	个	1		5000					5000	5000
127	**06**	**观众厅二层**										**76636.06**
128	011104002001	竹、木(复合)地板[洁丽牌复合地板及踢脚线;施工内容为图纸设计及国家验收规范要求完成的全部内容]	m^2	86.54	35.4	189.4	0.27		14.98	5.35	245.4	21236.92
129	A13-119	复合木地板 悬浮安装	10 m^2	0.1	354	1894.02	2.72		149.82	53.51	2454.07	245.41
130	011302001006	天棚吊顶[钢龙骨骨架;木工板基层;拉法基 9.5 mm 纸面石膏板面层;白色立邦乳胶漆饰面(批三、面三、贴缝纸);筒灯孔 31 个;施工内容为图纸设计及国家验收规范要求完成的全部内容;]	m^2	67	62.89	139.46	2.76		27.57	9.86	242.54	16250.18
131	A7-61	龙骨钢骨架制作	t	0.01	1330	5944.7	264.02		669.49	239.1	8447.31	84.47
132	A15-44换	木工板面层安装在木龙骨上 凹凸	10 m^2	0.1	124	422.66			52.08	18.6	617.34	61.73
133	A15-46	纸面石膏板天棚面层 安装在 U 型轻钢龙骨上 凹凸	10m^2	0.1	134	196.42			56.28	20.1	406.8	40.68
134	A17-174	清油封底	10 m^2	0.1	25	14.57			10.5	3.75	53.82	5.38
135	A17-175×1.2	天棚墙面板缝贴自粘胶带	10 m	0.1	25.2	63.19			10.58	3.78	102.75	10.28
136	A17-177F782.4	内墙面 在抹灰面上 901 胶白水泥腻子批、刷乳胶漆各三遍	10 m^2	0.1	173.8	72.29			73	26.07	345.16	34.52
137	A18-63	筒灯孔	10个	0.046	17	9.2			7.14	2.55	35.89	1.65

续表

序号	项目编码	项目名称	计量单位	工程数量	综合单价/元							项目合价/元
					人工费	材料费	机械费	主材费	管理费	利润	小计	
138	011302001007	天棚吊顶[复杂(弧形)天棚吊顶;钢龙骨骨架;木工板基层;拉法基9.5 mm纸面石膏板面层;白色立邦乳胶漆饰面(批三、面三、贴缝纸);筒灯孔6个;施工内容为图纸设计及国家验收规范要求完成的全部内容]	m^2	12.4	54.38	101.34	1.06		23.3	8.32	188.4	2336.16
139	A7-61	龙骨钢骨架制作	t	0.004	1330	5944.7	264.02		669.49	239.1	8447.31	34.79
140	A15-44换	木工板面层安装在木龙骨上 凹凸	10 m^2	0.1	124	422.66			52.08	18.6	617.34	61.73
141	A15-46	纸面石膏板天棚面层 安装在U型轻钢龙骨上 凹凸	10 m^2	0.1	134	196.42			56.28	20.1	406.8	40.68
142	A17-174	清油封底	10 m^2	0.1	25	14.57			10.5	3.75	53.82	5.38
143	A17-175×1.2	天棚墙面板缝贴自粘胶带	10 m	0.1	25.2	63.19			10.58	3.78	102.75	10.28
144	A17-177F782.4	内墙面 在抹灰面上901胶白水泥腻子批、刷乳胶漆各三遍	10 m^2	0.1	173.8	72.29			73	26.07	345.16	34.52
145	A18-63	筒灯孔	10个	0.048	17	9.2			7.14	2.55	35.89	1.72
146	011503002001	硬木扶手、栏杆、栏板[观众厅二层栏杆、栏板、扶手(含光控、声控室栏杆、栏板);木龙骨骨架,木工板基层,面层刷哑光树脂漆,不锈钢栏杆,实木扶手;施工内容为图纸设计及国家验收规范要求完成的全部内容]	m	32.5		800					800	26000
147	.独立费	观众厅二层栏杆、栏板	m	1		800					800	800
148	011503002002	面光桥钢结构马道及栏杆扶手[钢龙骨骨架,木工板基层,拉法基9.5 mm纸面石膏板面层;白色立邦乳胶漆饰面(批三、面三、贴缝纸);不锈钢栏杆,实木扶手;施工内容为图纸设计及国家验收规范要求完成的全部内容]	项	1		8000					8000	8000
149	.独立费	独立费	项	1		8000					8000	8000
150	010801001005	木质门[成品平板门;规格1000 mm×2040 mm;油漆;门五金;安装;施工内容为图纸设计及国家验收规范要求完成的全部内容]	樘	2		1000					1000	2000

续表

序号	项目编码	项目名称	计量单位	工程数量	综合单价/元							项目合价/元
					人工费	材料费	机械费	主材费	管理费	利润	小计	
151	.独立费	成品平板门、门五金购入并安装(1000 mm×2040 mm)	樘	1		1000					1000	1000
152	010808001006	木门窗套[成品红樱桃门套;施工内容为图纸设计及国家验收规范要求完成的全部内容]	m	10.16		80					80	812.8
153	.独立费	成品红樱桃门套购入并安装	m	1		80					80	80
154	**07**	**观众厅二层户外阳光房**										**32855.86**
155	011102003006	块料楼地面[干硬性水泥砂浆;600 mm×600 mm 骏程牌地砖;施工内容为图纸设计及国家验收规范要求完成的全部内容]	m^2	14.74	33.1	69.02	0.94		14.3	5.11	122.47	1805.21
156	A13-81换	楼地面地砖单块 0.4 m^2 以内干硬性水泥砂浆	10 m^2	0.1	331	690.21	9.35		142.95	51.05	1224.56	122.46
157	011204003001	块料墙面[水泥砂浆;300 mm×600 mm 标王牌墙砖;施工内容为图纸设计及国家验收规范要求完成的全部内容]	m^2	17.2	48.3	42.49	0.7		20.58	7.35	119.42	2054.02
158	A14-82换	墙面单块面积 0.18 m^2 以内墙砖 砂浆粘贴	10 m^2	0.1	483	424.92	6.98		205.79	73.5	1194.19	119.42
159	011107002002	块料台阶面[干硬性水泥砂浆;600 mm×600 mm 骏程牌地砖;施工内容为图纸设计及国家验收规范要求完成的全部内容]	m^2	1.2	55.1	68.78	1.52		23.78	8.49	157.67	189.2
160	A13-93换	台阶地砖 水泥砂浆	10 m^2	0.1	551	687.77	15.22		237.81	84.93	1576.73	157.67
161	011210002002	金属隔断隔断[钢龙骨骨架表面喷银灰色漆,8+8 双钢化玻璃隔断,预埋件;施工内容为图纸设计及国家验收规范要求完成的全部内容]	m^2	21.6	119.09	529.29	12.03		55.08	19.67	735.16	15879.46
162	A7-61	龙骨钢骨架制作	t	0.037	1330	5944.7	264.02		669.49	239.1	8447.31	312.55
163	A14-183	钢骨架安装	t	0.037	684	191.92	56.31		310.93	111.05	1354.21	50.11
164	A18-83换	不锈钢包边框全玻璃隔断 8+8 钢化玻璃	10 m^2	0.1	445	3020.05	1.57		187.56	66.99	3721.17	372.12
165	011506001001	雨篷吊挂饰面[钢龙骨骨架,12 mm 厚钢化玻璃;施工内容为图纸设计及国家验收规范要求完成的全部内容]	m^2	22.9	77	309.43	15.96		39.04	13.94	455.37	10427.97
166	A15-79换	玻璃采光天棚 钢结构	10 m^2	0.1	770	3094.28	159.62		390.44	139.44	4553.78	455.38

续表

序号	项目编码	项目名称	计量单位	工程数量	综合单价/元							项目合价/元
					人工费	材料费	机械费	主材费	管理费	利润	小计	
167	010805005001	全玻自由门[900 mm×2100 mm,门框、门五金;安装;施工内容为图纸设计及国家验收规范要求完成的全部内容]	樘	1		1000					1000	1000
168	.独立费	玻璃门制作安装	樘	1		1000					1000	1000
169	011503001001	金属扶手、栏杆、栏板[扶手为直径60圆管白色混水漆;栏杆为直径10 mm钢筋白色混水漆;立柱为9厘双扁钢烤漆立柱;预埋件为钢板、膨胀螺栓;施工内容为图纸设计及国家验收规范要求完成的全部内容]	m	5		300					300	1500
170	.独立费	阳光房金属扶手	m	1		300					300	300
		合　计										**319853.54**

单价措施项目清单综合单价分析表

工程名称:某剧团观众厅室内装饰招标控制价　　　　标段:　　　　第1页　共1页

序号	项目编码	项目名称	计量单位	工程数量	综合单价/元							项目合价/元
					人工费	材料费	机械费	主材费	管理费	利润	小计	
1	**011701**	**脚手架工程**										**2162.05**
2	011701006001	满堂脚手架【满堂脚手】	m^2	177.8	6	1.78	0.61		2.78	0.99	12.16	2162.05
3	A20-20×0.6	满堂脚手架 基本层 高5 m以内	10 m^2	0.1	60	17.75	6.13		27.77	9.92	121.57	12.16
4	**011703**	**垂直运输**										**3078.43**
5	011703001001	垂直运输	工日	610.8			3.21		1.35	0.48	5.04	3078.43
6	A23-30	装饰 卷扬机 垂直运输高度(层数) 20 m(6)以内	10工日	0.1			32.1		13.48	4.82	50.4	5.04
		合　计										**5240.48**

单位工程承包人供应材料一览表

工程名称:某剧团观众厅室内装饰招标控制价　标段:　　　　　　　　　　第1页　共2页

序号	材料编码	材料名称	规格型号等特殊要求	单位	综合单价/元	工程量	合价/元	备注
1	01270100	型钢		t	5382.38	2.2183	11939.73	
2	01590211	镀锌铁皮 δ1.2		m^2	44.22	4.58	202.53	
3	02070261	橡皮垫圈		百个	30	0.7725	23.18	
4	02170302	PS灯片		m^2	60	3.1614	189.68	
5	03010322	铝拉铆钉 LD-1		十个	0.3	5.562	1.67	
6	03031206	自攻螺钉 M4×15		十个	0.3	738.783	221.63	
7	03031222	自攻螺钉 M5×25～30		十个	0.56	213.21	119.4	
8	03050708	不锈钢螺栓 M12×110		套	2.28	30.4249	69.37	
9	03050806	带母不锈钢螺栓 M12×45		套	2.3	30.4249	69.98	
10	03070114	膨胀螺栓 M8×80		套	0.6	77.25	46.35	
11	03070132	膨胀螺栓 M12×110		套	1	142.4	142.4	
12	03070821	胀头、胀管		套	0.5	143.4731	71.74	
13	03110141	镀锌丝杆		kg	6.5	59.51	386.82	
14	03210313	金刚石磨边轮 100×16（粒度 120～150＃）		片	6.5	169.332	1100.66	
15	03410200	电焊条		kg	5.8	11.2668	65.35	
16	03410205	电焊条 J422		kg	5.8	29.82	172.96	
17	03512000	射钉		百个	21	0.4635	9.73	
18	03570216	镀锌铁丝 8＃		kg	4.9	2.7737	13.59	
19	03590715	镀锌连接铁件		kg	8.2	46.6267	382.34	
20	03652403	合金钢切割锯片		片	80	1.3451	107.61	
21	04010611	水泥 32.5级		kg	0.35	8168.7453	2859.06	
22	04010701	白水泥		kg	0.85	907.1299	771.06	
23	04030107	中砂		t	104.04	23.3766	2432.1	
24	04090120	石灰膏		m^3	250.92	0.0042	1.05	
25	04090801	石膏粉 325目		kg	0.42	103.0696	43.29	
26	05030600	普通木成材		m^3	3111	0.408	1269.29	
27	05092103	细木工板 δ18		m^2	38	93.9284	3569.28	
28	05250502	锯(木)屑		m^3	55	2.8844	158.64	
29	06050107.1	8＋8钢化玻璃		m^2	240	22.68	5443.2	
30	06110210.1	钢化玻璃	12成品	m^2	92	23.587	2170	
31	06612145.1	墙面砖 300×600		m^2	35	17.63	617.05	
32	06650101.1	同质地砖	600×600	m^2	55.56	490.6219	27258.95	
33	07510105	复合地板 1818×303×8		m^2	150	90.867	13630.05	
34	08010200	纸面石膏板		m^2	16	74.5684	1193.09	
35	08010211	纸面石膏板 1200×3000×9.5		m^2	16	210.33	3365.28	

续表

序号	材料编码	材料名称	规格型号等特殊要求	单位	综合单价/元	工程量	合价/元	备注
36	08310113	轻钢龙骨(大)50×15×1.2		m	6.5	148.0176	962.11	
37	08310122	轻钢龙骨(中)50×20×0.5		m	4	294.8411	1179.36	
38	08310141	U型轻钢龙骨 38×25		m	11	43.6926	480.62	
39	08310144	U型轻钢龙骨 75×40		m	10	85.1604	851.6	
40	08310145	U型轻钢龙骨 75×50		m	11	21.8463	240.31	
41	08330107	大龙骨垂直吊件(轻钢)45		只	0.5	173.12	86.56	
42	08330111	中龙骨垂直吊件		只	0.45	333.256	149.97	
43	08330300	轻钢龙骨主接件		只	0.6	54.1	32.46	
44	08330301	轻钢龙骨次接件		只	0.7	97.38	68.17	
45	08330310	中龙骨平面连接件		只	0.5	1049.54	524.77	
46	08330500	中龙骨横撑		m	3.5	277.1002	969.85	
47	11010304	内墙乳胶漆		kg	12	574.9536	6899.44	
48	11030303	防锈漆		kg	15	7.2075	108.11	
49	11030304	红丹防锈漆		kg	15	2.2534	33.8	
50	11111715	酚醛清漆		kg	13	22.6954	295.04	
51	11430327	大白粉		kg	0.85	103.0696	87.61	
52	11590914	硅酮密封胶		L	80	11.9279	954.23	
53	12030107	油漆溶剂油		kg	14	5.4828	76.76	
54	12370305	氧气		m^3	3.3	27.5781	91.01	
55	12370335	乙炔气		kg	18	1.69	30.42	
56	12370336	乙炔气		m^3	16.38	4.65	76.17	
57	12410108	黏结剂 YJ-Ⅲ		kg	11.5	30.289	348.32	
58	12413518	901 胶		kg	2.5	414.1279	1035.32	
59	12413544	聚醋酸乙烯乳液		kg	5	2.4614	12.31	
60	12413546	地板水胶粉		kg	3.9	6.9232	27	
61	12430342	自粘胶带		m	5	305.2657	1526.33	
62	13121504	泡沫条		m	1.5	58.2553	87.38	
63	13123509	复合地板泡沫垫		m^2	25	95.194	2379.85	
64	17310706	双螺母双垫片 $\phi 8$		副	0.6	143.4731	86.08	
65	31010707	密封油膏		kg	6.5	2.095	13.62	
66	31110301	棉纱头		kg	6.5	5.8449	37.99	
67	31130106	其他材料费		元	1	733.0966	733.1	
68	31150101	水		m^3	4.1	15.524	63.65	
69	32030303	脚手钢管		kg	4.29	15.0419	64.53	
70	32030504	底座		个	4.8	0.1067	0.51	
71	32030513	脚手架扣件		个	5.7	2.1336	12.16	
72	32090101	周转木材		m^3	1850	0.0533	98.61	
		合 计					**100843.24**	

参 考 文 献

[1]卜龙章. 装饰工程工程量清单计价[M]. 南京:东南大学出版社，2004

[2]唐明怡. 建筑装饰工程定额与清单计价实务[M]. 北京:中国水利水电出版社，2005

[3]李佐华. 建筑工程计量与计价[M]. 北京:高等教育出版社，2004

[4]住房和城乡建设部. 建设工程工程量清单计价规范(GB 50500—2013)[S],2013

[5]住房和城乡建设部. 建设工程工程量清单计价规范(GB 50500—2013)[S],2013

[6]住房和城乡建设部. 房屋建筑与装饰工程工程量计算规范(GB 50854—2013)[S],2013

[7]江苏省建设厅. 江苏省建筑与装饰工程计价定额[S]. 北京:知识产权出版社,2004

[8]江苏省建设厅. 江苏省建设工程工程量清单计价项目指引[S]. 北京:中国计划出版社,2003

[9]许焕兴. 新编装饰装修工程预算[M]. 北京:中国建材工业出版社，2005

[10]张卫平,吕宗斌. 建筑装饰工程预算[M]. 北京:机械工业出版社,2010

[11]饶武. 建筑装饰工程计量与计价[M]. 北京:机械工业出版社,2010